Näbrich/Meyer/Preuß

Lokomotiv-Archiv Sachsen 2
Güterzug- und Tenderlokomotiven, Triebwagen

AF850566

Fritz Näbrich
Günter Meyer
Reiner Preuß

Lokomotiv-Archiv

Sachsen 2

transpress
classics

Einbandgestaltung: Luis dos Santos

Foto: Hubert, Slg. Töpelmann, Archiv transpress

Bildnachweis:
Die zur Illustration dieses Buches verwendeten Aufnahmen stammen – wenn nichts anderes vermerkt ist – vom Verfasser.

Eine Haftung des Autors oder des Verlages und seiner Beauftragten für Personen-, Sach- und Vermögensschäden ist ausgeschlossen.

ISBN 978-3-613-71733-6

Copyright © by transpress Verlag, Postfach 10 37 43, 70032 Stuttgart.
Ein Unternehmen der Paul Pietsch Verlage GmbH & Co. KG

1. Auflage 2024 (Seite 1 bis 213: unveränderter Nachdruck der 1. Auflage von 1984; Seite 215 bis 225 Neu)

Sie finden uns im Internet unter www.transpress.de

Nachdruck, auch einzelner Teile, ist verboten. Das Urheberrecht und sämtliche weiteren Rechte sind dem Verlag vorbehalten. Übersetzung, Speicherung, Vervielfältigung und Verbreitung einschließlich Übernahme auf elektronische Datenträger wie DVD, CD-ROM usw. sowie Einspeicherung in elektronische Medien wie Internet usw. ist ohne vorherige schriftliche Genehmigung des Verlages unzulässig und strafbar.

Verlagslektor: Hans-Joachim Kirsche
Typografische Gestaltung: Jürgen Arndt
Druck und Bindung: HUNTER Books GmbH,
Kleyerstraße 3, 64295 Darmstadt
Printed in Germany

Bild auf Seite 5:
1′C1′ h2 – Personenzugtenderlokomotive 75 515 der Deutschen Reichsbahn (sächsische Gattung XIV HT), gebaut im Jahre 1911 von Hartmann, Chemnitz, unter der Fabriknummer 3477 für die Sächsischen Staatsbahnen mit der Bahnnummer Sachs 1806. Die Maschine gehört zu den nicht betriebsfähigen historischen Triebfahrzeugen der Deutschen Reichsbahn. Das Foto zeigt sie noch unter Dampf bei einer Sonderfahrt am 12. Juni 1977 im Bahnhof Oberlichtenau.
Foto: Reiner Preuß

75 515

Inhaltsverzeichnis

Inhaltsverzeichnis Band 1

2. Die Beschreibung der Gattungen

Va

Bauart: Cn2

Erstes Baujahr: 1855
Ausmusterung: bis 1905

Technische Daten: Seite 192

Konstruktive Merkmale

Kessel: Rohrlänge 4,1 m. Stehkessel mit halbrunder Decke, Feuerbüchse zwischen dem Rahmen eingezogen und hinten überhängend. Drei Sicherheitsventile mit Federwaage (zwei auf dem Stehkessel, eins in der Kesselmitte). Ursprünglich ohne Dampfdom. Lokomotiven der Lieferung von 1855 erhielten später anstelle des Ventilaufsatzes einen vornliegenden, großen Dampfdom, ebenfalls mit Sicherheitsventil. Lokomotive der Lieferung von 1863 mit Dampfdom in Kesselmitte. Kesseldruck 7,4 bar. Rostfläche 1,2 m^2, Heizfläche 92 m^2. Speisung durch zwei Dampfstrahlpumpen Bauart Giffard (auf dem Führerstand angeordnet). Kurze Rauchkammer mit zylindrischem Schornstein. Verstellbares Blasrohr.
Rahmen: Innerer Gabelrahmen mit Untergurten.
Triebwerk: Waagerechte Außenzylinder, Antrieb der mittleren Kuppelachse. Treib- und Kuppelstangen mit rechteckigem Querschnitt und nachstellbaren Lagern. Zweischienige Kreuzkopfgleitbahn.
Steuerung: Innere Stephenson-Steuerung mit Muschelschiebern und Verstellung durch Handhebel. Exzenter auf der Treibachse.
Laufwerk: Symmetrische Achsanordnung mit 3,05 m Achsabstand und oben angeordneten Einzelfedern (Sechspunktabstützung).
Bremse: Keine Lokomotivbremse. Anfangs Drosselklappe in den Ausströmrohren (sog. „Zeehsche Klappe“).
Sondereinrichtungen: Ursprünglicher Windschirm um 1865 durch Führerhaus ersetzt. Sandkasten zuerst über der Vorderachse, später auf Kesselmitte mit Sandstreuer für die Treibachse von vorn. Ab 1878 Dampfläutewerk (außer Nr. 234).

Lieferfirma	Lieferjahr		Stück
	1855	1863	
Hartmann	3	1	4

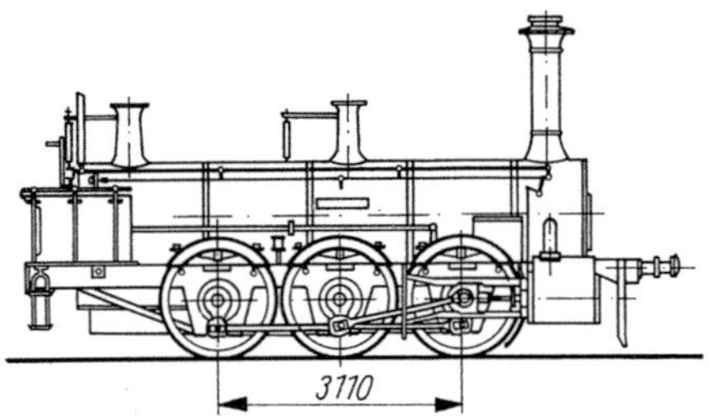

Lokomotiven GLÜCK AUF, HARTMANN und THARANDT, Ursprungszustand.

C-Güterzuglokomotive GLÜCK AUF der Albertbahn.
Sammlung Contius, Repro Meyer

Liste der einzelnen Lokomotiven

2.2.1.1

3 *Lokomotiven, geliefert von Hartmann* für die Albertbahn,
ab 1868 Östliche Staatsbahn,
ab 1869 Sächsische Staatsbahn,
Gattung H Vb (ab 1871 Gattung H Va,
ab 1896 Gattung Va)

Fabrik-nummer	Bau-jahr	Name bis 1891	Bahnnummer		Bemer-kungen	Ausmu-sterung
			ab 1858	ab 1868		
51	1855	GLÜCKAUF	231	797	[1])	1905
52	1855	HARTMANN/ RICHARD	232	798	[1])	1896
53	1855	THARANDT	233	799	[1])	1895

[1]) ab 1878 Dampfläutewerk

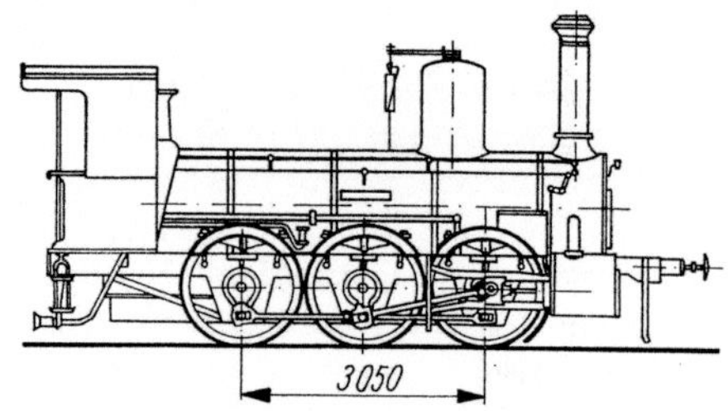

Gattung H Vb, späteres Aussehen.

Gattung Vb, Lokomotive Nr. 231 GLÜCK AUF in Potschappel.
Urheber unbekannt, Sammlung Meyer

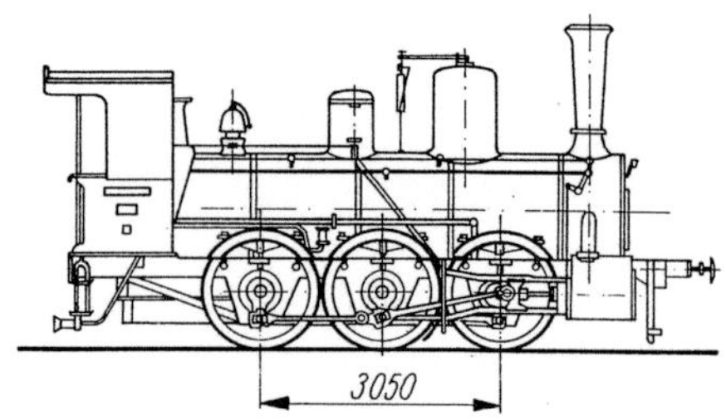

Gattung H Va, Aussehen nach 1878.

Gattung Va, Lokomotive Nr. 797 (ehemalige Lokomotive GLÜCK AUF). Aufnahme 1903.
Foto Contius, Repro Meyer

2.2.1.2
1 *Lokomotive, geliefert von Hartmann*
für die Albertbahn,
ab 1868 Östliche Staatsbahn,
ab 1869 Sächsische Staatsbahn,
Gattung H Vb
(ab 1871 Gattung H Va, ab 1896 Gattung Va)

Fabrik-nummer	Bau-jahr	Name bis 1891	Bahnnummer		Bemer-kungen	Ausmu-sterung
			ab 1863	ab 1868		
193	1863	NEUE HOFFNUNG	234	800		1897

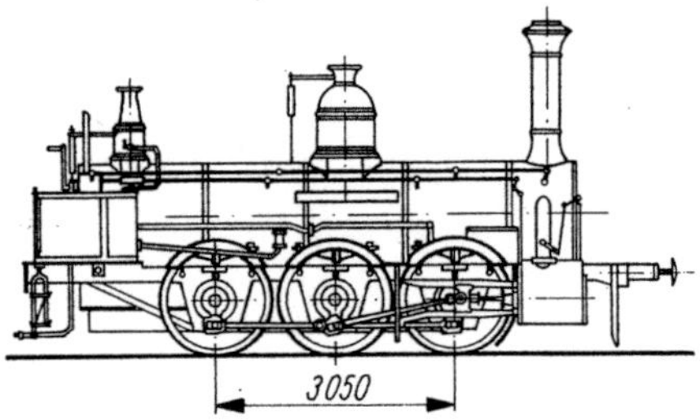

Lokomotive NEUE HOFFNUNG, Ursprungszustand.

C-Güterzuglokomotive NEUE HOFFNUNG der Albertbahn.
Werkfoto, Repro Meyer

V

Bauart: Cn2

Erstes Baujahr: 1859
Ausmusterung: bis 1927

Technische Daten:
Seiten 192 bis 195

DRG-Baureihe 53^{82}

Konstruktive Merkmale

Kessel: Rohrlängen 4,2 m bis 4,4 m. Heizflächen 110 m^2 bis 129 m^2. Kesseldruck 7,0 bar bis 10,0 bar. Hinterkessel überhängend und zwischen dem Rahmen eingezogen. Rostflächen 1,3 m^2 bis 1,5 m^2. Halbrunde, durchgehende Decke des Hinterkessels bei den Lokomotiven der Lieferungen bis 1869 und ab 1886 sowie bei den Lokomotiven von Sigl (1874) und Henschel (1876) für die Leipzig-Dresdener Eisenbahn. Von 1870 bis 1885 wurden fast alle Lokomotiven mit leicht überhöhter Stehkesseldecke geliefert, 9 Maschinen von Hartmann (1874 für Berlin-Dresdener Eisenbahn) mit Belpaire-Stehkessel. Ein großer Dampfdom in unterschiedlicher Anordnung auf dem Langkessel, wobei die einzelnen Hersteller typische Formen bevorzugten: Hartmann mit halbkugelförmigem Domabschluß (bei den älteren Lokomotiven noch mit zusätzlichem Ventilaufsatz), Schwartzkopff, Henschel und Esslingen mit flacher Domdecke, Sigl mit nach oben eingezogenem Dom. Sicherheitsventile anfangs dreifach, Belastung durch Federwaagen. Ab 1871 Ramsbottom-Ventil auf dem Stehkessel, Federwaagenventil auf dem Dampfdom trotzdem bis 1876 beibehalten. Rauchkammer anfangs mit Langkessel in einer Linie, ab 1865 mit vergrößertem Durchmesser. Schornstein zylindrisch, ab etwa 1872 kegelig (Bauart Prüsmann), teilweise mit Funkenfänger Bauart Ressig für Braunkohlenfeuerung. Kesselspeisung durch zwei Dampfstrahlpumpen.

Rahmen: Ursprünglicher Innenrahmen mit Achshaltergabeln und Untergurten geht etwa um 1870 zum durchgehenden Blechrahmen mit Ausschnitten und etwa 30 mm Blechdicke über.

Triebwerk: Waagerechte Außenzylinder arbeiten auf die mittlere Kuppelachse. Treib- und Kuppelstangen mit rechteckigem Querschnitt und nachstellbaren Lagern.

Steuerung: Innensteuerung Bauart Gooch bis Baujahr 1872, danach innere Allan-Steuerung (Ausnahme: Lokomotiven der Leipzig-Dresdner Eisenbahn von Schwartzkopff und Henschel mit innerer Stephenson-Steuerung). Umsteuerung anfangs durch Handhebel (sog. Händel). Um etwa 1870 bei einer Reihe von Lokomotiven kombinierte Umstellung mit Händel und zusätzlicher Steuerschraube. Ab 1872 Umstellung allgemein durch Steuerschraube, lediglich noch Händel-Umsteuerung bei einer Lieferung von Hartmann für die Berlin-Dresdner-Eisenbahn.

Laufwerk: Symmetrische Achsanordnung mit 3,15 m Achsabstand bis Baujahr 1873. Spätere Lieferungen (Esslingen bereits ab Baujahr 1868) mit vergrößertem Abstand zwischen 1. und 2. Kuppelachse (Gesamtachsabstand 3,33 m bzw. 3,35 m, ab Baujahr 1875 3,40 m). Alle Lokomotiven mit Vierpunktabstützung, aber unterschiedlicher Anordnung der Tragfedern. Bis Baujahr 1869 obenliegende Federn und Ausgleichhebel zwischen 2. und 3. Kuppelachse. Ab Baujahr 1870 Lieferun-

Lieferfirma	Lieferjahr																					Stück
	1859	61	62	65	66	68	69	70	71	72	73	74	75	76	77	78	82	84	85	86	87	
Hartmann	10	8	6	14	7	9	1	8	9	6		9	14	10	2	12	5	3	5		4	142
Esslingen						4	8			2	2											16
Schwartzkopff									10	7	8	10										35
Sigl												8										8
Henschel														11								11
Union																				1		1
	10	8	6	14	7	13	9	8	19	15	10	27	14	21	2	12	5	3	5	1	4	213

gen von Hartmann, Schwartzkopff und z. T. Henschel mit untenliegenden Federn und gleicher Anordnung der Ausgleichhebel. Davon abweichende Federanordnungen bei den Lokomotiven von Esslingen 1872/73 (obenliegend, 1. und 2. Achse gekuppelt), Sigl 1874 und Henschel 1876 (für Leipzig-Dresdener Eisenbahn): 1. Achse oben, 2. und 3. Achse unten mit Ausgleichhebel, sowie die Lokomotive von Union 1886 (Berlin-Dresdener Eisenbahn) mit obenliegenden Federn und Ausgleichhebel für die 1. und 2. Achse und untenliegenden Federn der 3. Achse.

Bremse: Bis Baujahr 1869 Dampfschlittenbremse; wurde ab 1875 ausgebaut und durch die von oben auf die Räder der 2. und 3. Kuppelachse wirkende Dampfklotzbremse ersetzt. Bei Lokomotiven Nr. 251 bis 256 der Östlichen Staatsbahn um 1870 zusätzliche Drosselklappe im Ausströmrohr („Zeeh'sche Klappe"); wirkte als Gegendruckbremse. Ab 1870 vorwiegend Dampfklotzbremse, oft kombiniert mit Einrichtung zum Fahren mit Gegendampf. Bei Lokomotiven von Esslingen für Leipzig-Dresdener Eisenbahn (Baujahr 1872/73) nur Gegendampfbremse. Lokomotiven Nr. 715 bis Nr. 719 und Nr. 737 bis 739 mit Heberleinbremse, einseitig von hinten auf die Räder aller drei Achsen wirkend. Lokomotive Nr. 778 (Union) ohne Bremse.

Sondereinrichtungen: Sandkästen bis 1869 auf den Radkästen der 1. Kuppelachse, bei den Esslinger Lokomotiven vor der 2. Kuppelachse, später auf dem Kessel (mit Sandrohr zur 1. oder 2. Achse). Um 1874 taucht noch einmal die alte, tiefliegende Anordnung vor der 2. Achse auf (Sigl und Hartmann). Lokomotiven Nr. 514 bis Nr. 525 mit Kirchweger-Kondensationseinrichtung zur Speisewasservorwärmung; Lokomotive Nr. 523 ab 1885 und Lokomotive Nr. 737 mit Körting-Kondensation.

Ab 1881 Ausrüstung einiger Lokomotiven mit Dampfläutewerk.

Liste der einzelnen Lokomotiven

2.2.2.1

24 Lokomotiven, geliefert von Hartmann

Davon

2.2.2.1.1

18 Lokomotiven für die Westliche Staatsbahn,
ab 1869 Sächsische Staatsbahn,
Gattung H V (ab 1896 Gattung V)

Fabriknummer	Baujahr	Name	Bahnnummer	Bahnnummer		Bemerkungen	Ausmusterung
		bis 1891		ab 1892	ab 1900		
139	1859	REICHENBACH	60	801	2801	2) 5)	1903
140	1859	HAMBURG	61	802	2802	3) 5)	1910
141	1859	MAGDEBURG	62	803	–	5)	1899
142	1859	LINDAU 7)	63	804	2804	1) 5)	1910
144	1859	NÜRNBERG	90	805	2805	5)	1909
145	1859	REUTH	91	806	2806	3) 5) 6)	1904
146	1859	BREMEN	92	807	–		1898
147	1859	FRANKFURT	93	808	2808	3) 5)	1901
148	1859	CRIMMITSCHAU	94	809	–	5)	1893
149	1859	BAMBERG	95	810	–	4)	1897
165	1861	FALKE	7	811	2811	5)	1909
166	1861	SCHWAN	8	812	2812	5)	1910
168	1861	BÄR	9	813	2813	4)	1905
169	1861	REGENSBURG	103	814	2814	2) 5)	1905
170	1861	SALZBURG	104	815	–	5)	1895
171	1862	INNSBRUCK	105	819	2819		1905
172	1862	AUGSBURG	106	820	–	2) 5)	1898
173	1862	WÜRZBURG	107	821	2821	2) 5)	1906

1) ab 1875 Dampfklotzbremse
2) ab 1877 Dampfklotzbremse
3) ab 1885 Dampfklotzbremse
4) ab 1887 Dampfklotzbremse
5) zwischen 1883 und 1888 Ausrüstung mit Dampfläutewerk
6) 1878 Rauchverbrennungseinrichtung
7) ab 1876 GEBHARDSBERG

Gattung H V, Lokomotive Nr. 802 (ehemalige Lokomotive HAMBURG).
Foto Contius, Repro Meyer

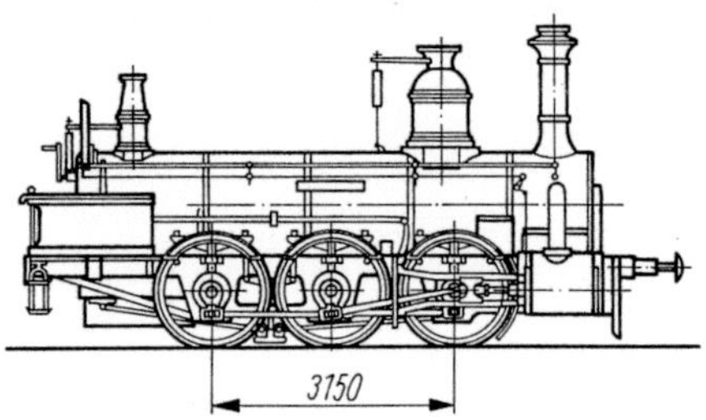

Gattung H V, Baujahre 1859 bis 1862, Ursprungszustand.

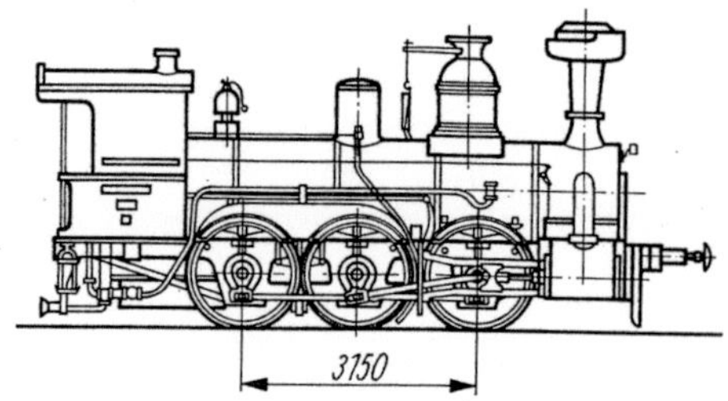

Gattung H V, Baujahre 1859 bis 1862, späteres Aussehen.

2.2.2.1.2
6 Lokomotiven für die Östliche Staatsbahn,
ab 1869 Sächsische Staatsbahn, Gattung H V (ab 1896 Gattung V)

Fabriknummer	Baujahr	Name bis 1891	Bahnnummer	Bahnnummer ab 1892	Bahnnummer ab 1900	Bemerkungen	Ausmusterung
161	1861	GRANATEN	251	816	2816	1) 6)	1906
162	1861	EDLE KRONE	252	817	2817	5) 6)	1910
167	1861	SILBERBLICK	253	818	–	3) 6)	1899
176	1862	HIMMELFAHRT	254	822	2822	2) 6)	1910
177	1862	GOLDENE PFORTE	255	823	2823	2) 6)	1904
178	1862	FREUDENSTEIN	256	824	2824	4) 6) 7)	1923

1) ab 1875 Dampfklotzbremse
2) ab 1877 Dampfklotzbremse
3) ab 1887 Dampfklotzbremse
4) ab 1889 Dampfklotzbremse
5) ab 1890 Dampfklotzbremse
6) 1870 Gegendruckbremse („Zeehsche Klappe")
7) ab 1891 Dampfläutewerk

2.2.2.2

31 *Lokomotiven, geliefert von Hartmann*
für die Westliche Staatsbahn,
ab 1869 Sächsische Staatsbahn, Gattung H V (ab 1896 Gattung V)

Fabrik-nummer	Bau-jahr	Name bis 1869	Name bis 1891	Bahn-nummer	Bahnnummer ab 1892	Bahnnummer ab 1900	Bemer-kungen	Aus-musterung
250	1865	KIERITZSCH	–	137	–	–	11)	–
251	1865	NEUMARK	NEUMARK	138	825	–	6) 9)	1898
247	1865	NETZSCHKAU	–	139	826	–	6) 9)	1894
252	1865	HERLASGRÜN	–	140	827	2827	6) 9)	1903
248	1865	ELSTERBERG	HEIDELSPITZ	141	828	2828	6) 9)	1907
253	1865	MEHLTHEUER	–	142	829	2829	6) 9)	1912
254	1865	SCHÖNBERG	ABENDBERG	143	830	2830	6) 9)	1903
249	1865	SIEGMAR	BELLALP	144	831	2831	2) 6) 9)	1925
256	1865	GERA	–	150	–	–	10) 11)	–
257	1865	RONNEBURG	BELLHORN	151	832	2832	6) 10)	1912
258	1865	SCHMÖLLN	BIRGHORN	152	833	2833	6) 9) 10)	1908
259	1865	SAALE	–	153	–	–	10) 11)	–
260	1865	STEIN	BÖTZBERG	154	834	2834	5) 6) 9) 10)	1908
261	1865	BÖHLEN	STOCKHORN	155	835	2835	6) 10)	1902
262	1866	BREITINGEN	BUNDALP	156	836	2836	6)	1909
265	1866	LIMMRITZ	–	157	–	–	11)	–
266	1866	MOSEL	BREITHORN	158	837	2837	6) 9)	1911
267	1866	FÄHRBRÜCKE	KLAUSEN	159	838	–	4) 6)	1897
268	1866	SCHLEMA	–	160	–	–	11)	–
269	1866	LAUTER	–	161	–	–	11)	–
270	1866	SCHELLENBERG	DÜNDENGRAT	162	839	2839	7)	1913
335	1868	KIERITZSCH	SULZFLUH	137	840	2840	3) 6) 9)	1923
336	1868	GERA	FEEHORN	150	841	2841	6) 9) 5)	1923
337	1868	SAALE	MONT COLLON	153	842	2842	3) 6)	1906
338	1868	LIMMRITZ	FRANZENSHÖHE	157	843	2843	3) 6)	1919
339	1868	SCHLEMA	FORNOPASS	160	844	2844	5) 7) 9)	1924
340	1868	LAUTER	SATTENHORN	161	845	2845	2) 7) 9)	1924
345	1868	FRANKENBERG	CONTOBERG	177	846	2846	1) 6)	1910
346	1868	OEDERAN	GLYSHORN	178	847	2847	1) 6) 8)	1902
347	1868	HAINICHEN	UNTERSBERG	179	848	2848	1) 6)	1909
348	1869	HETZDORF	SUSTENHORN	180	849	2849	1) 6)	1910

1) ab 1871 Dampfklotzbremse
2) ab 1877 Dampfklotzbremse
3) ab 1879 Dampfklotzbremse
4) ab 1883 Dampfklotzbremse (1888 wieder Dampfschlittenbremse)
5) ab 1885 Dampfklotzbremse
6) zwischen 1873 und 1881 Umsteuerung mit Händel und Schraube, später nur Händel
7) geliefert mit Händel und Steuerschraube, ab 1881 nur Händel
8) ab 1884 Dampfläutewerk
9) zwischen 1887 und 1891 Ausrüstung mit Dampfläutewerk
10) ursprünglich für die Gößnitz-Geraer Bahn gebaut
11) 1868 an die Berlin-Görlitzer Bahn verkauft (dort Bahn-Nr. 13 bis Nr. 18, später K.P.E.V. Nr. Bln 801 bis Bln 806). Diese Lokomotiven hatten ursprünglich Dampfbandbremse.

Gattung H V, Lokomotive Nr. 159 FÄHRBRÜCKE.
Werkfoto, Repro Meyer

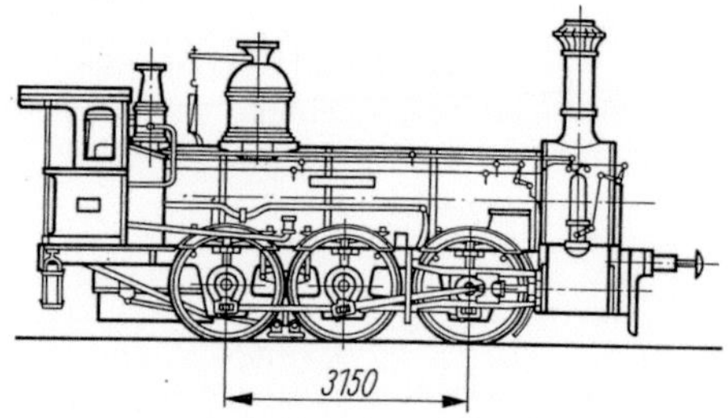

Gattung H V, Baujahre 1865 bis 1869, Ursprungszustand.

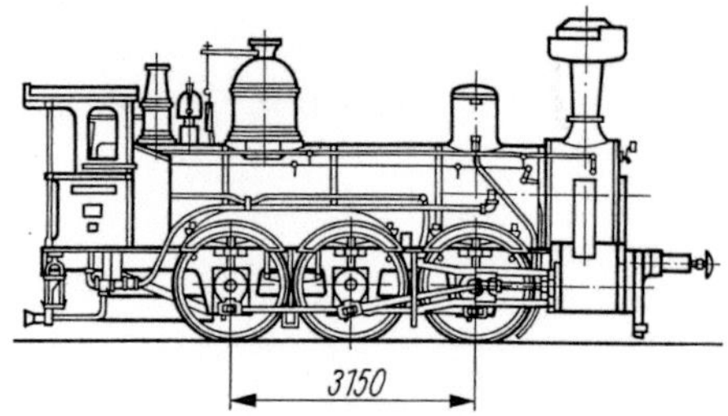

Gattung H V, Baujahre 1865 bis 1869, späteres Aussehen.

2.2.2.3
12 *Lokomotiven, geliefert von Esslingen*
für die Leipzig-Dresdner Eisenbahn,
ab 1876 Sächsische Staatsbahn, Gattung K V (ab 1896 Gattung V)

Fabriknummer	Baujahr	Name		Bahnnummer			Bemerkungen	Ausmusterung
		bis 1876	bis 1891	ab 1876	ab 1892	ab 1900		
901	1868	MANNHEIM	ARNIBERG	516	921	2921		1923
902	1868	DORTMUND	BALMHORN	517	922			
903	1868	MINDEN	BEATENBERG	518	923			
904	1868	GOTHA	HASLIBERG	519	924	2924		1915
968	1869	COTTBUS	ST. BERNHARD	514	925			
970	1869	RUHLAND	DACHSTEIN	515	926	2926		1913
969	1869	ORTRAND	BIEBERSTEIN	520	927	2927		1911
971	1869	SENFTENBERG	BLÜMLISALP	521	928	2928		1905
972	1869	DUX	KYNAST	522	929	2929		1915
973	1869	MOSEL	PLASSENSTEIN	523	930	2930	[1]	1921
975	1869	WILHELM EINERT	DAUBENHORN	524	931	2931		1909
974	1869	TRIEBISCH	DISTELALP	525	932	2932		1914

[1]) alle Lokomotiven mit Kirchweger-Kondensationseinrichtung, außer Lokomotive Nr. 523 ab 1885 mit Körting-Kondensation

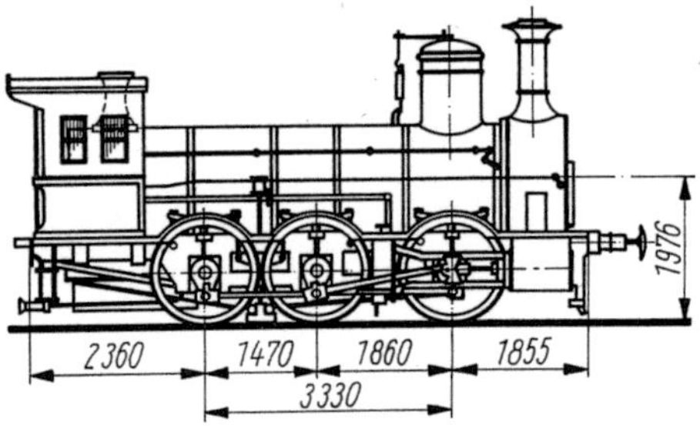

Gattung K V, Baujahre 1868/69.

Gattung K V der Leipzig-Dresdner Eisenbahn, Esslingen 1868/69.
Werkfoto, Repro Meyer

2.2.2.4
23 Lokomotiven, geliefert von Hartmann für die Sächsische Staatsbahn, Gattung H V (ab 1896 Gattung V)

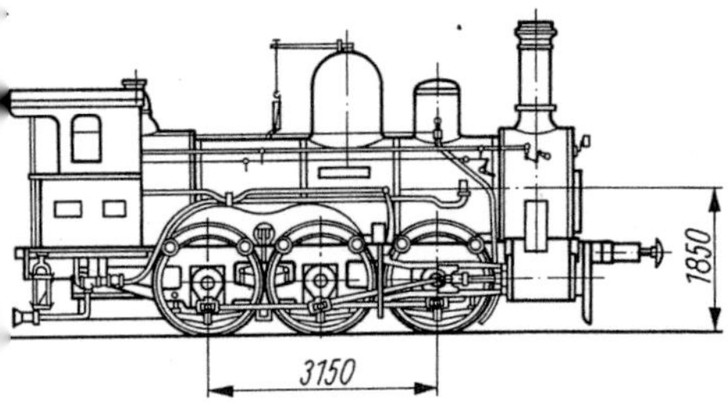

Gattung H V, Baujahre 1870 bis 1872, Ursprungszustand.

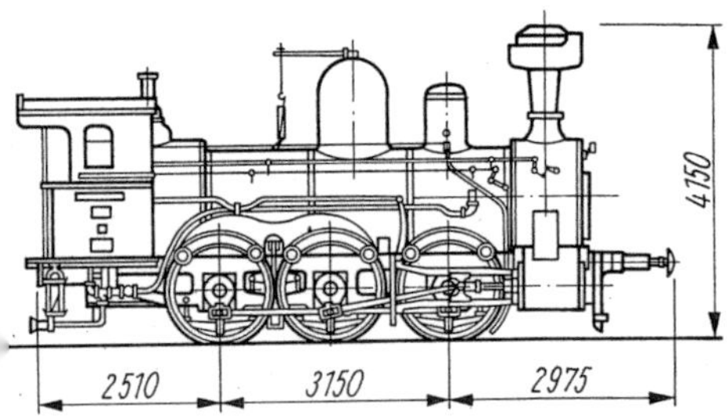

Gattung H V, Baujahre 1870 bis 1872, späteres Aussehen.

Fabriknummer	Baujahr	Name	Bahnnummer	Bahnnummer		Bemerkungen	Ausmusterung
		bis 1891		ab 1892	ab 1900		
432	1870	MÖNCH	192	850	2850		1923
433	1870	TAUNUS	287	851			
434	1870	SEMMERING	288	852	2852		1921
435	1870	GOTTHARD	289	853			
436	1870	SIMPLON	290	854	2854		1923/24
437	1870	SPLÜGEN	291	855	2855	[1]) SNCB7655	
438	1870	JUNGFRAU	292	856			
439	1870	SPESSART	293	857			
510	1871	PÖHLBERG	207	858	2858	[2])	1914
511	1871	PAPSTSTEIN	208	859		[2])	
512	1871	BÄRENSTEIN	210	–	–	[3])	
513	1871	FICHTELBERG	211	–	–	[3])	
514	1871	LANDSKRONE	212	860		[2])	
506	1871	MONTBLANC	332	–	–	[3])	
507	1871	WELLHORN	333	–	–	[3])	
508	1871	SENTIS	334	–	–	[3])	
509	1871	EIGER	335	–	–	[3])	
574	1872	AUERSBERG	358	–	–	[3])	
575	1872	COLMBERG	359	–	–	[3])	
576	1872	KAHLENBERG	360	–	–	[3])	
577	1872	GREIFENSTEIN	361	–	–	[3])	
578	1872	KATZENSTEIN	362	–	–	[3])	
579	1872	SANDBERG	363	–	–	[3])	

[1]) Reparationsleistung 1918 mit Tender Nr. 1081
[2]) Gooch-Steuerung mit Schraube
[3]) 1877 zum Verkauf nach Rumänien an die Lieferfirma zurückgegeben

Gattung H V, Lokomotive Nr. 293 SPESSART.
Werkfoto, Repro Meyer

Gattung Schw V, Lokomotive Nr. 326 WETTERHORN.
Sammlung Contius, Repro Meyer

Gattung Schw V, Lokomotive Nr. 951 (ehemalige Lokomotive SCHEIBENBERG).
Foto Reinstein, Repro Meyer

2.2.2.5
35 *Lokomotiven, geliefert von Schwartzkopff* für die Sächsische Staatsbahn, Gattung Schw V (ab 1896 Gattung V)

Fabriknummer	Baujahr	Name	Bahnnummer	Bahnnummer		Betriebsnummer	Bemerkungen	Ausmusterung
		bis 1891		ab 1892	ab 1900	ab 1925		
301	1871	PILATUS	322	937		–		
302	1871	FURKA	323	938	2938	–		1922
303	1871	HARZ	324	939		–		
304	1871	MONTE ROSA	325	940		–		
305	1871	WETTERHORN	326	941	2941	–		1922
306	1871	BERNINA	327	942		–		
307	1871	SCHRECKHORN	328	943		–		
308	1871	ZERMATT	329	944	2944	–	3)	1922
309	1871	TÖDI	330	945		–	4)	
310	1871	GRIMSEL	331	946	2946	–	3)	1922
365	1872	ROTHORN	369	947	2947	–	1)	1922
366	1872	BURGBERG	370	948		–	1)	
367	1872	WENDELSTEIN	371	949	2949	53 8201	1)	1927
368	1872	BORSBERG	372	950		–	2)	
369	1872	SCHEIBENBERG	373	951	2951	–	4)	1923
370	1872	GEMMI	374	952		–	2)	
371	1872	WATZMANN	375	953	2953	53 8202	6)	1927
444	1873	ALBIS	416	954	2954	–	6)	1922
445	1873	WINTERBERG	417	955		–	6)	
446	1873	DRACHENFELS	418	956	2956	53 8203		1927
447	1873	BROCKEN	419	957	2957	–		1922
489	1873	ROLANDSECK	447	958	2958	53 8204		1927
490	1873	LORELEY	448	959		–		
491	1873	GAISBERG	449	960	2960	–		1923
492	1873	HIRTSTEIN	450	961		–	5)	
645	1874	ARLBERG	451	962	2962	–		1921
646	1874	BRENNER	452	963	2963	–	5)	1923
647	1874	DONNERSBERG	453	964	2964	–		1922
648	1874	EIFEL	454	965		–		
649	1874	FORSTENBERG	455	966	2966	–		1923
650	1874	GRENZHORN	456	967		–		
651	1874	HOHE SALVE	457	968		–	5)	
652	1874	HOHE GÖLL	458	969	2969	–		1922
653	1874	KARST	459	970	2970	–		1924
654	1874	MARTINSWAND	460	971	2971	53 8205		1925

1) ab 1881 Dampfläutewerk
2) ab 1882 Dampfläutewerk
3) ab 1887 Dampfläutewerk
4) ab 1891 Dampfläutewerk
5) ab 1894 Dampfläutewerk
6) ab 1895 Dampfläutewerk

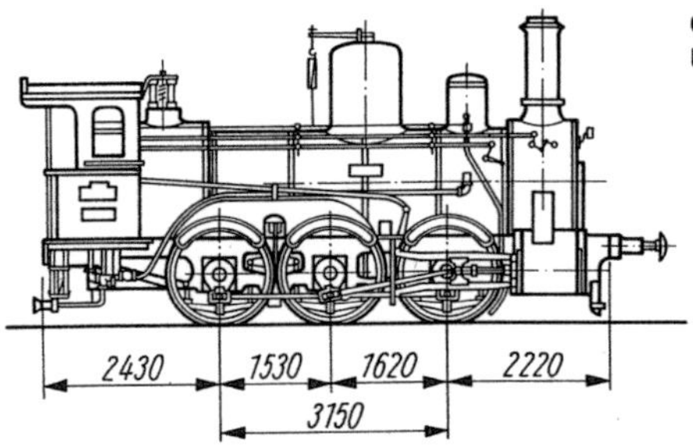

Gattung Schw V, Baujahr 1871, Ursprungszustand.

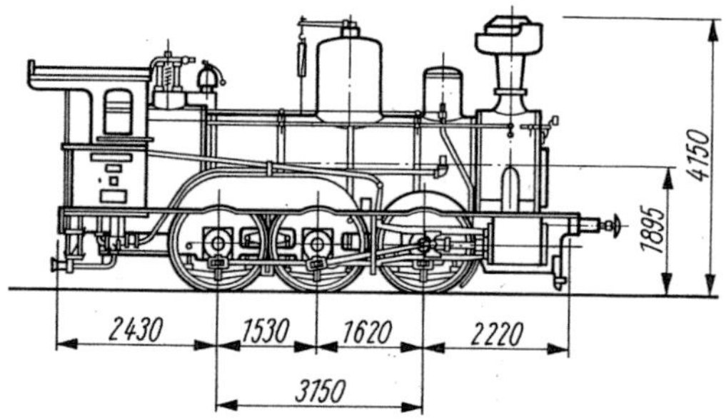

Gattung Schw V, Baujahre 1872 bis 1874, späteres Aussehen.

2.2.2.6
4 *Lokomotiven, geliefert von Esslingen*
für die Leipzig-Dresdner Eisenbahn
ab 1876 Sächsische Staatsbahn,
Gattung K V (ab 1896 Gattung V)

Fabriknummer	Baujahr	Name	Name	Bahnnummer	Bahnnummer		Bemerkungen	Ausmusterung
		bis 1876	ab 1876		ab 1892	1900		
1163	1872	STRASSBURG	THORSTEIN	526	933	2933		1914
1164	1872	METZ	KESSELBERG	527	934	2934		1924
1223	1873	ESSLINGEN	DORENBERG	528	935	2935		1910
1224	1873	WEISSENBURG	ZWISELALP	529	936	2936		1911

Gattung K V, Lokomotive Nr. 935 (ehemalige Lokomotive ESSLINGEN). Aufnahme 1907 im Ausbesserungswerk Hilbersdorf. *Foto Contius, Repro Meyer*

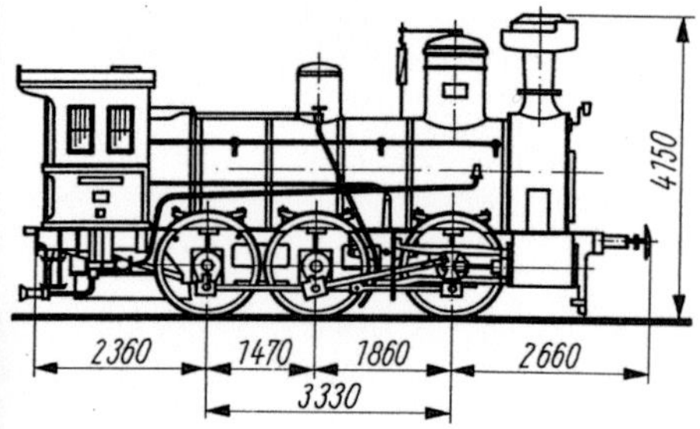

Gattung K V, Baujahre 1872/73, späteres Aussehen.

2.2.2.7
8 *Lokomotiven, geliefert von Sigl*
für die Leipzig-Dresdner Eisenbahn,
ab 1876 Sächsische Staatsbahn,
Gattung Sigl V (ab 1896 Gattung V)

Fabriknummer	Baujahr	Name	Name	Bahnnummer	Bahnnummer		Bemerkungen	Ausmusterung
		bis 1876	ab 1876		ab 1892	ab 1900		
1920	1874	ISCHL	TAUERN	530	972	2972		1910
1921	1874	GMÜNDEN	ENGELHORN	531	973			
1922	1874	SALZBURG	AXENSTEIN	532	974	2974		1921
1923	1874	GASTEIN	GRINDELWALD	533	975	2975		1910
1924	1874	GRAZ	ETZELSTOCK	534	976	2976		1922
1925	1874	BOZEN	HOHENSTAUFEN	535	977	2977		1905
1926	1874	INNSBRUCK	MONT CENIS	536	978	2978		1921
1927	1874	LINZ	RIGI	537	979	2979		1922

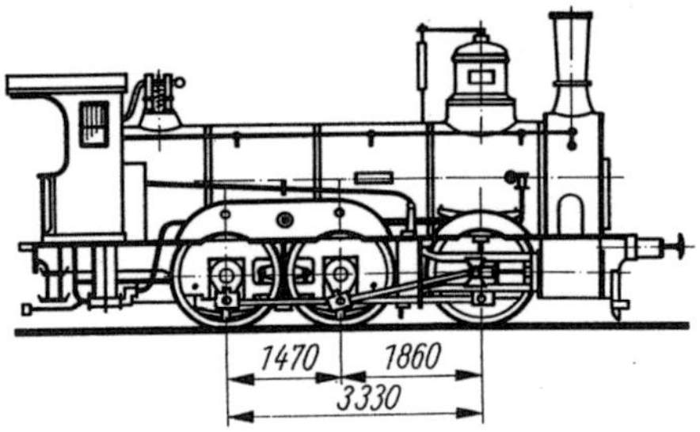

Gattung Sigl V, Baujahr 1874, Ursprungszustand.

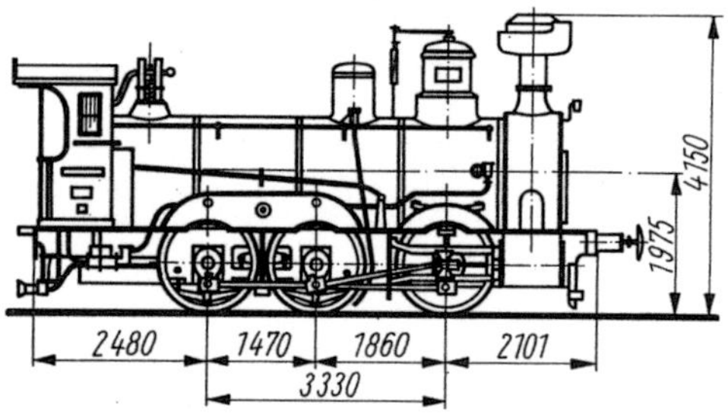

Gattung Sigl V, Baujahr 1874, späteres Aussehen.

Gattung Sigl V, Lokomotive Nr. 973 (ehemalige Lokomotive GMÜNDEN).
Foto Contius, Repro Meyer

2.2.2.8
9 *Lokomotiven, geliefert von Hartmann*
für die Berlin-Dresdner Bahn,
ab 1883 Preußische Staatsbahn,
ab 1888 Sächsische Staatsbahn (Dresden–Elsterwerda), Gattung H V

Fabrik-nummer	Bau-jahr	Name	Bahn-nummer	Name	Bahn-nummer	Bahnnummer		Bemer-kungen	Aus-musterung
		bis 1887	1874	1888 bis 1891		ab 1892	1900		
740	1874	BERLIN	19	OYBIN	773	861	2861		1910
741	1874	DRESDEN	20	SPITZBERG	774	862	2862		1914
742	1874	GROSSENHAIN	21	TÖPFER	775	863	2863		1908
743	1874	ZOSSEN	22	UNGER	776	864	2864		1914
744	1874	BARUTH	23	ZSCHIRNSTEIN	777	865	2865		1914
745	1874	DOBRILUGK	24		Erf 1101	—	—	[1])	
746	1874	ELSTERWERDA	25		Erf 1102			[1])	
747	1874	LUCKAU	26		Erf 1103			[1])	
748	1874	SONNENWALDE	27		Erf 1104			[1])	

[1]) Verbleib nach 1888 bei KPEV

Gattung V, Lokomotive Nr. 2865 (ehemalige Lokomotive BARUTH). Aufnahme 1919.
Foto Reinstein, Repro Meyer

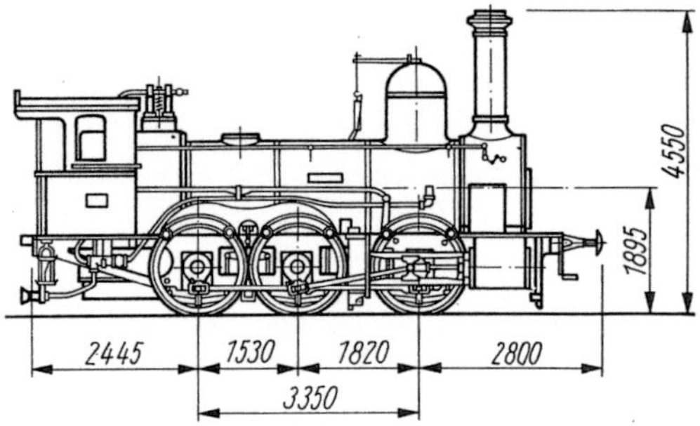

Gattung H V, Baujahr 1874, Ursprungszustand.

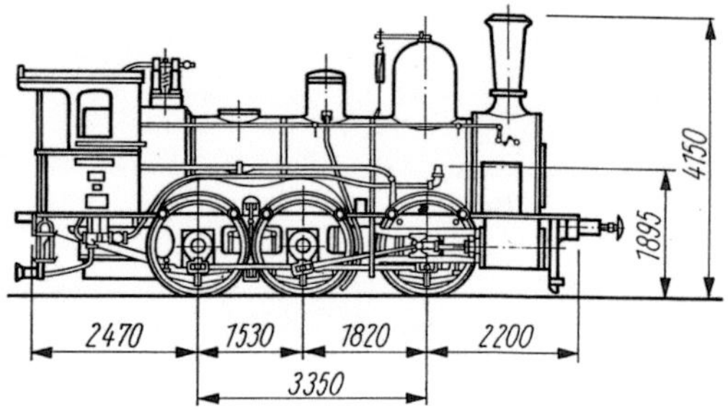

Gattung H V, Baujahr 1874, späteres Aussehen.

Gattung H V, Lokomotive Nr. 871 (ehemalige Lokomotive LEOPOLDSBERG).
Foto Contius, Repro Meyer

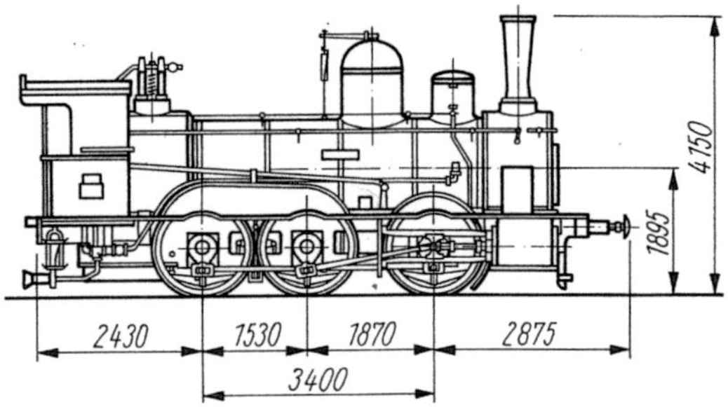

Gattung H V, Baujahre 1875 bis 1878, Ursprungszustand.

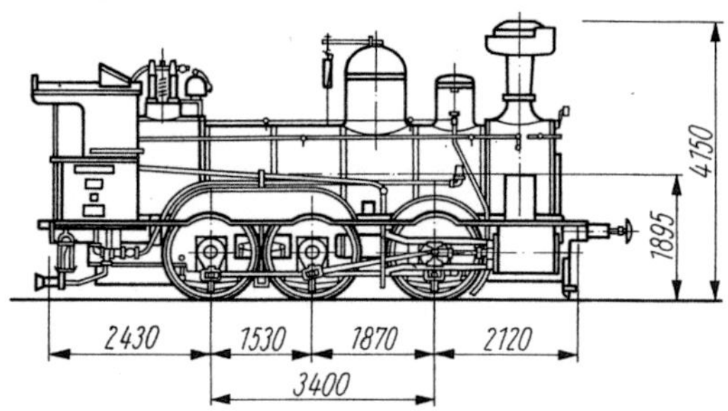

Gattung H V, Baujahre 1875 bis 1878, späteres Aussehen.

2.2.2.9
38 *Lokomotiven, geliefert von Hartmann*
Davon 33 Lokomotiven
für die Sächsische Staatsbahn,
Gattung H V (ab 1896 Gattung V)

Fabriknummer	Baujahr	Name bis 1891	Bahnnummer	Bahnnummer ab 1892	Bahnnummer 1900	Betriebsnummer ab 1925	Bemerkungen	Ausmusterung
772	1875	AETNA	461	866		–		
773	1875	DOLOMIT	462	867		–		
829	1875	FAULHORN	463	868	2868	–		1922
830	1875	HOCHJOCH	464	869	2869	–		1922
831	1875	JULIER	465	870	2870	–		1922
832	1875	LEOPOLDSBERG	466	871	2871	–	5)	1923
833	1875	MATTERHORN	467	872	2872	–	5)	1923
834	1875	ORTLER	468	873	2873	53 8206	4)	1926
835	1875	FINSTERMÜNZ	469	874	2874	–	4)	1923
836	1875	NIEDERWALD	470	875		–	3)	
837	1875	RHEINSTEIN	471	876	2876	–	4)	1922
838	1875	ROSSTRAPPE	472	877	2877	–	3)	1922
839	1875	WALDSPITZ	473	878	2878	–	2)	1922
840	1875	VESUV	474	879	2879	–	1)	1922
939	1876	BERNKOGEL	507	885	2885	–	2)	1923
940	1876	FUCHSBERG	508	886		–	2)	
941	1876	GROSS-GLOCKNER	509	887	2887	–	2)	1922
942	1876	KAISERKRONE	510	888		–		
943	1876	MONTE BALDO	511	889	2889	–		1923
944	1877	MONTE CHRISTALLO	512	890	2890			1923
945	1877	RHEINFELS	513	891		–		
1 000	1878	TAUSEND	210	892	2892	–	6)	1923
1 001	1878	FICHTELBERG	211	893	2893	–	6)	1922
1 018	1878	MONT BLANC	332	894		–	6)	
1 019	1878	WELLHORN	333	895		–	6)	
1 020	1878	SÄNTIS	334	896		–	6)	
1 021	1878	EIGER	335	897		–	6)	
1 025	1878	AUERSBERG	358	898	2898	–	6)	1920
1 029	1878	COLLMBERG	359	899	2899	–	6)	vor 1916
1 030	1878	KAHLENBERG	360	900	2900	–	6)	1922
1 031	1878	GREIFENSTEIN	361	901	2901	–	6)	1922
1 032	1878	KATZENSTEIN	362	902	2902	–	6)	1922
1 033	1878	SANDBERG	363	903		–	6)	

1) ab 1884 Dampfläutewerk
2) ab 1887 Dampfläutewerk
3) ab 1891 Dampfläutewerk
4) ab 1892 Dampfläutewerk
5) ab 1894 Dampfläutewerk
6) Ersatzlieferung für die 1877 nach Rumänien abgegebenen Lokomotiven, siehe 2.2.2.4, Fußnote 3)

5 *Lokomotiven für die Sächsisch-Thüringische Ostwestbahn,*
ab 1882 Sächsische Staatsbahn, Gattung H V (ab 1896 Gattung V)

Fabrik-nummer	Bau-jahr	Name	Name	Bahn-nummer	Bahnnummer		Betriebs-nummer	Aus-musterung
		bis 1881	1882 bis 1891		ab 1892	1900	ab 1925	
914	1876	TRÜNZIG	HEILIGENBERG	708	880	2880	–	1924
915	1876	WEIDA	JESCHKEN	709	881		–	
916	1876	WERDAU	INSELSBERG	710	882	2882	–	1923
917	1876	WINDISCH	RABENKOPF	711	883	2883	53 8207	
918	1876	SCHLÖMILCH	VALTENBERG	712	884	2884	53 8208	

alle Lokomotiven ab 1884 mit Dampfläutewerk

2.2.2.10
5 *Lokomotiven, geliefert von Henschel*
für die Sächsische Staatsbahn, Gattung Hsch V
(ab 1885 Gattung Hl V, ab 1896 Gattung V)

Fabrik-nummer	Bau-jahr	Name	Bahn-nummer	Bahnnummer		Betriebs-nummer	Be-mer-kungen	Aus-muste-rung
		bis 1891		ab 1892	1900	ab 1925		
858	1876	BADELWAND	475	980	2980	53 8209		vor 1929
859	1876	KYFF-HAEUSER	476	981	2981	–		1922
860	1876	GOTZENALP	477	982		–		
861	1876	SCHWARZ-WALD	478	983		–		
862	1876	ODENWALD	479	984	2984	–		1909

Gattung V, Lokomotive Nr. 981 (ehemalige Lokomotive KYFFHAEUSER). *Foto Contius, Repro Meyer*

Gattung Hsch V, Lokomotiven BADELWALD bis ODENWALD

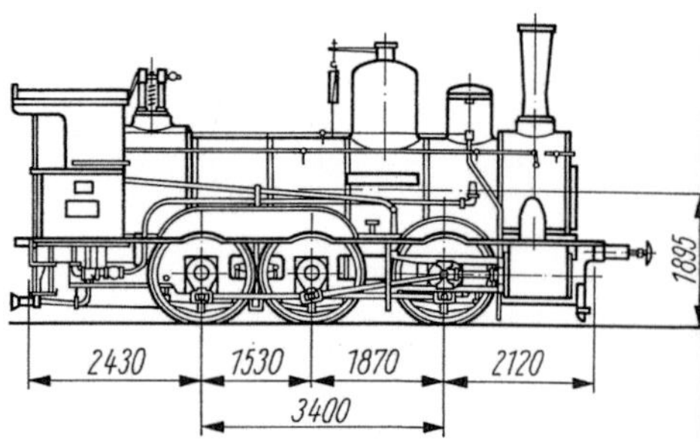

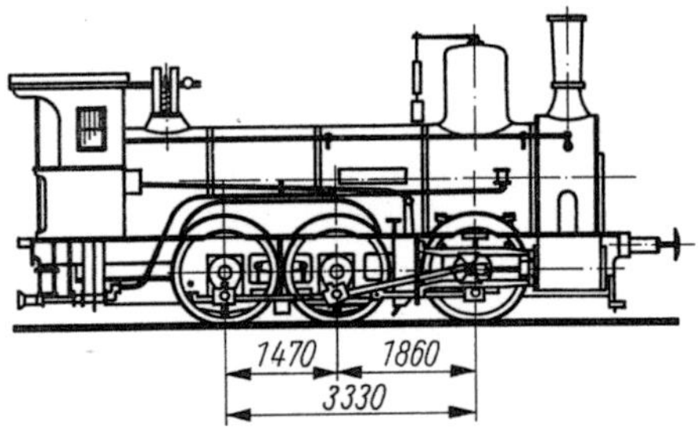

Lokomotiven FINSTERAARHORN bis DOLDENHORN, Ursprungszustand.

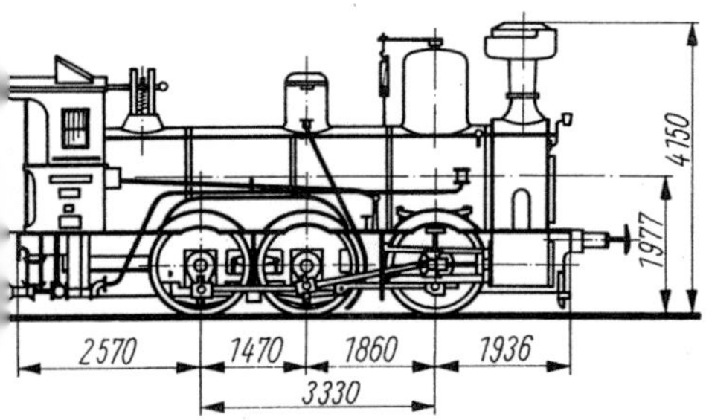

Lokomotiven FINSTERAARHORN bis DOLDENHORN, späteres Aussehen.

2.2.2.11

6 Lokomotiven, geliefert von Henschel
für die Leipzig-Dresdner Eisenbahn,
ab 1876 Sächsische Staatsbahn, Gattung Hsch V
(ab 1885 Gattung Hl V, ab 1896 Gattung V)

Fabriknummer	Baujahr	Name	Bahnnummer	Bahnnummer		Bemerkungen	Ausmusterung
		bis 1891		ab 1892	1900		
871	1876	FINSTERAARHORN	538	985	2985		1922
872	1876	GALMIHORN	539	986	2986		1922
873	1876	ZUGSPITZ	540	987	2987		1923
874	1876	GLÄRNISCH	541	988	2988		1910
875	1876	BURGENSTEIN	542	989	2989		1909
876	1876	DOLDENHORN	543	990	2990		1922

Gattung V, Lokomotive Nr. 986 (ehemalige Lokomotive GALMIHORN).
Verlag Leonhardt, Dresden, Repro Meyer

C-Güterzuglokomotive ZUGSPITZ der Leipzig-Dresdner Eisenbahn.
Werkfoto, Repro Meyer

2.2.2.12
17 *Lokomotiven, geliefert von Hartmann*
für die Sächsische Staatsbahn, Gattung H V (ab 1896 Gattung V)

Fabriknummer	Baujahr	Name	Bahnnummer	Bahnnummer		Betriebsnummer	Bemerkungen	Ausmusterung
		bis 1891		ab 1892	1900	ab 1925		
1 138	1882	KEILBERG	227	904	2 904	–	[1]	1923
1 139	1882	WALDSTEIN	613	905		–	[1]	
1 140	1882	TITLIS	617	906	2 906	–	[1] [4] SNCB 7659	
1 141	1882	SILBERHORN	620	907	2 907		[1] [5]	1923
1 142	1882	AARJOCH	626	908		–	[1]	
1 375	1884	RIESENBERG	715	909	2 909	–	[2]	1922
1 376	1884	STÜRMER	716	910	2 910	–	[2] [6]	1923
1 377	1884	WIESELSTEIN	717	911		–	[2]	
1 387	1885	HEKLA	718	912		–	[2]	
1 388	1885	HOHENTWIEL	719	913	2 913	–	[2]	1923
1 425	1885	KARWENDEL	737	914	2 914	–	[2] [8]	1923
1 389	1885	JOCHALM	738	915	2 915	–	[2]	1923
1 390	1885	STROMBERG	739	916		–	[2]	
1 489	1887	BÄRENSTEIN	748	917		–	[3]	
1 490	1887	GABELHORN	749	918	2 918	–	[3]	1923
1 491	1887	KROTTENKOPF	750	919	2 919	53 8210	[3]	1926
1 492	1887	MALOJA	751	920	2 920	53 8211	[3] [7]	1926

[1]) Dampfklotzbremse und Gegendampfbremse
[2]) Heberleinbremse bis etwa 1890
[3]) Dampfklotzbremse
[4]) Reparationsleistung 1919, mit Tender Nr. 1 006
[5]) ab 1884 Dampfläutewerk
[6]) ab 1891 Dampfläutewerk
[7]) ab 1892 Dampfläutewerk
[8]) versuchsweise Körting-Kondensation bis 1890

Gattung H V, Lokomotive Nr. 910 (ehemalige Lokomotive STÜRMER) in Meuselwitz.
Urheber unbekannt, Repro Meyer

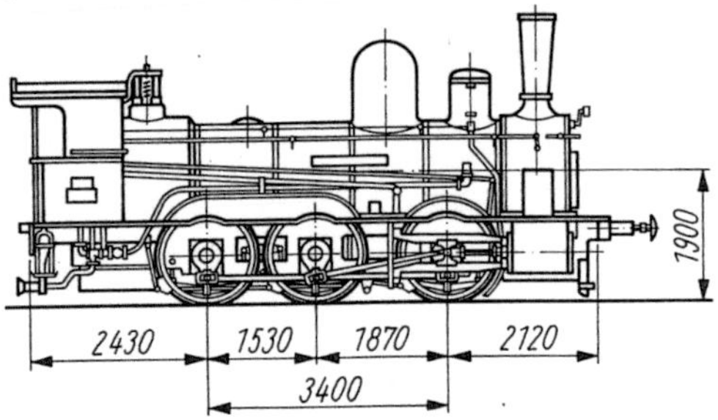

Gattung H V, Nr. 904 bis 908 (mit Dampfklotzbremse), Nr. 909 bis Nr. 913, Nr. 915, Nr. 916 (mit Heberleinbremse).

Gattung H V, Nr. 914 (mit Heberleinbremse) Nr. 917 bis Nr. 920 (mit Dampfklotzbremse).

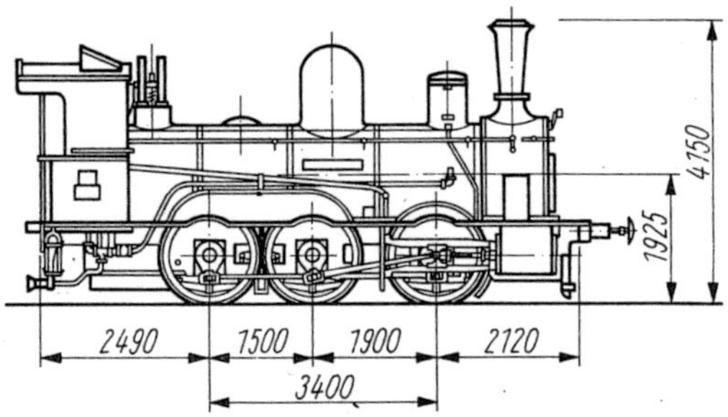

2.2.2.13
1 *Lokomotive, geliefert von Union*
für die ehemalige Berlin-Dresdner Bahn (KPEV),
ab 1888 Sächsische Staatsbahn, (Dresden–Elsterwerda),
Gattung U V (ab 1896 Gattung V)

Fabriknummer	Baujahr	Name	Bahnnummer				Bemerkungen	Ausmusterung
		bis 1891	ab 1886	1888	1892	1900		
352	1886	TELLKOPPE	Bln 1157	778	991	2991		1924

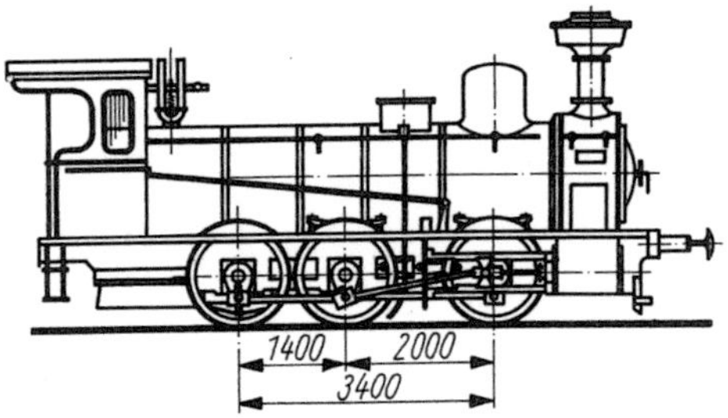

Gattung U V, Lokomotive TELLKOPPE, Ursprungszustand.

Gattung U V, Lokomotive TELLKOPPE, späteres Aussehen.

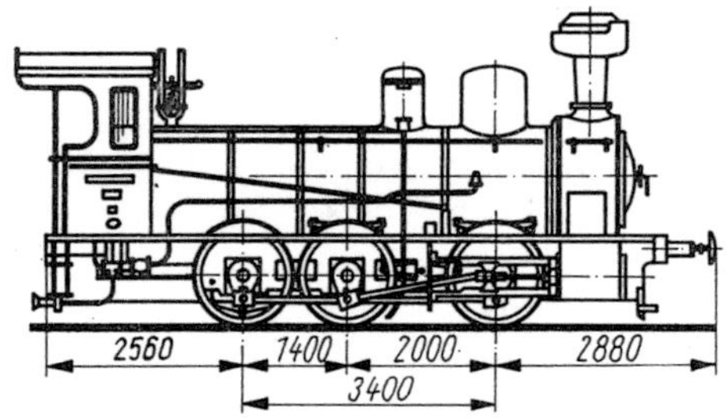

Gattung V, Lokomotive Nr. 991 (ehemalige Lokomotive TELLKOPPE).
Foto Reinstein, Repro Meyer

V V

Bauart: Cn2
Erstes Baujahr: 1885
Ausmusterung: bis etwa 1930

Technische Daten: Seiten 196 und 197

DRG-Baureihe 53^{6-7}

Konstruktive Merkmale

Kessel: Genietet, Langkessel aus drei Schüssen. Stehkessel mit halbrunder Decke, Feuerbüchse zwischen dem Rahmen eingezogen. Rostfläche 1,4 m^2, Heizfläche 115 m^2, ab 1898 111 m^2. Kesseldruck 12,0 bar. Großer Dampfdom in Kesselmitte. Ramsbottom-Sicherheitsventil auf dem Hinterkessel. Speisung durch zwei Dampfstrahlpumpen. Rauchkammer mit gegenüber dem Langkessel vergrößertem Durchmesser. Prüsmann-Schornstein, teilweise mit Kobel-Funkenfänger Bauart Ressig.
Abweichende Kesselbauart bei Lokomotive Nr. 1 000 (Baujahr 1920). Belpaire-Feuerbüchse, Rohrlänge 4,0 m, Rostfläche 1,8 m^2, Heizfläche 123 m^2, Dom auf dem vorderen Kesselschuß. Rauchkammer mit gleichem Durchmesser wie Langkessel, höhere Kessellage.
Rahmen: Innerer Blechrahmen mit 30 mm Blechdicke.
Triebwerk: Zweizylinder-Verbundtriebwerk mit leicht geneigten Außenzylindern. Antrieb der mittleren Achse. Hochdruckzylinder rechts, Niederdruckzylinder links. Treib- und Kuppelstangen ab 1899 mit ⌶-Querschnitt.
Steuerung: Innere Allan-Steuerung. Anfahrventil Bauart v. Borries, ab 1887 Bauart Lindner.
Laufwerk: Alle Achsen fest gelagert. Achsabstand 3,4 m. Tragfedern unten angeordnet, 2. und 3. Achse durch Ausgleichhebel verbunden (Vierpunktabstützung).
Bremse: Dampfklotzbremse wirkt auf die Räder der 2. und 3. Achse von oben. Ausnahmen bilden Nr. 736 KÄNZLI mit Heberleinbremse (einseitig auf die Räder aller Achsen von hinten wirkend) und Nr. 1 000 mit Westinghouse-Druckluftbremse (ursprünglich Dampfbremse, einseitig auf die Räder aller Achsen von vorn wirkend). Teilweise späterer Umbau auf Druckluftbremse (belegt z. B. für Nr. 1 127, Nr. 1 154 und Nr. 1 158).
Sondereinrichtungen: Sandkasten (rund, ab Baujahr 1899 viereckig) auf dem vorderen Kesselscheitel, Sandstreuer für die Räder der 1. Kuppelachse von vorn, ab Baujahr 1899 mit mechanischem Antrieb vom rechten Kreuzkopf aus (Bauart v. Helmholtz). Bei Nr. 1 000 viereckiger Sandkasten auf Kesselmitte, Sandung der Treibräder von vorn. Dampfläutewerk auf dem Langkessel größtenteils nachträglich angebaut.

Lieferfirma	Lieferjahr													Stück
	1885	87	88	90	92	94	95	96	98	99	1900	01	20	
Hartmann	1	10	4	19	22	10	15	12	22	10	8	20	1	154
Sigl				11										11
	1	10	4	30	22	10	15	12	22	10	8	20	1	165

Liste der einzelnen Lokomotiven

2.2.3.1
1 Lokomotive, geliefert von Hartmann
für die Sächsische Staatsbahn, Gattung H V C (ab 1889 Gattung H V V, ab 1896 Gattung V V)[1])

Fabriknummer	Baujahr	Name	Bahnnummer	Bahnnummer	Betriebsnummer	Bemerkungen	Ausmusterung
		bis 1891		ab 1892	ab 1925		
1424	1885	KÄNZLI	736	1012	53 601		

[1]) Lokomotive diente zum Vergleich mit der Cn2-Lokomotive Gattung V KARWENDEL (Hartmann 1885, Fabr.-Nr. 1425)

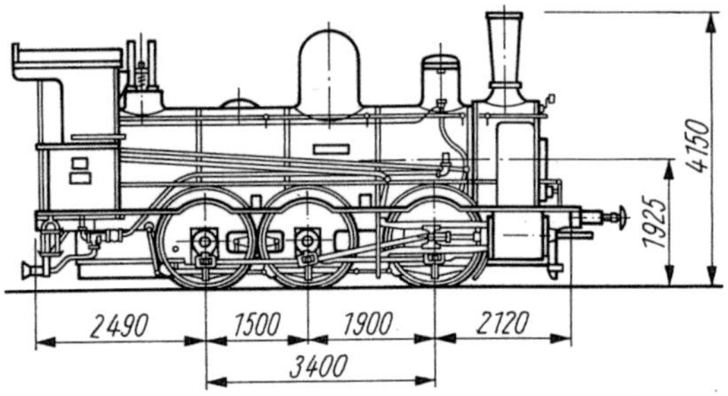

Gattung H V C, Lokomotive Nr. 736 KÄNZLI.

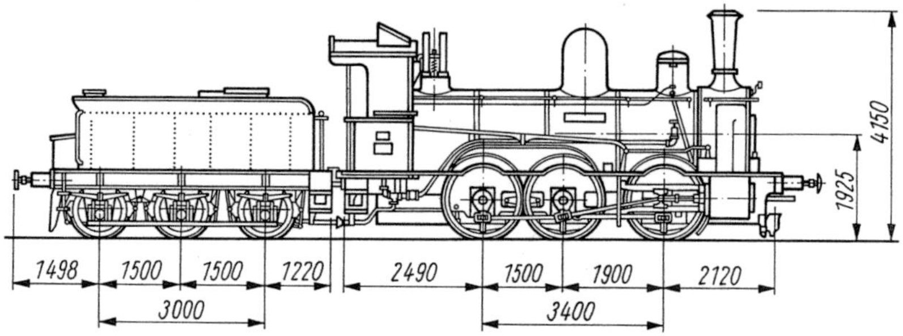

Gattung H V C, Baujahre 1887 bis 1890, mit Tender 3 T 9.

Gattung H V C, Lokomotive Nr. 736 KÄNZLI.
Werkfoto, Repro Meyer

Gattung H V C, Lokomotive Nr. 784 JOCHBERG.
Werkfoto, Repro Meyer

2.2.3.2
17 *Lokomotiven, geliefert von Hartmann*
für die Sächsische Staatsbahn, Gattung H V C (ab 1889 Gattung H V V, ab 1896 Gattung VV)

Fabrik-nummer	Bau-jahr	Name	Bahn-nummer	Bahn-nummer	Betriebs-nummer	Bemer-kungen	Aus-musterung
		bis 1891		ab 1892	ab 1925		
1 509	1887	ERLAKOGEL	39	1 013	53 605		
1 505	1887	BENEDICTENWAND	51	1 014	53 602		1928
1 507	1887	WINDBERG	236	1 015	53 603		1926
1 508	1887	BIETSCHHORN	242	1 016	53 604		
1 506	1887	HERZOGENSTAND	337	1 017	–	[1]) PKP Th 101-2	
1 510	1887	GAMSKARKOGEL	754	1 018	53 606		
1 511	1887	HOCHKOGEL	755	1 019	53 607		
1 512	1887	HOCKENHORN	756	1 020	53 608		
1 513	1887	HOHE MUNDI	757	1 021	–		1923
1 514	1887	HOHGLEIFEN	758	1 022	53 609		1926
1 562	1888	JOCHBERG	784	1 023	53 610		
1 563	1888	KELLERJOCH	785	1 024	53 611		
1 564	1888	GEISING	786	1 025	–		1922
1 565	1888	LÄMMERJOCH	787	1 026	53 612		
1 665	1890	RAMOLJOCH	548	1 027	53 613		
1 666	1890	SCHALLHORN	824	1 028	53 614		1926
1 667	1890	SCHWARZHORN	825	1 029	53 615		

[1]) Kriegsverlust im ersten Weltkrieg (Osten), mit Tender Nr. 1 116

2.2.3.3
59 *Lokomotiven, geliefert von Sigl und Hartmann*
für die Sächsische Staatsbahn, Gattung Sigl V V bzw. Gattung H V V (ab 1896 Gattung V V)

Her-steller	Fabrik-nummer	Bau-jahr	Name	Bahn-nummer	Bahn-nummer	Betriebs-nummer	Bemerkungen	Aus-musterung
			bis 1891		ab 1892	ab 1925		
Sigl	3443	1890	ERZGEBIRGE	858	1 001	–	[1]) PKP Th 101-1	
Sigl	3444	1890	VOGELSBERG	859	1 002	53 616		
Sigl	3445	1890	SCHNEEKOPPE	860	1 003	53 617		1930
Sigl	3446	1890	TAFELFICHTE	861	1 004	53 618		
Sigl	3447	1890	GEIERSBERG	862	1 005	–		1924
Sigl	3448	1890	FELDBERG	863	1 006	53 619		
Sigl	3449	1890	KEULENBERG	864	1 007	53 620		
Sigl	3450	1890	LUCHBERG	865	1 008	53 621		1929
Sigl	3451	1890	ROSENBERG	866	1 009	–		1922
Sigl	3452	1890	OSTERBERG	867	1 010	53 622		
Sigl	3453	1890	WILISCH	868	1 011	53 623		
Hartmann	1 679	1890	STAUFFER	235	1 030	53 624		1926
Hartmann	1 680	1890	STRAHLHORN	258	1 031	53 625		
Hartmann	1 682	1890	WILDHORN	550	1 032	53 626	[2])	

Hersteller	Fabriknummer	Baujahr	Name	Bahnnummer	Bahnnummer	Betriebsnummer	Bemerkungen	Ausmusterung
			bis 1891		ab 1892	ab 1925		
Hartmann	1681	1890	TRAUNSTEIN	560	1033	–	[2]) [3]) SNCB 7733	
Hartmann	1695	1890	LÖFFELHORN	832	1034	53 627	[2])	
Hartmann	1696	1890	LÖTSCHBERG	833	1035	53 628	[2])	
Hartmann	1697	1890	RAWYL	834	1036	53 629	[2])	
Hartmann	1698	1890	JUHORN	835	1037	53 630	[2])	
Hartmann	1699	1890	JOLSTEIN	836	1038	53 631		
Hartmann	1700	1890	STUBAIER	837	1039	53 632		1926
Hartmann	1701	1890	TATRA	838	1040	53 633		
Hartmann	1702	1890	TRATZBERG	839	1041	53 634		
Hartmann	1703	1890	WIESHOCKHORN	840	1042	53 635		1925
Hartmann	1704	1890	KITZSTEINHORN	841	1043	53 636		
Hartmann	1705	1890	RAUTHORN	842	1044	53 637		
Hartmann	1706	1890	MILESCHAUER	843	1045	53 638		
Hartmann	1844	1892			1046	53 639		
Hartmann	1845	1892			1047	53 640		
Hartmann	1846	1892			1048	53 641		
Hartmann	1847	1892			1049	53 642		
Hartmann	1848	1892			1050	53 643		
Hartmann	1849	1892			1051	53 644		
Hartmann	1850	1892			1052	53 645		
Hartmann	1851	1892			1053	53 646		
Hartmann	1852	1892			1054	53 647		1926
Hartmann	1853	1892			1055	53 648		
Hartmann	1877	1892			1056	–	[3]) SNCB 7735	
Hartmann	1878	1892			1057	53 649		
Hartmann	1902	1892			1058	–	[1]) PKP Th101-3	
Hartmann	1903	1892			1059	–	[1]) PKP Th101-4	
Hartmann	1904	1892			1060	53 650		
Hartmann	1905	1892			1061	–		
Hartmann	1906	1892			1062	53 651		
Hartmann	1907	1892			1063	53 652		
Hartmann	1908	1892			1064	53 653		
Hartmann	1909	1892			1065	53 654		
Hartmann	1910	1892			1066	53 655		
Hartmann	1911	1892			1067	–	[1]) PKP Th101-5	
Hartmann	1989	1894			1068	53 656		
Hartmann	1990	1894			1069	53 657		
Hartmann	1991	1894			1070	53 658		
Hartmann	1992	1894			1071	–	[1]) PKP Th101-6	
Hartmann	1993	1894			1072	53 659		
Hartmann	1994	1894			1073	53 660		
Hartmann	1995	1894			1074	53 661		
Hartmann	1996	1894			1075	53 662		
Hartmann	1997	1894			1076	53 663		
Hartmann	1998	1894			1077	–	[3]) SNCB 7737	

[1]) Kriegsverlust im ersten Weltkrieg (Osten) mit Tendern Nr. 1047, Nr. 1182, Nr. 1108, Nr. 1040, Nr. 1058

[2]) ab 1891 Dampfläutewerk

[3]) Reparationsleistung 1919, mit Tendern Nr. 454, Nr. 1179, Nr. 1035

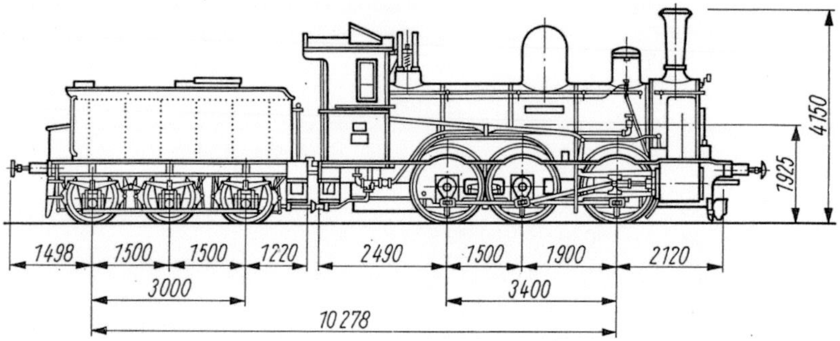

Gattung Sigl V V und H V V, Baujahre 1890 bis 1894.

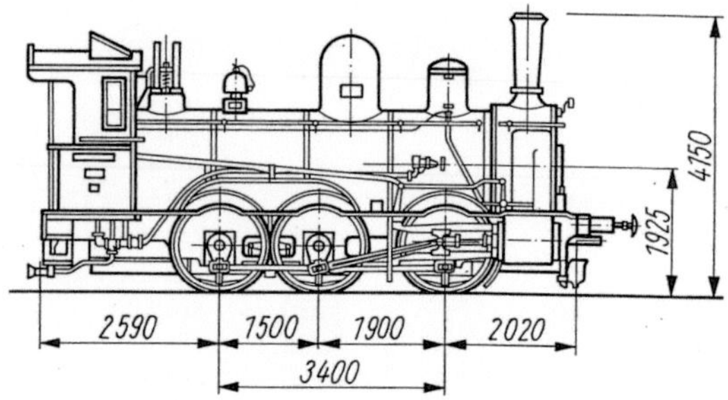

Gattung H V V, Baujahre 1895 bis 1898.

Gattung V V, Lokomotive Nr. 1 054.
Foto Contius, Repro Meyer

Gattung V V, Lokomotive Nr. 1 122.
Foto Contius, Repro Meyer

2.2.3.4
49 *Lokomotiven, geliefert von Hartmann* für die Sächsische Staatsbahn, Gattung H V V (ab 1896 Gattung V V)

Fabrik-nummer	Bau-jahr	Bahn-nummer	Betriebsnummer ab 1925	Bemerkungen	Aus-musterung
2062	1895	1078	–	[1]) SNCB 7738	
2063	1895	1079	53 664		
2064	1895	1080	–		1923
2065	1895	1081	53 665		
2066	1895	1082	–	[2]) PKP Th101-7	
2067	1895	1083	53 666		
2068	1895	1084	53 667		1926
2069	1895	1085	–	[2]) PKP Th101-8	
2070	1895	1086	–		1923
2071	1895	1087	–		1923
2072	1895	1088	53 668		
2073	1895	1089	53 669		
2074	1895	1090	53 670		
2075	1895	1091	53 671		
2076	1895	1092	53 672		
2163	1896	1093	53 673		1930
2164	1896	1094	–	[2]) PKP Th101-9	
2165	1896	1095	53 674		
2166	1896	1096	–	[2]) PKP Th101-10	
2167	1896	1097	53 675		
2168	1896	1098	–		1923
2169	1896	1099	53 676		1925
2170	1896	1100	53 677		
2171	1896	1101	53 678		
2172	1896	1102	53 679		
2173	1896	1103	–	[1]) SNCB 7783	
2174	1896	1104	53 680		
2236	1898	1105	53 681		
2237	1898	1106	53 682		
2238	1898	1107	53 683		
2239	1898	1108	53 684		1930
2240	1898	1109	53 685		
2241	1898	1110	53 686		1926
2293	1898	1111	53 687		1926
2294	1898	1112	53 688		
2295	1898	1113	53 689		1930
2296	1898	1114	53 690		1930
2297	1898	1115	53 691		1930
2298	1898	1116	53 692		1925
2299	1898	1117	53 693		
2300	1898	1118	53 694		
2301	1898	1119	53 695		
2302	1898	1120	–		1923
2303	1898	1121	–	[1]) SNCB 7781	
2304	1898	1122	53 696		1930
2305	1898	1123	53 697		1926
2306	1898	1124	53 698		
2307	1898	1125	53 699		
2308	1898	1126	–	[1]) SNCB 7726	

[1]) Reparationsleistung 1919, mit Tender Nr. 649, Nr. 2409, Nr. 1205, Nr. 1197

[2]) Kriegsverlust im ersten Weltkrieg (Osten), mit Tender Nr. 1 086, Nr. 1 186, Nr. 1 180, Nr. 1 193

2.2.3.5
10 *Lokomotiven, geliefert von Hartmann* für die Sächsische Staatsbahn, Gattung V V

Fabriknummer	Baujahr	Bahnnummer	Betriebsnummer ab 1925	Bemerkungen	Ausmusterung
2387	1899	1127	53700		
2388	1899	1128	53701		1931
2389	1899	1129	53702		
2390	1899	1130	53703		
2391	1899	1131	53704		
2392	1899	1132	53705		
2393	1899	1133	–	[2]	
2394	1899	1134	–		1923
2395	1899	1135	53706		
2396	1899	1136	–	[1] SNCB 7736	

[1] Reparationsleistung 1919, mit Tender Nr. 964
[2] Kriegsverlust im ersten Weltkrieg (Belgien), mit Tender Nr. 1199

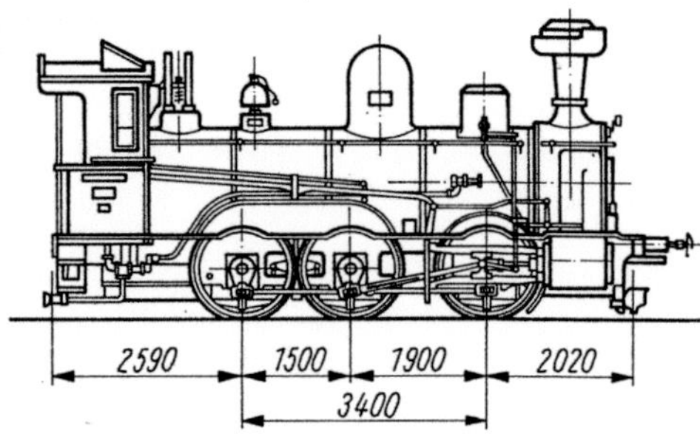

Gattung V V, Baujahr 1899.

Lokomotive 53 700
(ehemalige Gattung V V, Lokomotive Nr. 1127).
Aufnahme 1929 in Bienenmühle.
Sammlung und Repro Bildstelle Rbd Dresden

2.2.3.6
28 *Lokomotiven, geliefert von Hartmann* für die Sächsische Staatsbahn, Gattung V V

Fabriknummer	Baujahr	Bahnnummer	Betriebsnummer ab 1925	Bemerkungen	Ausmusterung
2583	1900	1137	53707		
2584	1900	1138	53708		
2585	1900	1139	53709		
2586	1900	1140	–	[1] PKP Th101-11	
2587	1900	1141	53710		1930
2588	1900	1142	53711		1930
2589	1900	1143	–	[1] PKP Th101-12	
2590	1900	1144	53712		
2591	1901	1145	53713		
2592	1901	1146	53714		

Fabrik-nummer	Bau-jahr	Bahn-nummer	Betriebsnummer ab 1925	Bemerkungen	Aus-musterung
2593	1901	1147	53 715		
2594	1901	1148	53 716		
2595	1901	1149	53 717		
2596	1901	1150	53 718		1930
2597	1901	1151	53 719		1925
2598	1901	1152	–	[1]) PKP Th101-13	
2599	1901	1153	53 720		
2601	1901	1154	53 721		
2602	1901	1155	53 722		
2603	1901	1156	53 723		
2604	1901	1157	53 724		
2605	1901	1158	53 725		
2606	1901	1159	53 726		1930
2607	1901	1160	53 727		
2608	1901	1161	53 728		
2609	1901	1162	53 729	[2])	1930
2 610	1901	1 163	–	[1]) PKP Th101-14	
2 611	1901	1 164	–		

[1]) Kriegsverlust im ersten Weltkrieg (Osten), mit Tender Nr. 1 202, Nr. 2 444, Nr. 543, Nr. 561
[2]) Kriegsverlust im ersten Weltkrieg (Belgien), mit Tender Nr. 1 189

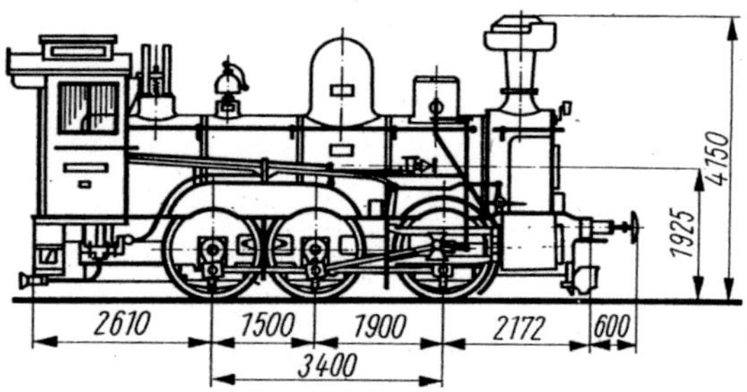

Gattung V V, Baujahre 1900/01.

Gattung V V, Lokomotive Nr. 1 144.
Foto Contius, Repro Meyer

2.2.3.7.
1 *Lokomotive, geliefert von Hartmann*
für die Sächsische Staatsbahn, Gattung V V

Fabriknummer	Baujahr	Bahnnummer	Betriebsnummer ab 1925	Bemerkungen	Ausmusterung
4415	1920	1 000	53 751		

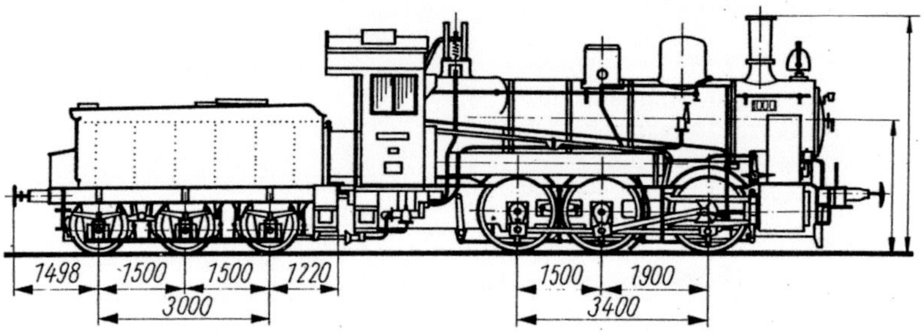

Gattung V V, Baujahr 1920, mit Tender 3 T 9.

Gattung V V, Lokomotive Nr. 1 000.
Foto Contius, Repro Meyer

I V

Bauart: B'Bn4v

Erstes Baujahr: 1898
Ausmusterung: um 1926

Technische Daten: Seite 197

DRG-Baureihe 55^{60}

Konstruktive Merkmale

Kessel: Langkessel aus drei Schüssen, Rohrlänge 4,5 m. Belpaire-Feuerbüchse mit leicht geneigtem Rost (2,1 m^2). Heizfläche 141 m^2. Kesselspeisung durch zwei Strahlpumpen. Kesseldruck 12,0 bar. Zwei Sicherheitsventile Bauart Pop-Coale. Großer Dampfdom etwa in der Mitte des Langkessels. Einströmrohre außen am Kessel herabführend.
Rahmen: Innerer Blechrahmen für die 3. und 4. Achse, gesonderter Rahmen für vorderes Drehgestell. Blechdicke 25 mm.
Triebwerk: Vierzylinder-Verbundtriebwerk Bauart Mallet. Hochdruckzylinder am festen Rahmen treiben die 4. Achse, Niederdruckzylinder am Drehgestell treiben die 2. Achse an. Alle Zylinder waagerecht. Kolbenstange des HD-Triebwerks nicht durchführend.
Steuerung: Äußere Heusinger-Steuerung für alle Triebwerke. Flachschieber mit geneigtem Schieberspiegel. Steuerwelle der Niederdruckmaschine über eine Zwischenwelle betätigt.
Laufwerk: Vordere Achsen in Drehgestell Bauart Mallet angeordnet. Drehpunkt am hinteren Ende des Drehgestells. Hintere Achsen fest gelagert. Gesamtachsabstand 5,57 m. Vierpunktabstützung (Federgruppen untenliegend mit Ausgleichhebel).
Bremse: Dampfbremse mit zweiseitiger Abbremsung der Räder der 3. und 4. Achse.
Sondereinrichtungen: Zwei viereckige Sandkästen auf dem Kessel. Mechanische Sandstreueinrichtung ursprünglich für die Räder der 2. und 3. Achse von vorn, später für die Räder der 1. und 3. Achse bei Vorwärtsbzw. für die Räder der 2. und 3. Achse bei Rückwärtsfahrt. Antrieb der Sandstreuer von der hinteren rechten Schwinge. Dampfläutewerk vor dem Schornstein. Teilweise Kobel-Funkenfänger Bauart Ressig. Führerhaus anfangs mit Lüfteraufsatz, letzte Lieferserie mit nach hinten verlängertem Dach. Zwei große Seitenfenster.

Lieferfirma	Lieferjahr			Stück
	1898	1899	1903	
Hartmann	5	20	5	30

Liste der einzelnen Lokomotiven

2.2.4.1
25 *Lokomotiven, geliefert von Hartmann*
für die Sächsische Staatsbahn, Gattung I V

Fabrik-nummer	Bau-jahr	Bahn-nummer	Betriebsnummer ab 1925	Bemerkungen	Ausmusterung
2336	1898	1251	55 6001		
2337	1898	1252	55 6002		
2338	1898	1253	55 6003		
2339	1898	1254	–	[1]) EST 4761	
2340	1898	1255	–		1920
2397	1899	1256	55 6004		
2398	1899	1257	–	[1]) EST 4762	
2399	1899	1258	55 6005		1926
2400	1899	1259	55 6006		1926
2401	1899	1260	–	[1]) ETAT 040-942	

Fabrik-nummer	Bau-jahr	Bahn-nummer	Betriebsnummer ab 1925	Bemerkungen	Ausmusterung
2402	1899	1261	55 6007		
2403	1899	1262	–	[1]) EST 4763	
2404	1899	1263	–		1923
2405	1899	1264	–		1923
2406	1899	1265	55 6008		
2407	1899	1266	55 6009		1926
2408	1899	1267	–		
2409	1899	1268	55 6010		
2410	1899	1269	–		1923
2411	1899	1270	55 6011		
2412	1899	1271	–		1923
2413	1899	1272	–	[1]) EST 4764	
2414	1899	1273	–		1923
2415	1899	1274	–		1921
2416	1899	1275	–		1923

[1]) Reparationsleistung 1919, mit Tender Nr. 760, Nr. 753, Nr. 798, Nr. 701, Nr. 733

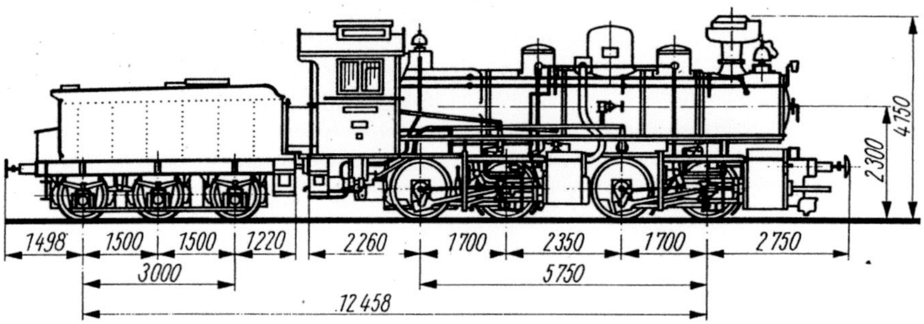

Gattung I V, Baujahre 1898/99, mit Tender 3 T 12.

Gattung I V, Lokomotive Nr. 1260.
Foto Contius, Repro Meyer

2.2.4.2
5 *Lokomotiven, geliefert von Hartmann*
für die Sächsische Staatsbahn, Gattung I V

Fabrik-nummer	Bau-jahr	Bahn-nummer	Betriebsnummer ab 1925	Bemerkungen	Ausmusterung
2814	1903	1276	–	[1]) ETAT 040-943	
2815	1903	1277	–		1923
2816	1903	1278	–	[1]) ETAT 040-944	
2817	1903	1279	55 6012		
2818	1903	1280	55 6013		

[1]) Reparationsleistung 1919, mit Tender Nr. 721, Nr. 715

Gattung I V, Baujahr 1903, mit Tender 3 T 12.

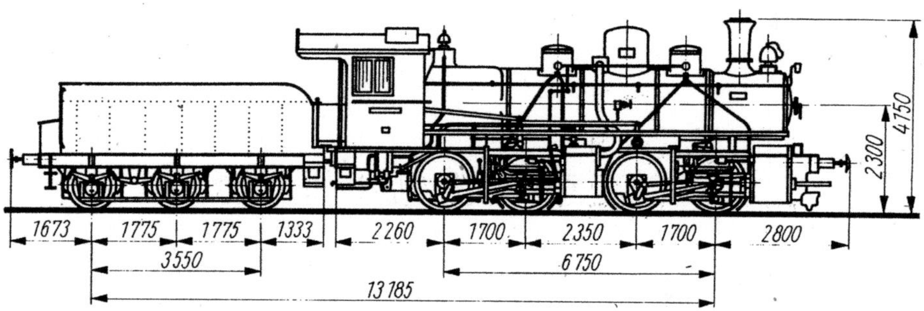

Gattung I V, Lokomotive Nr. 1279.
Foto Contius, Repro Meyer

IX V
IX HV

Bauart: 1'Dn2v
1'Dh2v
Erstes Baujahr: 1902
Ausmusterung: bis 1932

Technische Daten: Seite 197

DRG-Baureihen $56^{5,6}$

Konstruktive Merkmale

Kessel: Langkessel aus drei Schüssen genietet, Rohrlänge 4,6 m. Breite Feuerbüchse Bauart Belpaire, Rostfläche 3,2 m², Heizfläche 181 m². Kesseldruck 14 bar (15 bar bei Gattung IX HV). Speisung durch zwei Friedmann-Dampfstrahlpumpen, die rechte später durch Knorr-Speisepumpe und Vorwärmer auf dem linken Umlauf ersetzt.
Zwei Pop-Sicherheitsventile auf besonderem Aufsatz vor der Führerhausvorderwand angeordnet. Großes Dampfsammelrohr (bei Ersatzkessel durch zwei Dome ersetzt) auf dem Langkessel, Einströmrohr führt durch den Sandkasten hindurch (außer bei Baujahr 1904) zur Rauchkammer. In der sehr großen Rauchkammer Verbinder-Dampftrockner Bauart Klien (Nr. 752 nachträglich damit ausgerüstet), von außen durch Klappen zugänglich. Gattung IX HV mit Schmidt-Rauchrohrüberhitzer und Heißdampfautomat.
Schornstein bei Gattung IX V etwas weiter hinten. Ursprünglich Klappschornstein und abklappbarer Blasrohrkopf.
Rahmen: Blech-Innenrahmen (30 mm Blechdicke), vorn um 65 mm eingezogen. Im Bereich des Stehkessels Außenrahmen zur Aufnahme der 4. Kuppelachse.
Triebwerk: Zweizylinder-Verbundtriebwerk mit leicht geneigten Außenzylindern (rechts HD-, links ND-Zylinder) treibt die 3. Kuppelachse an.
Steuerung: Heusinger-Steuerung mit Antrieb der Schwinge durch einen Joy-Lenker von der Mitte der Treibstange aus (sogenannte Hawthorn-Kitson-Steuerung). Lindner-Anfahrhahn. Gattung IX V mit Flachschieber, bei Gattung IX HV Kolbenschieber für die Hochdruckmaschine.
Laufwerk: 1. und 3. Kuppelachse fest gelagert, fester Achsstand 2,86 m. Laufachse als Adamsachse mit 50 mm, 2. Kuppelachse mit 17 mm Seitenbeweglichkeit. 4. Kuppelachse weit zurückgesetzt, außen gelagert, 30 mm seitenbeweglich und mit vom Tender gelenkter Klien-Lindner-Hohlachse. Gesamtachsabstand 7,76 m, Bogenläufigkeit bis 170 m Radius. Alle Tragfedern obenliegend und für je zwei Achsen durch Ausgleichhebel verbunden (Sechspunktabstützung).
Bremse: Dampfbremse wirkt beiderseitig auf die Räder der 1. und 3. Kuppelachse. Später durch Westinghouse-Druckluftbremse ersetzt. Luftpumpe rechts vorn, Hauptluftbehälter auf dem rechten Umlauf.
Sondereinrichtungen: Mechanisch betätigter Sandstreuer für die Räder der 1. Kuppelachse mit Antrieb durch die rechte Schwinge. Sandkasten vorn auf dem Kessel. Zusätzlich zwei kleine Sandkästen für die 3. Kuppelachse auf dem Umlauf.
Abweichende Bauart bei den zwei Lokomotiven von Krauß, Linz (Baujahr 1919): Kessel mit breiter Feuerbüchse, Heizfläche 155 m², zwei Dampfdome mit Verbinderrohr, äußeres Reglergestänge, äußere Einströmrohre, kurze Rauchkammer mit zweiflügeliger Tür, Kuppelachsen dicht zusammengerückt, normale Heusingersteuerung, Sandkästen auf dem Umlauf, Federung der 3. und 4. Kuppelachse unten. Diese Maschinen entsprechen der österreichischen Baureihe 170.

Gattung	Lieferfirma	Lieferjahr						Stück
		1902	1904	1906	1907	1908	1919	
IX V	Hartmann	2	9	9				20
	Krauß, Linz						2	2
IX HV	Hartmann				11	19		30
		2	9	9	11	19	2	52

Liste der einzelnen Lokomotiven

2.2.5.1
2 Lokomotiven, geliefert von Hartmann
für die Sächsische Staatsbahn, Gattung IX V

Fabrik-nummer	Bau-jahr	Bahn-nummer	Betriebsnummer ab 1925	Bemerkungen	Ausmusterung
2650	1902	751	56 501		1926
2651	1902	752	56 502		

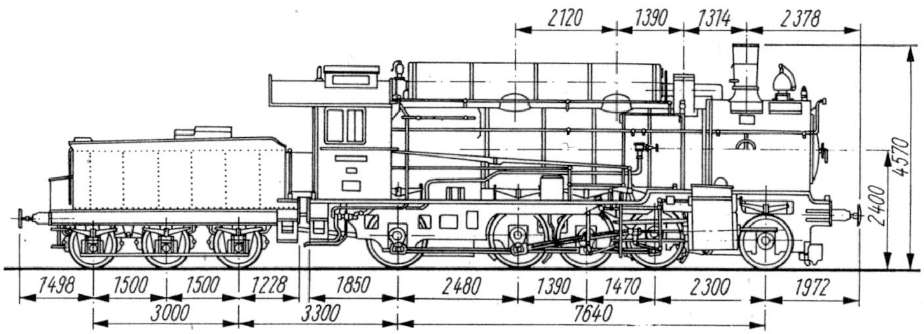

Gattung IX V, Baujahr 1902, mit Tender 3 T 9 Nr. 763 bis Nr. 782.

Gattung IX V, Lokomotive Nr. 752.
Foto Contius, Repro Meyer

2.2.5.2
9 *Lokomotiven, geliefert von Hartmann*
für die Sächsische Staatsbahn, Gattung IX V

Fabrik-nummer	Bau-jahr	Bahn-nummer	Betriebsnummer ab 1925	Bemerkungen	Ausmusterung
2850	1904	753	–	[1])	
2851	1904	754	56 503		1926
2852	1904	755	–	[1])	
2853	1904	756	56 504		
2862	1904	757	56 505		
2863	1904	758	56 506		
2864	1904	759	56 507		
2865	1904	760	56 508		
2866	1904	761	56 509		

[1]) Verlust im ersten Weltkrieg (Osten), mit Tender Nr. 773, Nr. 843. Verbleib vermutlich bei FS.

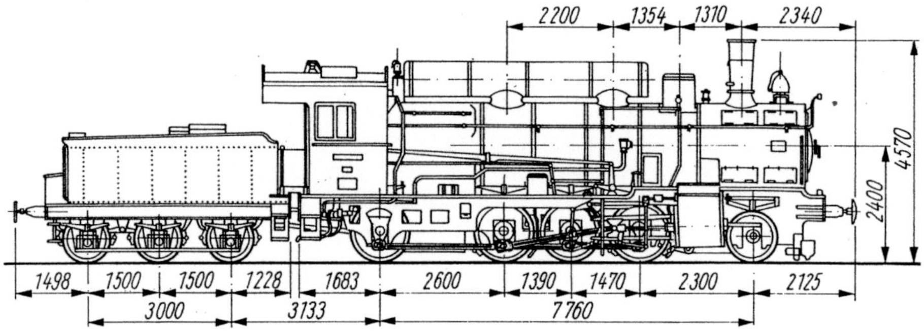

Gattung IX V, Baujahr 1904, Ursprungszustand.

Gattung IX V, Lokomotive Nr. 758, Aufnahme 1919.
Foto Contius, Repro Meyer

Gattung IX V, Baujahr 1904, späteres Aussehen.

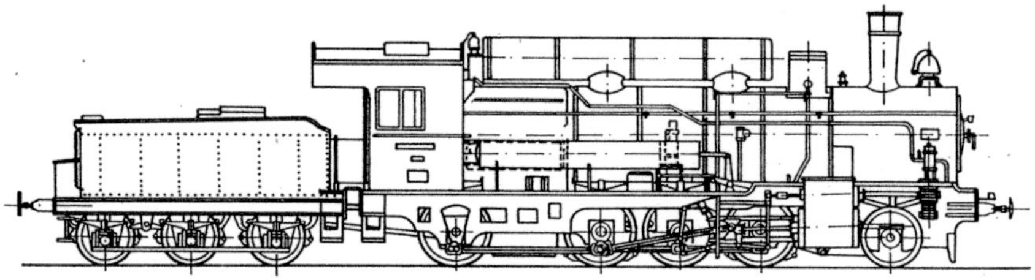

2.2.5.3
9 *Lokomotiven, geliefert von Hartmann* für die Sächsische Staatsbahn, Gattung IX V

Fabrik-nummer	Bau-jahr	Bahn-nummer	Betriebsnummer ab 1925	Bemerkungen	Ausmusterung
2918	1906	762	56 510		1926
2919	1906	763	–	[1])	
2920	1906	764	56 511		
2921	1906	765	56 512		
2922	1906	766	56 513		
2923	1906	767	56 514		
2924	1906	768	56 515		
2925	1906	769	56 516		
2926	1906	770	–	[1])	

[1]) Verlust im ersten Weltkrieg (Osten), mit Tender Nr. 766, Nr. 772. Verbleib vermutlich bei FS.

Gattung IX V, Lokomotive Nr. 765.
Foto Contius, Repro Meyer

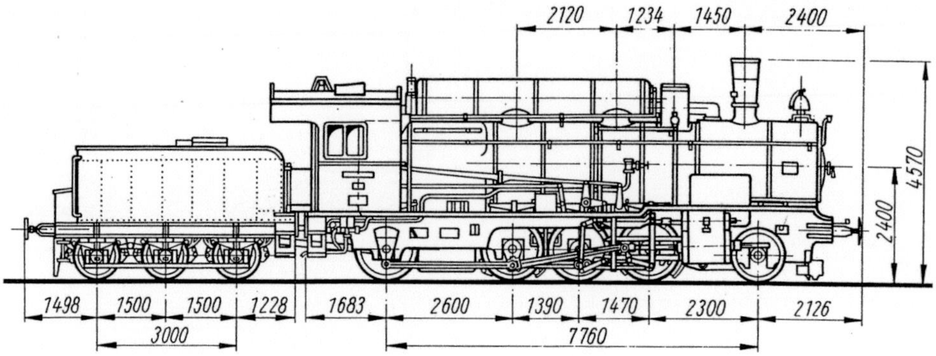

Gattung IX V, Baujahr 1906, mit Tender 3 T 12, Nr. 783 bis Nr. 812.

2.2.5.4
30 *Lokomotiven, geliefert von Hartmann* für die Sächsische Staatsbahn, Gattung IX HV

Fabrik-nummer	Bau-jahr	Bahn-nummer	Betriebsnummer ab 1925	Bemerkungen	Ausmusterung
3124	1907	771	56 601		
3125	1907	772	56 602		
3126	1907	773	56 603		
3127	1907	774	56 604		
3128	1907	775	56 605		
3129	1907	776	56 606		
3130	1907	777	56 607		
3131	1907	778	56 608		
3132	1907	779	56 609		
3133	1907	780	56 610		
3134	1907	781	–	[1])	
3135	1908	782	56 611		
3136	1908	783	56 612		
3137	1908	784	56 613		1926
3138	1908	785	56 614		
3139	1908	786	–	[1])	
3140	1908	787	56 615		
3141	1908	788	56 616		
3142	1908	789	56 617		
3143	1908	790	56 618		
3144	1908	791	56 619		
3145	1908	792	56 620		
3146	1908	793	–	[1])	
3147	1908	794	–	[1])	
3148	1908	795	56 621		
3149	1908	796	56 622		
3150	1908	797	–	[1])	
3151	1908	798	56 623		
3152	1908	799	56 624		
3153	1908	800	56 625		

[1]) Verlust im ersten Weltkrieg (Osten), mit Tender Nr. 768, Nr. 793, Nr. 785, Nr. 804, Nr. 790

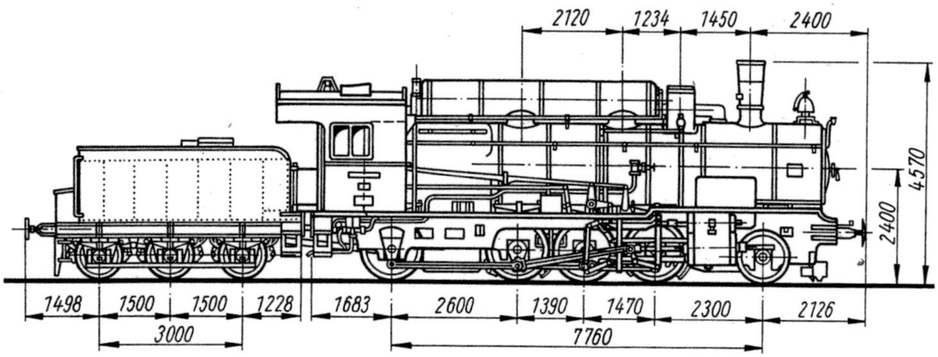

Gattung IX HV, Baujahre 1907/08, mit Tender 3 T 12 Nr. 783 bis Nr. 812, Ursprungszustand.

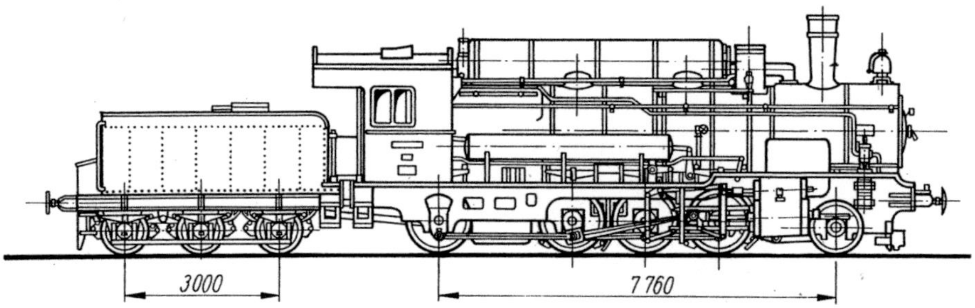

Gattung IX HV, Baujahre 1907/08, späteres Aussehen.

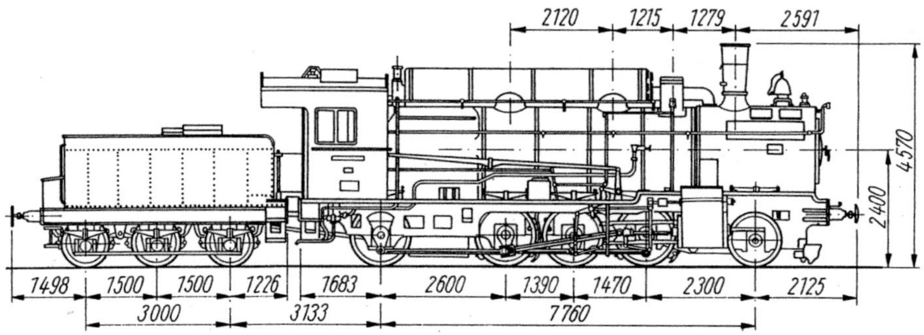

Gattung IX HV, Nr. 776 u. Nr. 791, späteres Aussehen mit Ersatzkessel.

Gattung IX HV, Lokomotive Nr. 799.
Urheber unbekannt, Sammlung Meyer

2.2.5.5
2 Lokomotiven, geliefert von Krauß, Linz
für die Sächsische Staatsbahn, Gattung IX V

Fabriknummer	Baujahr	Bahnnummer	Betriebsnummer		Bemerkungen	Ausmusterung
			ab 1922	ab 1940		
7340	1919	1281	ÖBB 170.750	56 3305	[1])	
7341	1919	1282	ÖBB 170.751	56 3306	[1])	

[1]) Die Maschinen wurden 1922 nach Österreich verkauft und kamen infolge der Besetzung Österreichs durch Deutschland 1938 wieder zur DR.

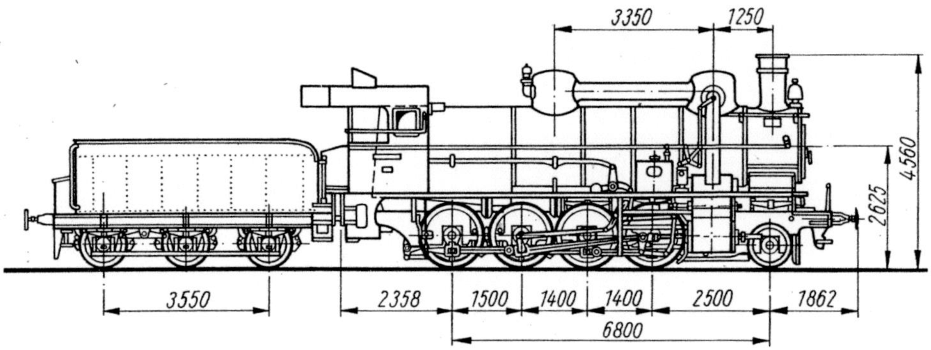

Gattung IX V, Baujahr 1919.

Gattung IX V,
Lokomotive Nr. 1282.
Sammlung Contius,
Repro Meyer

XI V
XI H
XI HV

Bauart: En2v
Eh2
Eh2v
Erstes Baujahr: 1905
Ausmusterung: um 1930

Technische Daten:
Seiten 198 und 199

DRG-Baureihe $57^{0,1,2}$

Konstruktive Merkmale

Kessel: Belpaire-Kessel mit breiter, über dem Rahmen liegender Feuerbüchse. Zwei Dampfdome mit weitem Verbindungsrohr (später wegen häufiger Undichtheiten entfernt). Regler im vorderen Dom. Rohrlänge 4,5 m, ab Baujahr 1909 4,7 m. Rostfläche 3,3 m^2, Gesamtheizfläche um 165 m^2, nur bei den Probelokomotiven der Gattung XI V 200 m^2. Kesseldruck 13,0 bar (bei Gattung XI H 12,0 bar). Zwei verkleidete Pop-Sicherheitsventile. Kesselspeisung durch zwei Dampfstrahlpumpen Bauart Friedmann, ab Nr. 869 Bauart Wintzer. Serienausführung ab 1914 mit Knorr-Speisepumpe und Abdampf-Oberflächenvorwärmer (anfangs flache Form) quer über der 2. Kuppelachse, später auf dem rechten Umlauf angeordnet. Große Rauchkammer, die bei den Naßdampflokomotiven einen Verbinder-Dampftrockner Bauart Klien aufnimmt. Schornstein bei diesen Lokomotiven nach hinten versetzt. Nach 1920 Ausbau des Dampftrockners, teilweise Umbau in Heißdampflokomotive, Versetzung des Schornsteins nach vorn. Heißdampflokomotiven (Gattungen XI H und XI HV) des Baujahres 1905 mit Schmidt-Rauchkammerüberhitzer, des Baujahres 1915 mit Schmidt-Kleinrohrüberhitzer und ab Baujahr 1916 mit Schmidt-Großrohrüberhitzer und Heißdampfautomat. Abklappbarer Blasrohrkopf nicht bei allen Maschinen. Anfangs Klappschornstein, später mit abnehmbarem Schornsteinaufsatz.

Rahmen: Blech-Innenrahmen mit 32 mm Blechdicke, Serienausführung gegenüber den Probelokomotiven um 50 mm verlängert.

Triebwerk: Zweizylinder-Triebwerk mit leicht geneigten Außenzylindern. Bei Verbundlokomotive rechts HD-, links ND-Zylinder. Probelokomotive (Baujahr 1905) mit Antrieb der 4. Kuppelachse, verlängerten Kolben- und Schieberstangen und nach hinten versetzter Kreuzkopfgleitbahn. Serienausführung mit Antrieb der 3. Kuppelachse.

Steuerung: Äußere Heusinger-Steuerung mit Hängeeisen, Aufwerfhebel nach hinten zeigend. Hochdruckmaschine der Verbundlokomotive sowie Gattung XI H mit Kolbenschieber, Niederdruckmaschine mit Flachschieber.

Laufwerk: Seitenbewegliche Achsen (Bauart Gölsdorf) in unterschiedlicher Anordnung. Bei den Probelokomotiven bilden die 2. und 4. Kuppelachse den festen Achsabstand (2,8 m). Bei der Serienausführung (ab Baujahr 1909) nur 1. und 5. Achse, bei Lokomotiven des Baujahres 1913 nur 2. und 5. Achse um 26 mm seitenbeweglich. Gesamtachsabstand 5,6 m. Tragfedern unter den Achslagern. 1. und 2. sowie 3. bis 5. Achse durch Ausgleichhebel verbunden (Vierpunktabstützung).

Bremse: Dampfbremse wirkt auf die Räder aller Achsen einseitig von vorn, bei Nr. 713 bis Nr. 742 Räder der 2. und 4. Achse beidseitig gebremst. Ab 1915 Lieferung mit Westinghouse-Druckluftbremse und Umbau der schon vorhandenen Lokomotiven. Luftpumpe auf dem linken Umlauf, Hauptluftbehälter rechts angeordnet (bei Gattungen XI H und XI HV links und rechts).

Sondereinrichtungen: Zwei Sandkästen an die Dampfdome angelehnt. Sandstreuer mit mechanischem Antrieb (Bauart v. Helmholtz) sandet die Räder der 2. und 4. Kuppelachse von vorn.
Antrieb des Sandstreuers von der rechten Gegenkurbel. Dampfläutewerk Bauart Latowski auf der Rauchkammer vor dem Schornstein, vereinzelt auch auf dem Stehkessel.

Gattung	Lieferfirma	Lieferjahr										Stück
		1905	09	10	11	12	13	14	15	16	18	
XI V	Hartmann	2	30	21	5	6	24	4	16			108
XI H		8										8
XI HV		2							5	14	10	31
		12	30	21	5	6	24	4	21	14	10	147

Liste der einzelnen Lokomotiven

2.2.6.1
2 Lokomotiven, geliefert von Hartmann
für die Sächsische Staatsbahn, Gattung XI V

Fabriknummer	Baujahr	Bahnnummer	Betriebsnummer ab 1925	Bemerkungen	Ausmusterung
2903	1905	711	57 021		1927
2904	1905	712	57 022		1928

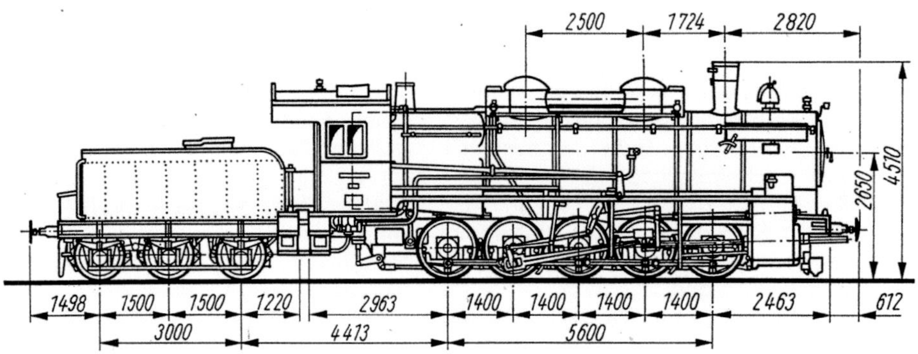

Gattung XI V, Baujahr 1905, mit Tender 3 T 12.

Gattung XI V, Lokomotive Nr. 712. Aufnahme 1913 im Ausbesserungswerk Hilbersdorf.
Foto Contius, Repro Meyer

2.2.6.2
2 Lokomotiven, geliefert von Hartmann
für die Sächsische Staatsbahn, Gattung XI HV

Fabriknummer	Baujahr	Bahnnummer	Betriebsnummer ab 1925	Bemerkungen	Ausmusterung
2905	1905	709	57 201		1927
2906	1905	710	57 202		1931

Gattung XI HV, Baujahr 1905, späteres Aussehen mit Schmidt-Rauchrohrüberhitzer. Ursprungszustand siehe 2.2.6.3.

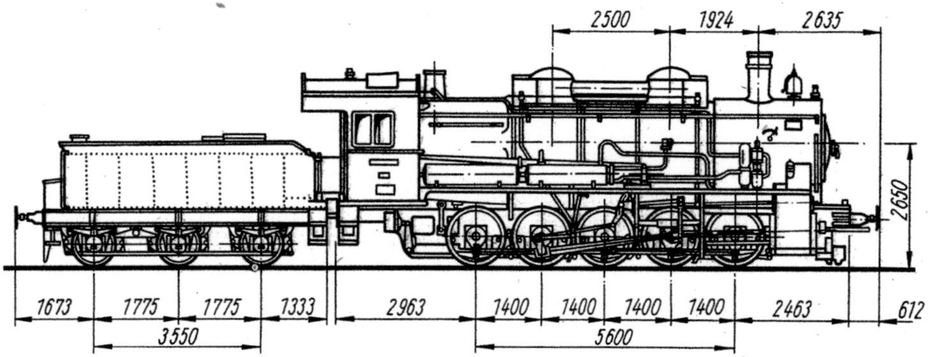

Gattung XI HV, Lokomotive Nr. 710.
Foto Reinstein, Repro Meyer

2.2.6.3
8 Lokomotiven, geliefert von Hartmann
für die Sächsische Staatsbahn, Gattung XI H

Fabriknummer	Baujahr	Bahnnummer	Betriebsnummer ab 1925	Bemerkungen	Ausmusterung
2 907	1905	701	57 101		
2 908	1905	702	–	[1]) P.O. 5553	
2 909	1905	703	–	[1]) P.O. 5554	
2 910	1905	704	57 102		
2 911	1905	705	57 103		
2 912	1905	706	57 104		1926
2 913	1905	707	–	[1]) P.O. 5555	
2 914	1905	708	57 105		

[1]) Reparationsleistung 1919, mit Tender Nr. 778, Nr. 743, Nr. 859; später SNCF 050-A-532 bis 050-A-534

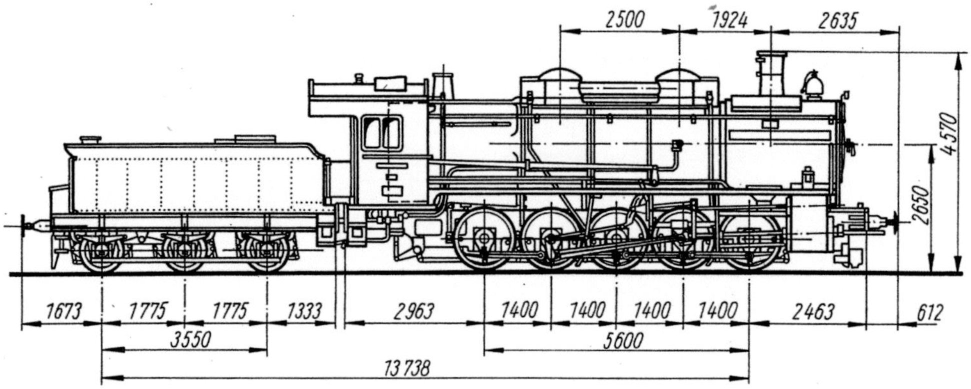

Gattung XI H, Baujahr 1905, Ursprungszustand mit Schmidt-Rauchkammerüberhitzer. Späteres Aussehen siehe 2.2.6.2.

Gattung XI H, Lokomotive Nr. 707.
Foto Contius, Repro Meyer

2.2.6.4
71 *Lokomotiven, geliefert von Hartmann*
für die Sächsische Staatsbahn, Gattung XI V

Fabrik-nummer	Bau-jahr	Bahn-nummer	Betriebsnummer ab 1925	Bemerkungen	Ausmusterung
3256	1909	713	–	[1]) P.O. 5556	
3257	1909	714	57 023		
3258	1909	715	–	[2]) [3])	
3259	1909	716	57 024		1930
3260	1909	717	57 025		
3261	1909	718	57 026		
3262	1909	719	57 027		
3263	1909	720	57 028		1930
3264	1909	721	57 029		
3265	1909	722	57 030		
3266	1909	723	57 031		
3267	1909	724	–	[1]) P.O. 5557	
3268	1909	725	57 032		
3269	1909	726	57 033		
3270	1909	727	57 034		
3271	1909	728	57 035		
3272	1909	729	57 036		
3273	1909	730	–	[1]) SNCB 9030	
3274	1909	731	57 037		
3275	1909	732	57 038		
3276	1909	733	–	[1]) P.O. 5558 [3])	
3277	1909	734	–	[1]) P.O. 5559 [3])	
3278	1909	735	57 039		
3279	1909	736	57 040		1933
3280	1909	737	–	[1]) SNCB 9037	
3281	1909	738	57 041		1930
3282	1909	739	57 042		1930
3283	1909	740	57 043		
3284	1909	741	57 044		
3285	1909	742	57 045		
3424	1910	743	57 046		1930
3425	1910	744	57 047		1930
3426	1910	745	–	[1]) SNCB 9045	
3427	1910	746	57 048		
3428	1910	747	57 049		
3429	1910	748	57 050		
3430	1910	749	57 051		
3431	1910	750	57 052		1930
3432	1910	801	57 053		
3433	1910	802	57 054		
3434	1910	803	57 055		
3435	1910	804	–	[2]) FS 474.002	
3436	1910	805	57 056		
3437	1910	806	–	[1]) P.O. 5560 [3])	
3438	1910	807	57 057		
3439	1910	808	57 058		1930
3440	1910	809	57 059		
3441	1910	810	57 060		
3442	1910	811	57 061		
3443	1910	812	–	[1]) SNCB 9012	

Fabrik-nummer	Bau-jahr	Bahn-nummer	Betriebsnummer ab 1925	Bemerkungen	Ausmusterung
3495	1911	813	–	2) FS 474.003 3)	
3496	1911	814	57 062		
3497	1911	815	–	1) P.O. 5561 3)	
3498	1911	816	–	2) FS 474.004 3)	
3499	1911	817	57 063		1930
3500	1911	818	–	1) SNCB 9018	
3586	1912	819	57 064		
3587	1912	820	–	1) SNCB 9020	
3588	1912	821	–	1) P.O. 5562 3)	
3589	1912	822	–	1) SNCB 9023	
3590	1912	823	57 065		
3591	1912	824	57 066		
3647	1913	825	57 067		
3648	1913	826	57 068		
3649	1913	827	57 069		1933
3650	1913	828	57 070		
3651	1913	829	57 071		
3652	1913	830	57 072		
3653	1913	831	–	1) SNCB 9031	
3654	1913	832	–	1) SNCB 9032	
3655	1913	833	–	2) FS 474.005 3)	

1) Reparationsleistung 1919, mit Tender Nr. 740, Nr. 755, Nr. 834, Nr. 822, Nr. 812, Nr. 734, Nr. 729, Nr. 748, Nr. 714, Nr. 731, Nr. 758, Nr. 810, Nr. 826, Nr. 751, Nr. 759, Nr. 722

2) Verlust im ersten Weltkrieg, mit Tender Nr. 842, Nr. 745, Nr. 806, Nr. 754, Nr. 844, Verbleib vermutlich bei FS

3) Später SNCF 050-B-535 bis 050-B-541

Gattung XI V, Lokomotive Nr. 746.
Foto Reinstein, Repro Meyer

Gattung XI V, Baujahre 1909 bis 1913, mit Tender 3 T 12. Ab Baujahr 1910 die Räder aller Achsen einseitig von vorn gebremst.

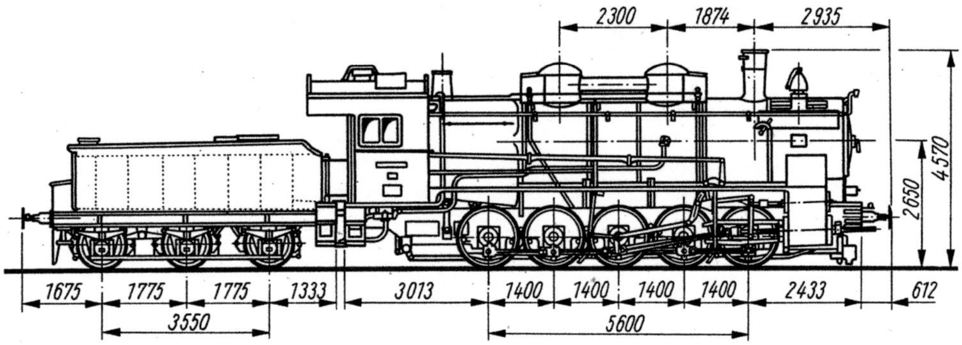

2.2.6.5
15 *Lokomotiven, geliefert von Hartmann* für die Sächsische Staatsbahn, Gattung XI V

Fabrik-nummer	Bau-jahr	Bahn-nummer	Betriebsnummer ab 1925	Bemerkungen	Ausmusterung
3 682	1913	834	–	[1]) P.O. 5563 [3])	
3 683	1913	835	57 073		
3 684	1913	836	–	[1]) P.O. 5564 [3])	
3 685	1913	837	57 074		
3 686	1913	838	–	[1]) SNCB 9038	
3 687	1913	839	–	[1]) P.O. 5565 [3])	
3 688	1913	840	57 075		
3 689	1913	841	57 076		1933
3 690	1913	842	57 077		
3 691	1913	843	57 078		1939
3 692	1913	844	57 079		
3 693	1913	845	–	[2]) FS 474.006	
3 694	1913	846	–	[1]) P.O. 5566 [3])	
3 695	1913	847	57 080		
3 696	1913	848	–	[1]) P.O. 5567 [3])	

[1]) Reparationsleistung 1919, mit Tender Nr. 838, Nr. 827, Nr. 717, Nr. 831, Nr. 764, Nr. 875
[2]) Verlust im ersten Weltkrieg, mit Tender Nr. 853
[3]) Später SNCF 050-B-542 bis 050-B-546.

Gattung XI V, Lokomotive Nr. 847.
Werkfoto, Repro Meyer

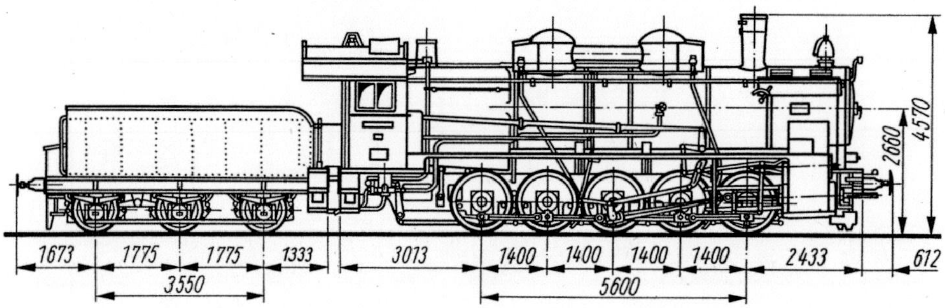

Gattung XI V, Baujahr 1913, Lokomotiven Nr. 834 bis Nr. 848, mit Tender 3 T 13.

2.2.6.6
20 *Lokomotiven, geliefert von Hartmann* für die Sächsische Staatsbahn, Gattung XI V

Fabrik-nummer	Bau-jahr	Bahn-nummer	Betriebsnummer ab 1925	Bemerkungen	Ausmusterung
3808	1914	849	57 001	2)	1933
3809	1914	850	57 002	2)	
3810	1914	851	57 003	2)	
3811	1914	852	57 004	2)	
3812	1915	853	57 005	2)	1932
3813	1915	854	57 006	2)	
3814	1915	855	57 007	2)	
3815	1915	856	–	2) 1) P.O. 5568	
3816	1915	857	57 008	2)	
3817	1915	858	57 009	2)	
3846	1915	859	–	1) P.O. 5569	
3847	1915	860	57 081		
3848	1915	861	57 082		1933
3849	1915	862	57 083		
3850	1915	863	57 010	3)	
3851	1915	864	57 011	3)	
3852	1915	865	57 012	3)	
3853	1915	866	–	3) 1) P.O. 5570	
3854	1915	867	57 013	3)	
3855	1915	868	57 014	3)	1930

1) Reparationsleistung 1919, mit Tender Nr. 879, Nr. 904, Nr. 881; später SNCF 050-B-547 bis 050-B-549
2) mit Vorwärmer Bauart Vulcan geliefert
3) mit Vorwärmer Bauart Knorr geliefert

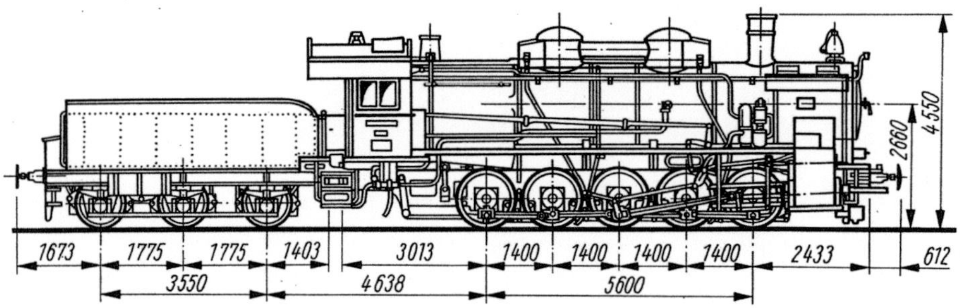

Gattung XI V, Baujahre 1914/15, mit Tender 3 T 13.

Gattung XI V, Lokomotive Nr. 854.
Werkfoto, Original Uhlig, Repro Finzel

2.2.6.7
5 *Lokomotiven, geliefert von Hartmann*
für die Sächsische Staatsbahn, Gattung XI HV

Fabrik-nummer	Bau-jahr	Bahn-nummer	Betriebsnummer ab 1925	Bemerkungen	Ausmusterung
3 856	1915	869	57 211		
3 857	1915	870	–	[1]) P.O. 5571	
3 858	1915	871	57 212		
3 859	1915	872	–	[1]) P.O. 5572	
3 860	1915	873	–	[2]) SNCB 9073	

[1]) Reparationsleistung 1919, mit Tender Nr. 871, Nr. 870; später SNCF 050-C-550 und 050-C-551
[2]) Verlust im ersten Weltkrieg, mit Tender Nr. 899

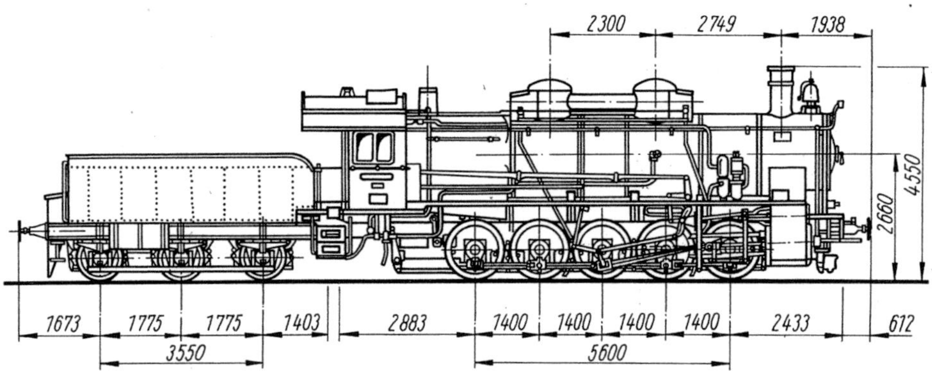

Gattung XI HV, Baujahr 1915, mit Schmidt-Rauchrohrüberhitzer und Knorr-Vorwärmer.

Gattung XI HV,
Lokomotive Nr. 869.
Foto Contius,
Repro Meyer

2.2.6.8
24 Lokomotiven, geliefert von Hartmann
für die Sächsische Staatsbahn,
Gattung XI HV

Fabrik-nummer	Bau-jahr	Bahn-nummer	Betriebsnummer ab 1925	Bemerkungen	Ausmusterung
3891	1916	874	57 203	[1])	1933
3892	1916	875	–	[1]) [2]) P.O. 5573 [3])	
3893	1916	876	57 204	[1])	
3894	1916	877	57 205	[1])	
3895	1916	878	57 206	[1])	
3896	1916	879	57 207	[1])	1933
3897	1916	880	57 208	[1])	
3898	1916	881	57 209	[1])	
3899	1916	882	57 210	[1])	1933
3900	1916	883	–	[1]) [2]) P.O. 5574 [3])	
3901	1916	884	–	[2]) P.O. 5575 [3])	
3902	1916	885	57 213		
3903	1916	886	–	[2]) P.O. 5576 [3])	
3904	1916	887	57 214		
4013	1918	888	57 215		
4014	1918	889	57 216		
4015	1918	890	–	[2]) P.O. 5577 [3])	
4016	1918	891	57 217		
4017	1918	892	–	[2]) P.O. 5578 [3])	
4018	1918	893	–	[2]) P.O. 5579 [3])	
4019	1918	894	–	[2]) FS 474.001	
4020	1918	895	–	[2]) P.O. 5580 [3])	
4021	1918	896	57 218		
4022	1918	897	–	[2]) P.O. 5581 [3])	

[1]) ohne Vorwärmer geliefert
[2]) Reparationsleistung 1919, mit Tendern Nr. 891, 880, 908, 868, 910, 912, 913, 906, 888 und 914
[3]) Später SNCF 050-C-552 bis 050-C-560

Gattung XI HV, Baujahre 1916 und 1918, späteres Aussehen mit rundem Vorwärmer (geliefert ebenfalls mit flachem Vorwärmer wie bei Nr. 869 bis Nr. 873).

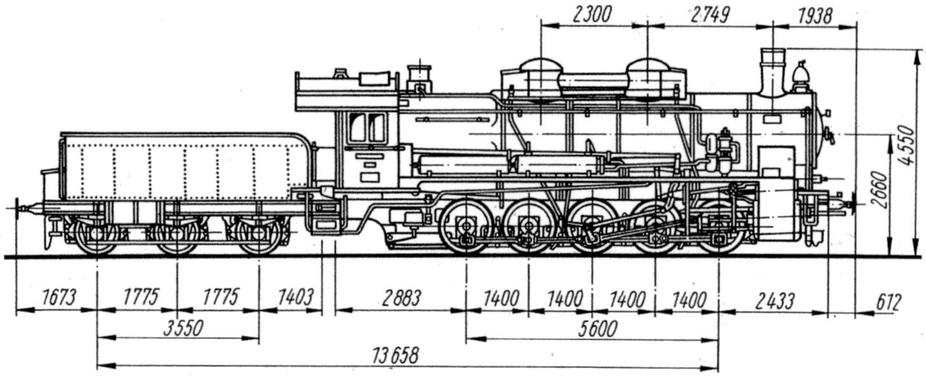

Lokomotive 57 214 (ehemalige Gattung XI HV, Lokomotive Nr. 887).
Original Technische Hochschule Darmstadt, Repro Meyer

XIII H

Bauart: 1'Eh3

Erstes Baujahr: 1917
Ausmusterung: bis 1974

Technische Daten: Seite 199

DRG-Baureihe 58[1,4]

Konstruktive Merkmale

Kessel: Baujahr 1917: Genieteter Langkessel aus zwei Schüssen (Rohrlänge 5,0 m), lange schmale Feuerbüchse (Rostfläche 3,3 m²) mit halbrunder Stehkesseldecke. Dampfdom mit zwei Sandkästen unter gemeinsamer Verkleidung. Zwei Pop-Sicherheitsventile hinter dem Dom auf dem Kesselscheitel. Gesamtheizfläche 210,5 m², Kesseldruck 14,0 bar. Zwei Strahlpumpen Bauart Friedmann. Schmidt-Rauchrohrüberhitzer. Ab Baujahr 1919 Belpaire-Kessel mit breiter Feuerbüchse und geneigter Rückwand, Rostfläche 3,9 m², Rohrlänge 4,8 m, Heizfläche 192,1 m². Einige Kessel mit separatem Speisedom. Oberflächenvorwärmer und Kolbenspeisepumpe Bauart Knorr auf dem linken Umlauf. 2 Strahlpumpen Bauart Strube. Zehn Maschinen nach 1950 auf Kohlenstaubfeuerung umgebaut. Reko-Kessel (zwei Maschinen ab 1958): drei Kesselschüsse, davon einer konisch, geschweißt, Feuerbüchse aus Stahl, mit Verbrennungskammer, Kesseldruck 16,0 bar. Sicherheitsventile Bauart Ackermann. Mischvorwärmeranlage mit Verbundmischpumpe, eine saugende Dampfstrahlpumpe. Rohrlänge 4,7 m, Gesamtheizfläche 172,3 m². Blasrohr und Schornstein später erweitert.

Rahmen: Baujahr 1917: Blechrahmen mit 30 mm Blechdicke. Ab Baujahr 1919 100 mm dicker Barrenrahmen. Reko-Lokomotiven mit Verlängerung des Barrenrahmens durch vorgeschuhten Blechrahmen.

Triebwerk: Dreizylinder-Triebwerk mit Antrieb der 3. Kuppelachse durch waagerechte Außenzylinder, der stark geneigte Innenzylinder treibt die 2. Kuppelachse an. Ab Baujahr 1919 treiben alle Zylinder die 3. Kuppelachse an.

Steuerung: Heusinger-Steuerung für die Außenzylinder. Bewegung des mittleren Schiebers über zwei Übertragungswellen von den äußeren Schiebern abgeleitet. Bei den Reko-Lokomotiven auch Innentriebwerk mit eigener Heusinger-Steuerung, Innenschwinge wird über eine Zwischenwelle von der Gegenkurbel auf dem linken Kuppelzapfen der 5. Kuppelachse angetrieben. Druckausgleichkolbenschieber Bauart Trofimoff.

Laufwerk: Baujahr 1917: 1. bis 4. Kuppelachse fest gelagert, 5. Kuppelachse mit 20 mm Seitenbeweglichkeit, Laufachse mit Bissel-Gestell (80 mm Seitenbeweglichkeit). Tragfedern der Laufachse oben, alle übrigen unten angeordnet. Je drei Achsen durch Ausgleichhebel verbunden (Vierpunktabstützung). Baujahr 1919: 1. und 4. Kuppelachse fest, 2. und 5. Kuppelachse mit 25 mm Seitenbeweglichkeit, Treibachse mit 15 mm Spurkranzschwächung. Laufachse wie oben. Laufachse und die ersten 3 Kuppelachsen mit obenliegenden Tragfedern und Verbindung durch Ausgleichhebel. Beide Seiten über Querhebel und einem langen Längsausgleichhebel mit der Wiege des Bissel-Gestells verbunden. 4. und 5. Kuppelachse mit gemeinsamer Tragfeder anstelle des Ausgleichhebels sowie zusätzlichen Schraubenfedern. Dreipunktabstützung. Bei Reko-Lokomotiven Achsabstand um 300 mm (zwischen 1. und 2. Achse) vergrößert.

Bremse: Alle Kuppelräder einseitig von vorn abgebremst. Druckluftbremse Bauart Westinghouse, Luftpumpe auf dem rechten Umlauf, Hauptluftbehälter rechts und links unter dem Umlauf neben der Feuerbüchse. Ab Baujahr 1919 Einkammer-Druckluftbremse Bauart Knorr mit Zusatzbremse. Einige Lokomotiven mit Riggenbach-Gegendruckbremse (belegt für 58 434). Bei Reko-Lokomotiven Hauptluftbehälter nach vorn verlegt.

Sondereinrichtungen: Druckluftsandstreuer mit unterschiedlicher Anordnung der Sandfallrohre sandet die Räder von vier Achsen (später fünf) von vorn.

Bei Reko-Lokomotiven auch Sandrohre für Räder der 2. bis 4. Kuppelachse für Rückwärtsfahrt. Dampfläutewerk auf der Rauchkammer (bei Umbau- und Reko-Lokomotiven entfernt). Zentralschmierung für alle unter Dampf gehenden Teile.

Lieferfirma	Lieferjahr					Stück
	1917	19	20	21	24	
Hartmann	20	10	16	16	20	82

Liste der einzelnen Lokomotiven

2.2.7.1
20 *Lokomotiven, geliefert von Hartmann* für die Sächsische Staatsbahn, Gattung XIII H

Fabrik-nummer	Bau-jahr	Bahn-nummer	Betriebsnummer ab 1925	Bemerkungen	Aus-musterung
3946	1917	1165	–	[1]) EST 5201 SNCF 150-D-201	1951
3947	1917	1166	58 101		1932
3948	1917	1167	58 102		1933
3949	1917	1168	58 103		1932
3950	1917	1169	–	[1]) EST 5202 SNCF 150-D-202	1951
3951	1917	1170	–	[1]) EST 5203 SNCF 150-D-203	1951
3952	1917	1171	58 104		1933
3953	1917	1172	58 105		
3954	1917	1173	–	[1]) EST 5204 SNCF 150-D-204	1951
3955	1917	1174	58 106		1932
3956	1917	1175	58 107		
3957	1917	1176	58 108		
3958	1917	1177	58 109		
3959	1917	1178	58 110		1934
3960	1917	1179	–	[1]) EST 5205 SNCF 150-D-205	1946
3961	1917	1180	58 111		
3962	1917	1181	58 112		
3963	1917	1182	58 113		
3964	1917	1183	–	[1]) EST 5206 SNCF 150-D-206	1946
3965	1917	1184	58 114		1934

[1]) Reparationsleistung 1919, mit Tendern Nr. 269, 294, 286, 306, 315 und 314, ab 1941 wieder bei DRG

Gattung XIII H, Lokomotive Nr. 1 182.
Sammlung Contius, Repro Meyer

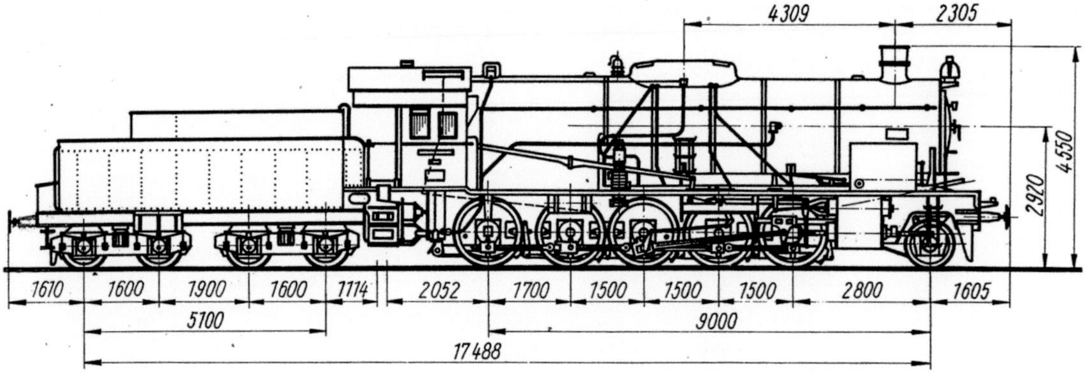

Gattung XIII H, Baujahr 1917, mit Tender 2′2′ T 21 Nr. 261 bis Nr. 317, Ursprungszustand.

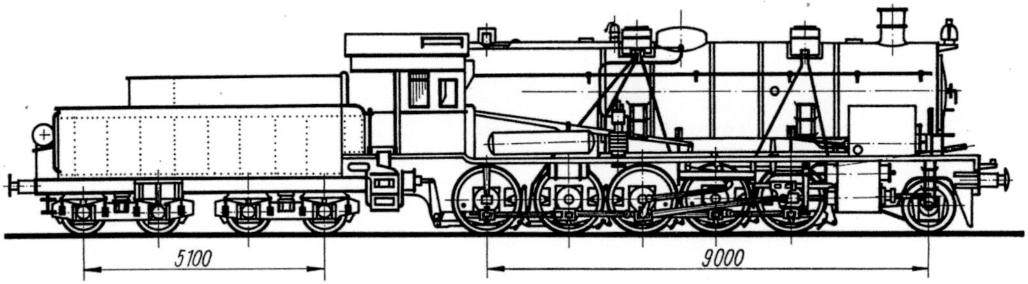

Gattung XIII H, Baujahr 1917, späteres Aussehen.

2.2.7.2
62 *Lokomotiven, geliefert von Hartmann* für die Sächsische Staatsbahn und für die Deutsche Reichsbahn-Gesellschaft, Gattung XIII H

Fabrik-nummer	Bau-jahr	Bahn-nummer	Betriebsnummer ab 1925	Bemerkungen	Ausmusterung
4055	1919	1185	58 401		1968
4056	1919	1186	58 402	3) PKP Ty 1-7	
4057	1919	1187	58 403		1968
4058	1919	1188	58 404	1)	1968
4059	1919	1189	58 405		1971
4060	1919	1190	58 406		1969 4)
4061	1919	1191	58 407		1968
4062	1919	1192	58 408		1967
4063	1919	1193	58 409		1967
4064	1919	1194	58 410	3) PKP	
4351	1920	1195	58 411		1968
4352	1920	1196	58 412	2) 58 3056-7 5)	1980

Fabrik-nummer	Bau-jahr	Bahn-nummer	Betriebsnummer ab 1925	Bemerkungen	Ausmusterung
4353	1920	1197	58 413		1968
4354	1920	1198	58 414	3) ČSD 536.0502	
4355	1920	1199	58 415		1970
4356	1920	1200	58 416		1943
4357	1920	1201	58 417		1967 verk.
4383	1920	1202	58 418		1968
4384	1920	1203	58 419		1968 verk.
4385	1920	1204	58 420		1953
4386	1920	1205	58 421		1968
4387	1920	1206	58 422		1969[4])
4388	1920	1207	58 423		1970
4389	1920	1208	58 424		1970
4390	1920	1209	58 425		1968
4391	1920	1210	58 426		1967
4392	1921	1211	58 427	5) 58 1427-2	1974
4393	1921	1212	58 428	1)	1967
4394	1921	1213	58 429	5) 58 1429-8	1973
4395	1921	1214	58 430	1)	1967
4396	1921	1215	58 431	3) PKP	
4397	1921	1216	58 432	1)	1967
4398	1921	1217	58 433	2) 58 3005-4 5)	1978 verk.
4399	1921	1218	58 434		1970
4400	1921	1219	58 435		1968[4])
4401	1921	1220	58 436		1969[4])
4402	1921	1221	58 437		1968[4])
4403	1921	1222	58 438		1969
4404	1921	1223	58 439		1969
4405	1921	1224	58 440		1969
4406	1921	1225	58 441		1969
4407	1921	1226	58 442		1968
4603	1924	–	58 443		1972
4604	1924	–	58 444	1)	1967
4605	1924	–	58 445		1968
4606	1924	–	58 446		1970
4607	1924	–	58 447	5) 58 1447-0	1974 verk.
4608	1924	–	58 448		1968
4609	1924	–	58 449		1967 verk.
4610	1924	–	58 450		1969
4611	1924	–	58 451		1968[4])
4612	1924	–	58 452		1967
4613	1924	–	58 453		1968
4614	1924	–	58 454	1)	1968
4615	1924	–	58 455	1)	1968
4616	1924	–	58 456	1)	1968
4617	1924	–	58 457	1)	1967
4618	1924	–	58 458	5) 58 1458-7	1973
4619	1924	–	58 459	5) 58 1459-5	1973
4620	1924	–	58 460		1946
4621	1924	–	58 461		1967
4622	1924	–	58 462		1967

1) nach 1949 Umbau auf Kohlenstaubfeuerung Bauart Wendler
2) nach 1958 Rekonstruktion und Ausrüstung mit Neubaukessel
3) Verbleib nach 1945
4) Umbau in Dampfspender
5) EDV-Nummer ab 1970

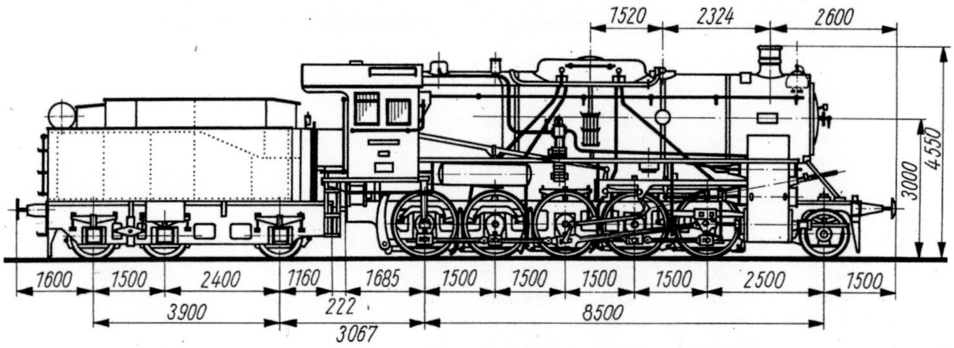

Gattung XIII H, Baujahr 1919.

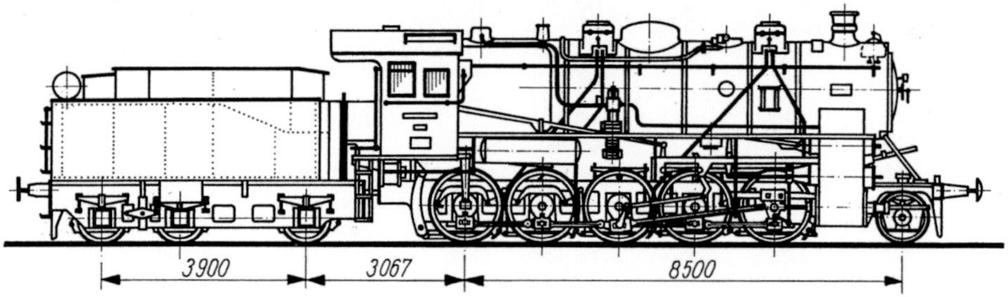

Gattung XIII H, Baujahre 1920 bis 1924.

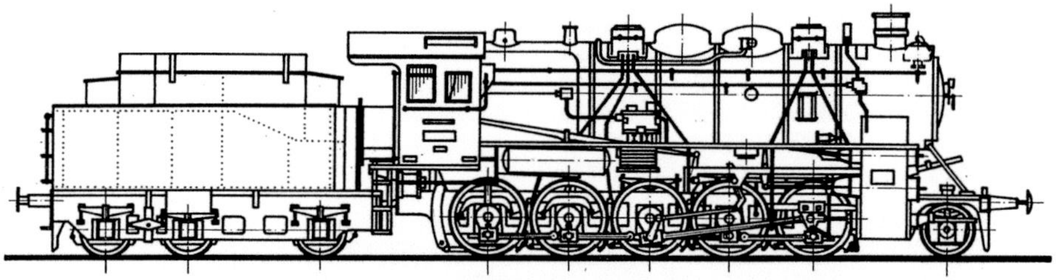

Gattung XIII H, Baujahre 1920 bis 1924, späteres Aussehen, Ausführung mit Speisedom.

Gattung XIII H, Lokomotive Nr. 1 190.
Verlag Liebold, Chemnitz, Repro Meyer

Gattung XIII H, Lokomotive Nr. 1200.
Urheber unbekannt, Repro Meyer

IIb T

Bauart: 1'Bn2t

Erstes Baujahr: 1856
Ausmusterung: bis 1952

Technische Daten: Seite 200

Konstruktive Merkmale

Kessel: Halbrunde, glatt durchgehende Stehkesseldecke (Bauart Crampton) und ohne Absatz zur Rauchkammer (außer Lokomotiven SCHAFF und SCHEDEWITZ). Rohrlänge 3,95 m, Rostfläche 0,8 m^2 bis 1,1 m^2. Heizfläche 78 m^2, Kesseldruck 7,0 bar bis 8,5 bar. Speisung durch zwei Fahrpumpen, ab Nr. 108 durch zwei Injektoren. Ventilaufsatz auf dem Stehkessel mit zwei Sicherheitsventilen (Federwaage). Großer Dampfdom mit 3. Sicherheitsventil in Kesselmitte. Einströmrohre außenliegend. Schornstein zylindrisch, später durch kegeligen Schornstein ersetzt. Verstellbares Blasrohr.

Rahmen: Innerer Gabelrahmen mit Untergurten, Lokomotive SCHEDEWITZ mit Vollblechrahmen.
Triebwerk: Scherentriebwerk mit Antrieb der 2. Kuppelachse, waagerechte Außenzylinder zwischen Laufachse und 1. Kuppelachse angeordnet.
Steuerung: Äußere Stephenson-Steuerung mit Händel, nur Lokomotive SCHEDEWITZ mit Allan-Steuerung. Schrägliegende Muschelschieber.
Laufwerk: Ursprünglich Laufachse mit Deichselgestell (1,4 m Drehzapfenabstand), fester Achsabstand nur 1,55 m. Ab 1875 Umbau der Staatsbahnmaschinen auf Novotny-Lenkgestell, dadurch Vergrößerung der geführten Länge auf 3,58 m. Die Lokomotiven der Oberhohndorf-Reinsdorfer Kohlenbahn behielten die Deichselgestelle. Die Lokomotive SCHEDEWITZ wurde mit Novotny-Gestell mit Querausgleich der Federung geliefert. Alle Tragfedern obenliegend.
Bremse: Ursprünglich alle Lokomotiven mit Schraubenbremse, Bremsklötze wirkten von hinten auf die Räder der letzten Kuppelachse. Außer Lokomotive Nr. 53 SCHWARZENBERG erhielten ab 1869 alle Staatsbahnlokomotiven Dampfschlittenbremsen und teilweise Wurfhebelbremsen. Lokomotive SCHEDEWITZ hatte Dampfklotzbremse.
Sonstige Einrichtungen: Vorräte (1,9 m^3 bis 3,2 m^3 Wasser, 1,0 t bis 1,3 t Kohle) in vier seitlichen Behältern, bei Lokomotive SCHEDEWITZ in zwei durchgehenden Behältern. Ab 1880 Dampfläutewerk auf dem Kesselscheitel.
Sandkästen an den vorderen Wasserbehältern und im Führerhaus (für Vor- und Rückwärtsfahrt), bei Lokomotive SCHEDEWITZ erstmals auf dem Kessel. Führerhäuser etwa ab 1865.

Lieferfirma	Lieferjahr							Stück
	1856	1859	1860	1861	1862	1864	1874	
Hartmann	1	2	2	2	1	1	1	10

Liste der einzelnen Lokomotiven

2.3.1.1
1 *Lokomotive, geliefert von Hartmann* für die Oberererzgebirgische Staatsbahn, ab 1858 Westliche Staatsbahn, ab 1869 Sächsische Staatsbahn, Gattung H IV (ab 1876 Gattung H IV T, ab 1885 Gattung H IVb T, ab 1896 Gattung IVb T, ab 1900 Gattung IIb T)

Fabrik-nummer	Bau-jahr	Name	Bahnnummer		Bemer-kungen	Aus-musterung
			1858	1892		
74	1856	SCHWARZENBERG	53	1696	[1] [2]	1892

[1]) ab 1880 Dampfläutewerk
[2]) 1875 Umbau von Bissel- auf Novotny-Laufgestell

Gattung IIb T, Ursprungszustand (späteres Aussehen siehe 2.3.1.2).

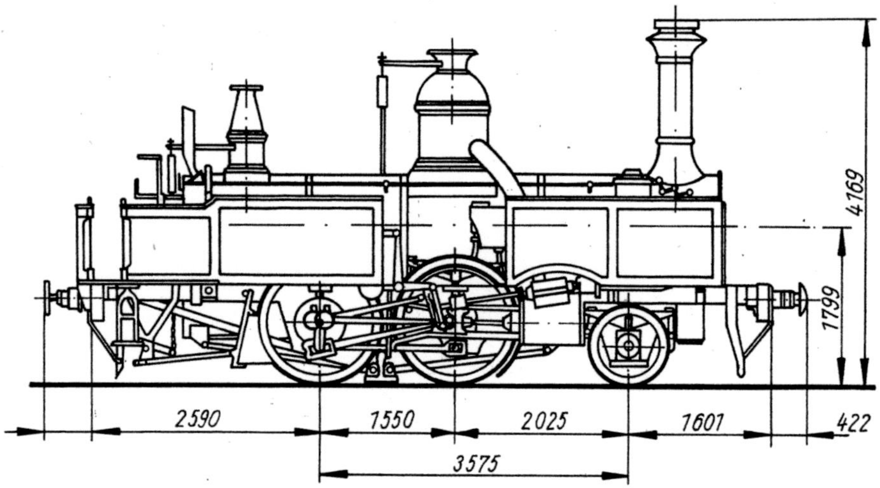

2.3.1.2
8 *Lokomotiven, geliefert von Hartmann*
Davon 3 Lokomotiven für die Westliche Staatsbahn,
ab 1869 Sächsische Staatsbahn, Gattung H IV
(ab 1876 Gattung H IV T,
ab 1885 Gattung H IVb T,
ab 1896 Gattung IVb T,
ab 1900 Gattung IIb T)

Fabrik-nummer	Bau-jahr	Bahn-nummer	Name	Bahn-nummer ab 1892	Bemerkungen	Ausmu-sterung
137	1859	58	SCHNEEBERG	1697	[1] [2] [3] [4]	1903
138	1859	59	NEUSTÄDTEL	1698	[1] [2] [3] [4]	1903
186	1862	108	HERCULES	1699	[1] [2] [3]	1903

[1] ab 1880/81 Dampfläutewerk
[2] ab 1869/70 Dampfschlittenbremse
[3] 1883 Umbau von Bissel- auf Novotny-Gestell
[4] 1891/92 Umbau von Schrauben- auf Wurfhebelbremse

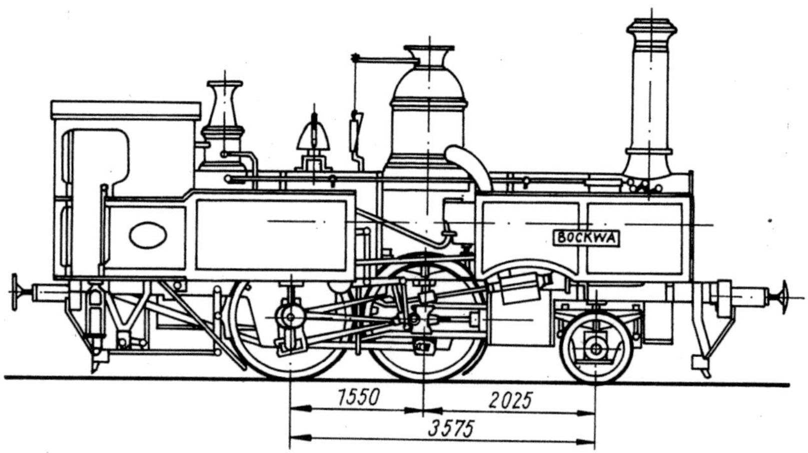

Gattung IIb T, späteres Aussehen.

Gattung IVb T, Lokomotive SCHNEEBERG.
Sammlung Museum Schneeberg, Repro Meyer

3 Lokomotiven für die Oberhohndorf-Reinsdorfer Kohlenbahn

Fabrik-nummer	Bau-jahr	Bahn-nummer	Name	Bemer-kungen	Aus-musterung
155	1860	1	OBERHOHNDORF	[1] [2]	
156	1860	2	REINSDORF	[1] [2]	
214	1864	3	SCHAFF	[1]	

[1]) ab 1891 Dampfschlitten- und Wurfhebelbremse
[2]) Skizze siehe Gattung IIb T, späteres Aussehen

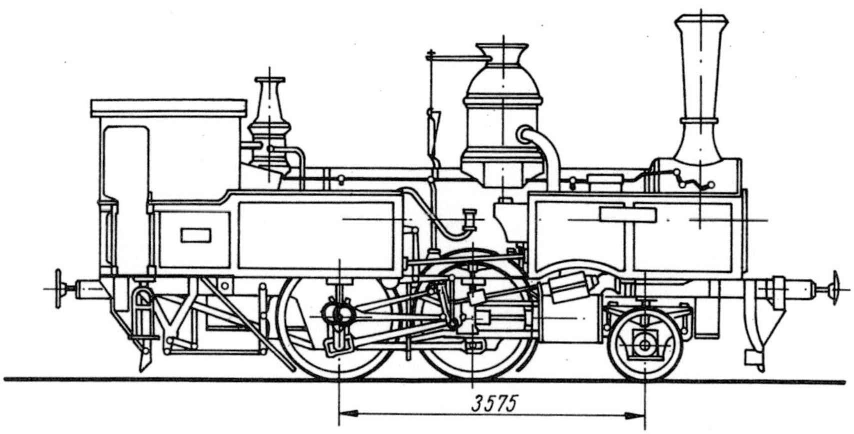

Lokomotive SCHAFF (Oberhohndorf-Reinsdorfer Bahn).

Lokomotive SCHAFF der Oberhohndorf-Reinsdorfer Kohlenbahn.
Sammlung Popp, Repro Meyer

2 Lokomotiven für die Bockwa-Oberhohndorfer Kohlenbahn

Fabrik-nummer	Bau-jahr	Bahn-nummer	Name	Bemer-kungen	Ausmu-sterung
163	1861	–	BOCKWA	[1])	1940
164	1861	–	MULDENTHAL	[1])	1952[2])

[1]) Skizze siehe Gattung IIb T, späteres Aussehen
[2]) Bei der Bockwa-Oberhohndorfer Bahn bis 1923 im Dienst, danach bis 1952 Werklokomotive im August-Bebel-Schacht in Zwickau. Seit 1956 Standort im Verkehrsmuseum Dresden.

Lokomotive BOCKWA der Bockwa-Oberhohndorfer Kohlenbahn.
Foto Contius, Repro Meyer

Lokomotive MULDENTHAL der Bockwa-Oberhohndorfer Kohlenbahn.
Foto Contius, Repro Meyer

2.3.1.3
1 *Lokomotive, geliefert von Hartmann*
für die Oberhohndorf-Reinsdorfer Kohlenbahn

Fabrik-nummer	Bau-jahr	Bahn-nummer	Name	Bemer-kungen	Ausmu-sterung
809	1874	4	SCHEDEWITZ	[1])	

[1]) Wurfhebel- und Dampfklotzbremse, Laufachse mit Novotny-Gestell und Querausgleich der Federung.

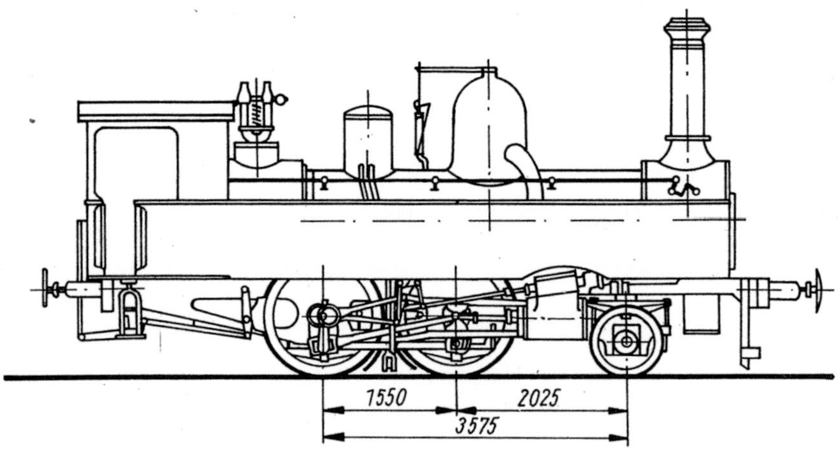

Lokomotive SCHEDEWITZ (Oberhohndorf-Reinsdorfer Bahn).

I T

Bauart: 1Bn2t

Erstes Baujahr: 1857
Ausmusterung: bis 1905

Technische Daten: Seite 201

Konstruktive Merkmale

Kessel: Halbrunde Stehkesseldecke und glatt durchlaufende Rauchkammer. Hoher Dampfdom mit Federwaagen-Sicherheitsventil auf dem Stehkessel, zusätzlicher Ventilaufsatz auf dem Vorderkessel. Bei Baujahr 1865 Anordnung umgekehrt. Rohrlänge 3,95 m, Heizfläche 79 m², Kesseldruck 6,3 bar. Speiseeinrichtung unterschiedlich: Lokomotive Nr. 87 mit zwei Fahrpumpen, Lokomotiven Nr. 88 und Nr. 637 mit zwei Injektoren, Lokomotiven Nr. 86, Nr. 89 und Nr. 638 mit einer Pumpe und einem Injektor.
Rahmen: Innerer Gabelrahmen mit Untergurten.
Triebwerk: Waagerechte Außenzylinder (vorn überhängend angeordnet) treiben die 1. Kuppelachse an. Enge Kreuzkopfführung und gegabelte Treibstangen. Kuppelstange liegt vor der Treibstange. Stangenlager nachstellbar.
Steuerung: Innere Stephenson-Steuerung mit Muschelschiebern, Schieberspiegel senkrecht zwischen den Zylindern. Umstellung durch Händel.
Laufwerk: Starre Laufachse, relativ großer Kuppelraddurchmesser. Gesamtachsabstand 3,2 m. Tragfedern oben, Kuppelachsen durch Ausgleichhebel verbunden (Vierpunktabstützung).
Bremse: Alle Lokomotiven mit handbetätigter Schraubenbremse, wirkte über Hartholzbremsklötze auf die Räder der Hinterachse. Lokomotiven Nr. 637 und Nr. 638 ab 1875 mit Dampfschlittenbremse.
Sonstige Einrichtungen: Führerhäuser ab 1865. Kleine Sandkästen ursprünglich vor der 1. Kuppelachse, bei Lokomotiven Nr. 637 und Nr. 638 später runder Sandkasten auf dem Kessel, dabei Federwaagen-Sicherheitsventil nach vorn zeigend. Vorräte (2,2 m³ Wasser und 1,0 t Kohle) in seitlichen, bis zur Vorderkante der Rauchkammer reichenden Behältern. Wasserbehälter bei Lokomotiven der Baujahre 1857/58 vorn abgeschrägt.

Lieferfirma	Lieferjahr			Stück
	1857	1858	1865	
Hartmann	1	3	2	6

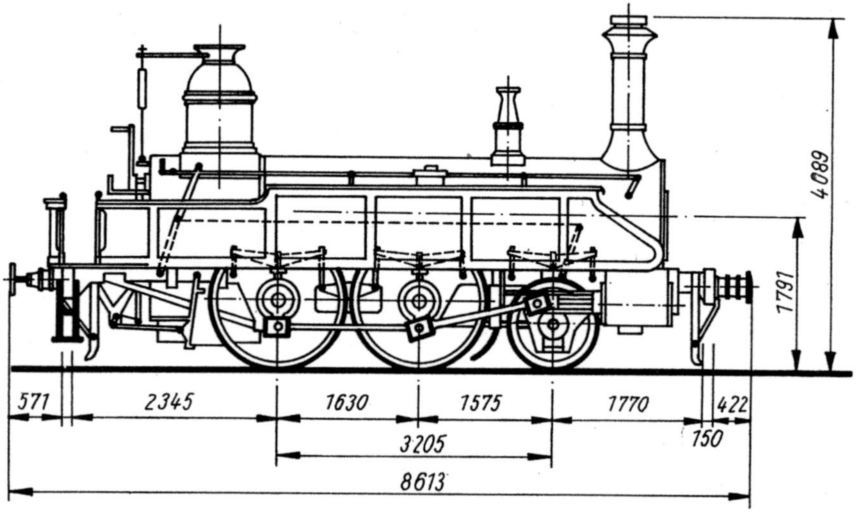

Gattung I T, Baujahre 1857/58, Ursprungszustand.

Liste der einzelnen Lokomotiven

2.3.2.1
4 Lokomotiven, geliefert von Hartmann
für die Westliche Staatsbahn,
ab 1869 Sächsische Staatsbahn, Gattung H I
(ab 1876 Gattung H I T, ab 1896 Gattung I T)

Fabrik-nummer	Bau-jahr	Bahn-nummer bis 1891	Name	Bahn-nummer ab 1892	Bemer-kungen	Ausmu-sterung
87	1857	88	WÜRSCHNITZ	1 691	[1])	1894
88	1858	89	LUGAU	–	[1])	1891
95	1858	86	GÖSSNITZ	–		1885
96	1858	87	SCHÖNBÖRNCHEN	1 692		

[1]) geliefert für die Chemnitz-Würschnitzer Bahn, die von der Staatsbahn betrieben und 1882 von dieser übernommen wurde

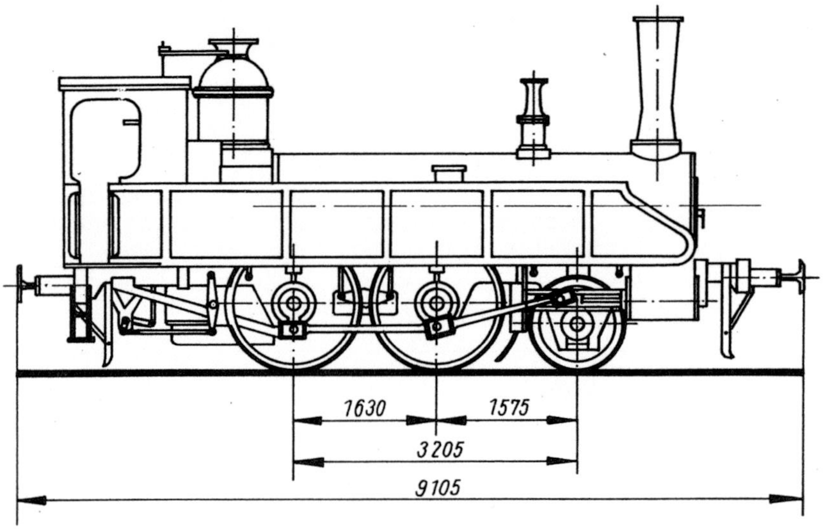

Gattung I T, Baujahre 1857/58, späteres Aussehen.

Gattung I T Lokomotive Nr. 1 692.
Foto Contius, Repro Meyer

2.3.2.2
2 Lokomotiven, geliefert von Hartmann für die Greiz-Brunner Bahn, ab 1876 Sächsische Staatsbahn, Gattung H I T, (ab 1896 Gattung I T)

Fabriknummer	Baujahr	Bahnnummer	Name bis 1891	Bahnnummer ab 1876	Bahnnummer ab 1892	Bemerkungen	Ausmusterung
263	1865	1	GREIZ	637	1 693	1) 2)	1897
264	1865	2	BRUNN	638	1 694	1) 3)	1905

1) ab 1875 Dampfschlittenbremse, bei Lokomotive Nr. 638 im Jahr 1890 wieder ausgebaut
2) von 1882 bis 1886 Dampfläutewerk
3) ab 1892 Dampfheizung

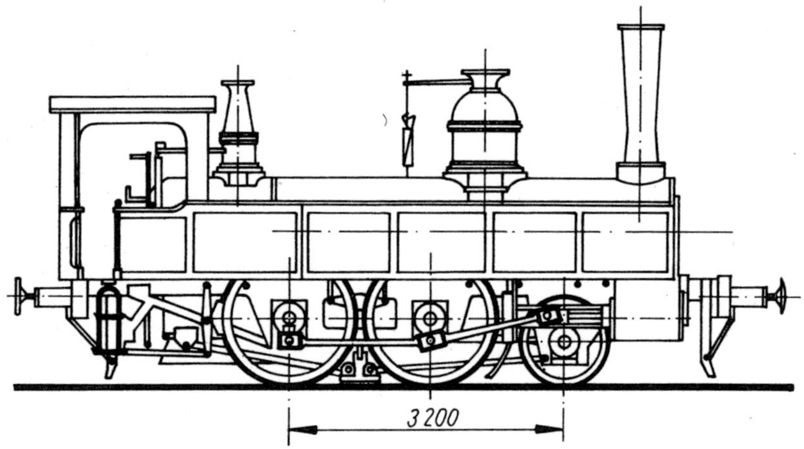

Gattung I T, Baujahr 1865, Ursprungszustand.

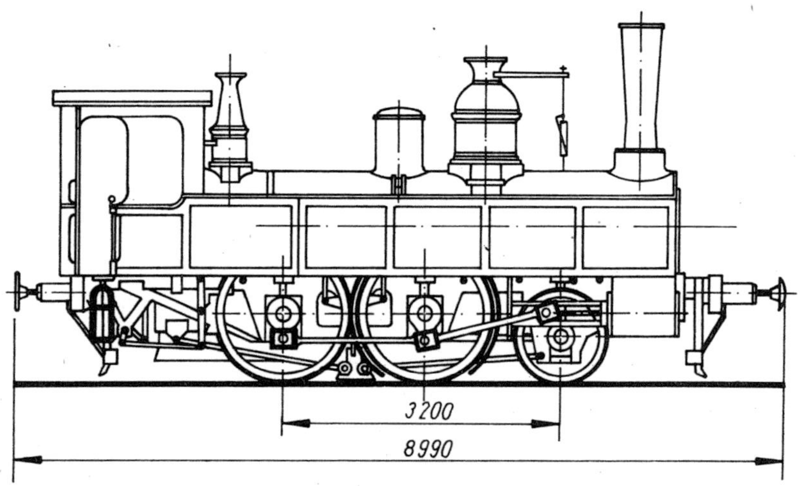

Gattung I T, Baujahr 1865, späteres Aussehen.

Gattung I T, Lokomotive Nr. 1693 mit Dampfschlittenbremse.
Foto Contius, Repro Meyer

VIIIb T

Bauart: 2′Bn2t

Erstes Baujahr: 1857
Ausmusterung: bis 1893

Technische Daten: Seite 201

Konstruktive Merkmale

Kessel: 2,8 m Rohrlänge, Rostfläche 0,7 m², Heizfläche 44 m², Kesseldruck 6,5 bar (nach Umbau im Jahr 1878 auf 8,5 bar erhöht). Zwei Dampfdome mit je einem Sicherheitsventil. Zylindrischer, umlegbarer Blechschornstein (später durch kegeligen Schornstein ersetzt). Speiseeinrichtung unterschiedlich: Lokomotiven Nr. 235, Nr. 236 und Nr. 238 mit zwei Fahrpumpen, Nr. 239 mit zwei Injektoren, Nr. 237 mit einer Pumpe und einem Injektor.

Lieferfirma	Lieferjahr 1857	1858	1866	Stück
Hartmann	3	1	1	5

Rahmen: Innerer Blechrahmen.
Triebwerk: Stark geneigte Außenzylinder treiben die 1. Kuppelachse der Maschine an.
Steuerung: Äußere Stephenson-Steuerung mit Händel, Muschelschieber.
Laufwerk: Mit 965 mm sehr kleiner Treibraddurchmesser, extrem kurzer fester Achsabstand. Vorderes, sehr kurzes Drehgestell ab 1883 in einachsiges Novotny-Gestell mit Seitenbeweglichkeit umgebaut. Gesamtachsabstand 2,3 m, Bogenläufigkeit bis 71 m Bogenradius, auf der Elbzweigbahn bis 57 m.
Bremse: Ursprünglich Dampfbremse mit Hartholzbremsklötzen an der hinteren Kuppelachse. Später in Handbremse mit Spindel umgebaut.
Sonstige Einrichtungen: Alle Lokomotiven bis 1885 ohne Führerhaus. Kleine Sandkästen an der Stirnseite der Wasserbehälter. Stoßeinrichtungen zunächst ungefedert, erst ab Lokomotive Nr. 239 BURGK gefederte Puffer. Läutewerk ab 1891 bei Lokomotive Nr. 239. Vorräte (1,9 m³ Wasser und 0,5 t Kohle) in zwei seitlichen Behältern. Nach Umbau im Jahr 1878 zusätzlicher Satteltank auf dem Kessel, bei Lokomotive Nr. 236 auch zwischen dem Rahmen (insgesamt 3,7 m³).

Liste der einzelnen Lokomotiven

5 *Lokomotiven, geliefert von Hartmann*
für die Albertbahn[1]),
ab 1868 Östliche Staatsbahn,
ab 1869 Sächsische Staatsbahn, Gattung H VIII
(ab 1876 Gattung H VIII T, ab 1885 Gattung H VIIIb T)

Fabriknummer	Baujahr	Name	Bahnnummer ab 1868	Bahnnummer ab 1892	Bemerkungen	Ausmusterung
77	1857	ELBE/DÖHLEN[2])	235	–	[3]) [6])	1889
78	1857	WINDBERG	236	–	[4]) [6])	1885
79	1857	STEIGER/ HAINSBERG[2])	237	–	[3]) [6])	1889
118	1858	FREIBERG	238	–	[3]) [6])	1885
271	1866	BURGK	239	1695	[3]) [5]) [7])	1893

[1]) Einsatz auf der Hänichener Kohlenzweigbahn
[2]) Umbennung 1868
[3]) ab 1878 zusätzlicher Satteltank
[4]) zusätzlicher Wasserkasten unter dem Kessel
[5]) 1883 Umbau in 1'B mit seitenbeweglichem Novotny-Gestell
[6]) 1885 Umbau in 1'B mit seitenbeweglichem Novotny-Gestell
[7]) ab 1891 Dampfläutewerk

Gattung H VIIIb T, Lokomotive Nr. 239 BURGK auf der Windbergbahn.
Haus der Heimat Freital

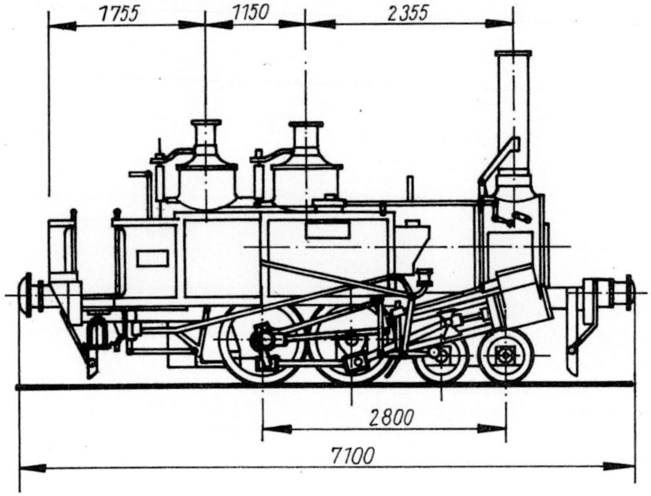

Gattung H VIII b T, Ursprungszustand.

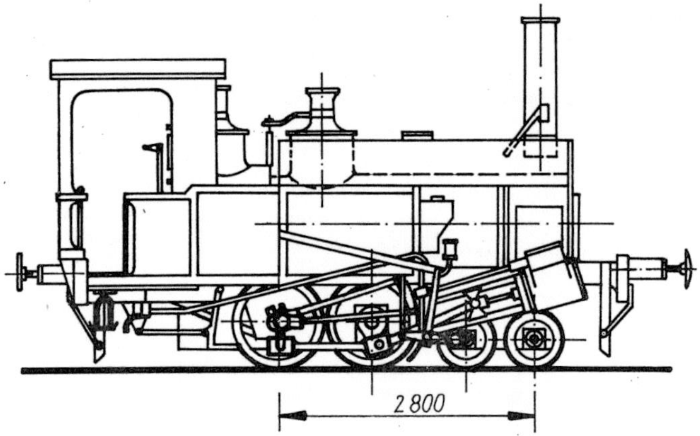

Gattung H VIII b T, späteres Aussehen mit zusätzlichem Satteltank.

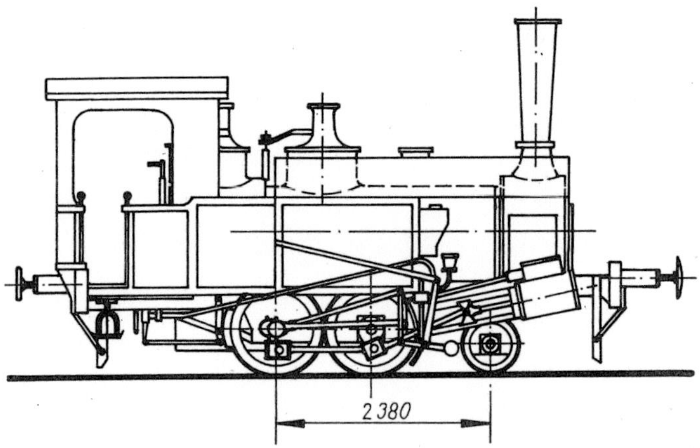

Gattung H VIII b T, Aussehen nach Umbau in 1′B-Tenderlokomotive.

V T

Bauart: Cn2t

Erstes Baujahr: 1872
Ausmusterung: um 1960

Technische Daten:
Seiten 201 und 202

DRG-Baureihe 89^{82}, 89^{2}

Konstruktive Merkmale

Kessel: Im wesentlichen vier Bauarten: Baujahre 1872 bis 1884 und Lokomotive PLANITZ Belpaire-Kessel (4,08 m Rohrlänge, 120 m² Heizfläche) mit hohem, halbkugeligem Dom in Langkesselmitte. Mannloch auf dem Kesselscheitel. Ab Baujahr 1888 Crampton-Kessel mit 3,73 m Rohrlänge und 81 m² Heizfläche. Dom mit flacher Decke auf dem vorderen Ende des Langkessels. Baujahre 1914 und 1919 mit 3,17 m Rohrlänge und 102 m² Heizfläche. Lokomotive Nr. 1691 (Baujahr 1920) mit Belpaire-Kessel (2,90 m Rohrlänge und 77 m² Heizfläche). Der Kessel war für die Türkei gebaut und nicht mehr abgeliefert worden.
Bei allen Bauarten Feuerbüchse zwischen dem Rahmen eingezogen, Rostfläche 1,3 m² bis 1,5 m². Kesseldruck bei Lokomotiven bis Baujahr 1884 8,5 bar, dann 10,0 bar und ab Baujahr 1895 12,0 bar. Sicherheitsventil Bauart Ramsbottom auf dem Hinterkessel, bis Baujahr 1884 zusätzliches Federwaagen-Ventil auf dem Dampfdom. Bei Baujahr 1901 steht das Ramsbottom-Ventil quer. Ab Baujahr 1914 zwei verkleidete Pop-Coale-Ventile, teilweise nach 1945 wieder durch Ramsbottom-Ventile ersetzt. Bis Baujahr 1888 kurze, erweiterte Rauchkammer mit zweiflügliger Rauchkammertür, verstellbares Blasrohr, Novotny-Schornstein der ersten Lieferung später umgebaut, ab Baujahr 1877 kegeliger Prüsmann-Schornstein, teilweise mit Krempe oder ballonförmigem Funkenfänger. Ab Baujahr 1895 verlängerte, durchgehende Rauchkammer mit runder Tür. Schornsteinaufsatz bei Lieferungen ab 1914.
Speiseeinrichtung: Zwei nichtsaugende Injektoren Bauart Schau (40 l/min und 80 l/min Förderleistung), ab Baujahr 1895 Bauart Strube (80 l/min), ab Baujahr 1914 Bauart Wintzer (80 l/min und 100 l/min), ab Baujahr 1919 Bauart Friedmann (80 l/min und 100 l/min).
Rahmen: Blech-Innenrahmen, Blechdicke 25 mm bis 28 mm.
Triebwerk: Waagerechte Außenzylinder treiben die 2. Kuppelachse an. Stangenlager nachstellbar. Querschnitt der Treib- und Kuppelstangen rechteckig.
Steuerung: Innere Allan-Steuerung mit Flachschieber (bei den älteren Lieferungen „entlastete Schieber Bauart Grimmer") und Umsteuerung durch Händel.
Laufwerk: Alle Achsen starr gelagert, Gesamtachsabstand 3,06 m (bei überhängender Feuerbüchse) bis 3,40 m (ab Baujahr 1919). Treibraddurchmesser 1390 mm, ab Baujahr 1901 1240 mm. Tragfedern unter den Achslagern, 1. und 2. Achse durch Ausgleichhebel verbunden. Bei Lokomotiven der Baujahre 1872 bis 1878 Querfeder für die Hinterachse (Dreipunktabstützung), ab Baujahr 1887 durch zwei Längsfedern ersetzt (Vierpunktabstützung). Ab Baujahr 1883 alle Lokomotiven mit Längsfedern geliefert. Bei Lokomotive MOLBITZ der Altenburg-Zeitzer Eisenbahn 2. und 3. Achse durch Ausgleichhebel verbunden.
Bremse: Ursprünglich Schraubenbremse (von hinten auf die 3. Achse wirkend) und Apparat zum Fahren mit Gegendampf. Ab Baujahr 1884 Wurfhebelbremse und Umbau der Schraubenbremsen. Lokomotive Nr. 747 DIE HARTH mit Wurfhebelbremse (3. Achse von hinten) und Heberleinbremse (2. und 3. Achse) mit gesonderten Bremsklötzen. Lokomotive MOLBITZ mit Wurfhebelbremse und Haspel zur Heberleinbremse. Lokomotiven WALDTRAUT, PLANITZ und Nr. 1611 FRIEDRICH nur mit Wurfhebelbremse. Ab Lieferung 1895 zweiseitige Abbremsung der Treibräder. Später Ausrüstung mit Westinghousebremse für den Zug, teilweise auch für die Loko-

Lieferfirma	Lieferjahr																			Stück
	1872	73	74	77	78	83	84	88	90	92	95	96	97	98	99	1901	14	19	20	
Hartmann	5	9	5	11	1	1	3	6	6	8	6	12	12	12	8	32	6	10	1	154

motive. Luftpumpe bei Lokomotiven der Baujahre 1895 bis 1898 rechts vorn vor dem Wasserkasten (vereinzelt später auch links), Bremszylinder zwischen dem Rahmen vor dem Stehkessel, Hauptluftbehälter unter dem Führerhaus. Einzelne Lokomotiven mit Haspel zur Heberleinbremse. Lokomotiven der Baujahre 1914 bis 1919 ursprünglich nur mit Wurfhebelbremse, Westinghousebremse später angebaut (ebenfalls zunächst nur für den Zug). Luftpumpe links an der Rauchkammer, Bremszylinder senkrecht am Rahmen, Hauptluftbehälter unter den Kohlenkästen (Baujahr 1914) bzw. unter dem Kessel (Baujahr 1919).

Sonstige Einrichtungen: Ab 1878 Ausrüstung zunächst einiger Lokomotiven mit Läutewerken. Lokomotive Nr. 365 SCHACHT ab 1878 „mit Krampe zum Aufstecken des Handläutewerkes", ab 1879 Dampfläutewerke an einzelnen Maschinen, ab 1883 an allen Lokomotiven (bei Nr. 746, Nr. 747 und Nr. 1610 auf dem Führerhausdach, ab 1888 auf dem Dampfdom, ab 1895 auf der Rauchkammer vor dem Schornstein). Sandkästen bei den Lokomotiven der ersten Serien vorn hinter dem Wasserkasten und hinten unter dem Führerhaus, später viereckiger Sandkasten auf dem Kessel mit handbetätigtem Sandstreuer für die Treibräder (vorn und hinten), später auch Druckluftsandstreuer. Führerhäuser bis Baujahr 1884 (einschließlich Lokomotive PLANITZ) niedrige Ausführung, ab Lokomotive Nr. 1610 MOLBITZ höher, aber noch flaches Dach. Ab Baujahr 1895 schräge Rückwand und Dach mit Lüfteraufsatz. Ab Baujahr 1914 das später typische Hartmann-Führerhaus.

Vorräte (3,4 m^3 bis 4,0 m^3 Wasser und 1,0 t bis 2,0 t Kohle) in seitlichen Behältern, ab Baujahr 1914 auch hinter dem Führerhaus. Wasserkästen bis Baujahr 1878 und bei den Lokomotiven WALDTRAUT und PLANITZ bis zur Pufferbohle vorgezogen und vorn abgeschrägt. Ab Baujahr 1883 gerade Wasserkästen etwa bis zur Hinterkante der Rauchkammer, ab Baujahr 1885 bis zur Vorderkante der Rauchkammer. Bei Baujahr 1914 seitliche Wasserkästen bis halb unter den Kessel gezogen, um außen Platz für Seitengang zu erhalten. Linker Wasserkasten hinten kürzer als rechts. Kohlekästen erstmals an der Rückseite des Führerhauses, zuerst geteilt wegen hinterer Stirnwandtür. Ab Baujahr 1919 seitliche Wasserkästen bis zur Hinterkante der Rauchkammer, von der Mitte an nach vorn abgeschrägt.

Liste der einzelnen Lokomotiven

2.3.4.1
19 *Lokomotiven, geliefert von Hartmann* für die Sächsische Staatsbahn, Gattung H T (ab 1876 Gattung H V T, ab 1896 Gattung V T

Fabriknummer	Baujahr	Bahnnummer bis 1891	Name	Bahnnummer ab 1892	Betriebsnummer ab 1928	Bemerkungen	Ausmusterung
614	1872	364	KNAPPE	1541	89 8201	2)	1926
615	1872	365	SCHACHT	1542	–	1) 3)	1922
616	1872	366	WETTER	1543	–		1924
617	1872	367	HUNT	1544	–		1923
618	1872	368	TIEFBAU	1545	–	4)	1924
698	1873	16	KOHLE	1546	–	3)	1924
699	1873	17	ADHÄSION	1547	89 8202	3)	vor 1927
700	1873	23	KRAFT	1548	89 8203	3) 4) 5)	1927
701	1873	24	LEISTUNG	1549	89 8204		vor 1927
702	1873	64	EISEN	1550	89 8205	3)	1925
703	1873	65	KAUE	1551	–	3)	1922
704	1873	69	FAHRT	1552	89 8206	3)	vor 1927
705	1873	213	MORGENGANG	1553	–	3)	1923
706	1873	420	SCHLÄGEL	1554	–	2)	1923
789	1874	218	BOHRER	1555	–	3)	1923
790	1874	219	ROLLE	1556	89 8207		vor 1927
791	1874	221	MEISEL	1557	89 8208		vor 1927
792	1874	223	SEIL	1558	–	2)	1929
793	1874	224	HASPEL	1559	89 8209		

1) 1878 „Krampe zum Aufstecken des Handläutewerkes", ab 1882 Dampfläutewerk
2) 1887 Ersatz der Querfeder der Hinterachse durch zwei Längsfedern und Umbau von Schrauben- auf Wurfhebelbremse
3) 1888 Umbau wie 2), alle übrigen Lokomotiven 1889 umgebaut
4) 1894 Dampfläutewerk
5) 1896 Dampfheizung

Gattung H T, Baujahre 1872/74, Ursprungszustand (späteres Aussehen siehe 2.3.4.2).

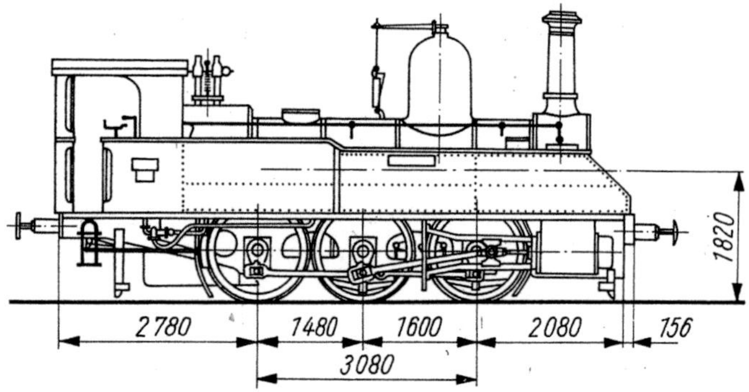

Gattung V T, Lokomotive Nr. 1 543 (ehemalige Lokomotive Nr. 366 WETTER).
Foto Contius, Repro Meyer

2.3.4.2
14 Lokomotiven, geliefert von Hartmann

Davon
12 Lokomotiven für die Sächsische Staatsbahn, Gattung H V T (ab 1896 Gattung V T)

Fabrik-nummer	Bau-jahr	Bahn-nummer	Name	Bahn-nummer	Betriebs-nummer	Bemer-kungen	Ausmu-sterung
		bis 1891		ab 1892	ab 1925		
958	1877	18	COMPASS	1 560	89 8210	4)	vor 1927
959	1877	19	MAGNET	1 561	–	5)	
960	1877	20	KOBOLD	1 562	89 8211	4)	vor 1927
961	1877	21	GNOM	1 563	–	4)	
962	1877	70	ARBEIT	1 564	–	1) 3)	1922
963	1877	71	GESTÄNGE	1 565	–	1) 4)	
964	1877	72	BASIS	1 566	–	5)	1922
965	1877	220	DYNAMIT	1 567	89 8212	4)	1928
966	1877	627	STEIGER	1 568	89 8213	2) 4)	1926
967	1877	635	GLOCKE	1 569	89 8214	2) 3)	1926
968	1877	636	HALDE	1 570	89 8215	2) 4)	1933 6)
987	1878	616	BERGGEIST	1 571	–	2) 5)	

1) 1879 Dampfläutewerk
2) 1880 Dampfläutewerk
3) 1887 Ersatz der Querfeder der Hinterachse durch zwei Längsfedern und Umbau von Schrauben- auf Wurfhebelbremse
4) 1888 Umbau wie 3)
5) 1889 Umbau wie 3)
6) ab 1933 Werklokomotive Bw Dresden-Friedrichstadt

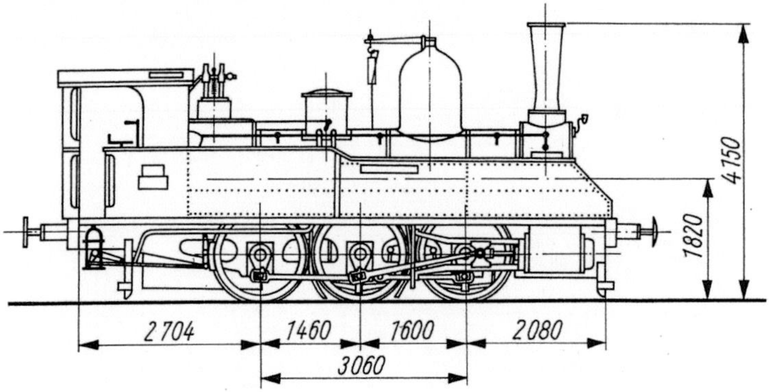

Gattung H V T, Baujahre 1877/78, Ursprungszustand.

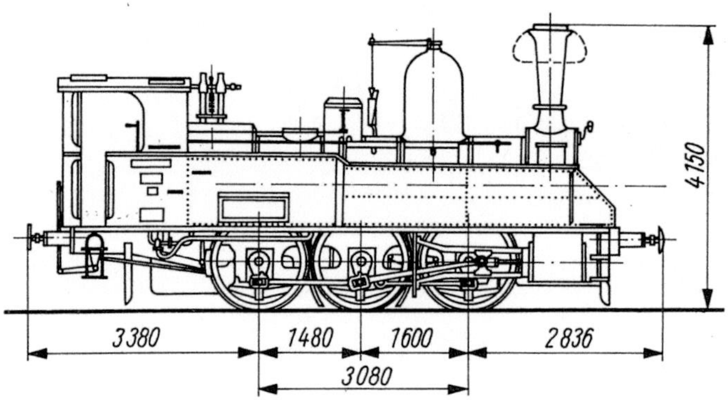

Lokomotiven Nr. 1541 bis 1571, späteres Aussehen.

Gattung H V T, Lokomotive Nr. 616 BERGGEIST. *Werkfoto, Repro Meyer*

2 Lokomotiven für die Planitzer Kohlenbahn

1) 1954 Ersatzkessel in Freital gebaut
2) als Werklokomotive 5 im August-Bebel-Schacht in Zwickau 1965 noch in Betrieb. Ramsbottom-Sicherheitsventil durch zwei Coale-Ventile ersetzt.

Fabriknummer	Baujahr	Bahnnummer	Name	Bemerkungen	Ausmusterung
1 378	1884	–	WALDTRAUT		
1 540	1888	–	PLANITZ	1) 2)	nach 1965

Gattung V T, Lokomotive PLANITZ der Planitzer Kohlenbahn als Werklokomotive Nr. 5 des August-Bebel-Schachtes in Zwickau. Aufnahme 1965 am Bürgerschacht Zwickau.
Foto Meyer

2.3.4.3
2 *Lokomotiven, geliefert von Hartmann*
für die Gaschwitz-Meuselwitzer Bahn,
ab 1886 Sächsische Staatsbahn,
Gattung H V T
(ab 1896 Gattung V T)

1) Gegendampfbremse und Schraubenbremse (1886 auf Wurfhebelbremse umgebaut)
2) Heberleinbremse, ab 1886 zusätzlich Wurfhebelbremse
3) Ursprünglich Querfeder der Hinterachse, später umgebaut
4) Mit Dampfläutewerk geliefert

Fabriknummer	Baujahr	Bahnnummer bis 1891	Name	Bahnnummer ab 1886	Bahnnummer ab 1892	Betriebsnummer ab 1925	Bemerkungen	Ausmusterung
1 320	1883	–	CONCORDIA	746	1 572	–	1) 3) 4)	1925
1 380	1884	–	DIE HARTH	747	1 573	89 8251	2) 3) 4)	1926

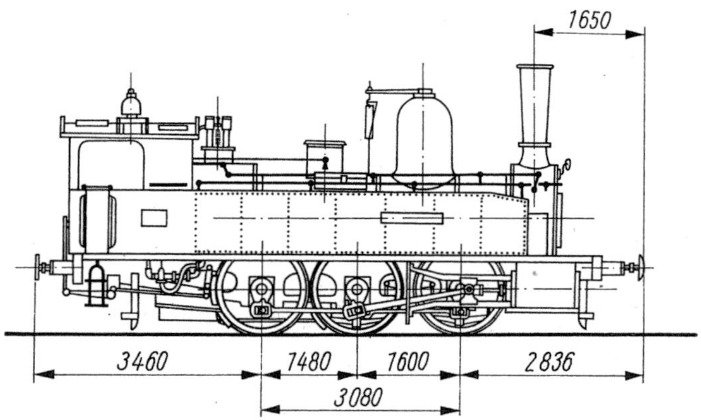

Gattung H V T, Lokomotiven Nr. 746 und Nr. 747

2.3.4.4
1 *Lokomotive, geliefert von Hartmann* für die Altenburg-Zeitzer Bahn, ab 1896 Sächsische Staatsbahn, Gattung V T

Fabrik-nummer	Bau-jahr	Bahn-nummer bis 1896	Name	Bahn-nummer ab 1896	Bemer-kungen	Ausmu-sterung
1379	1884	–	MOLBITZ	1610	[1])	1925

[1]) Dampfläutewerk, Wurfhebelbremse, ab 1892 Gegendampfbremse, 1923 Werklok im AW Chemnitz

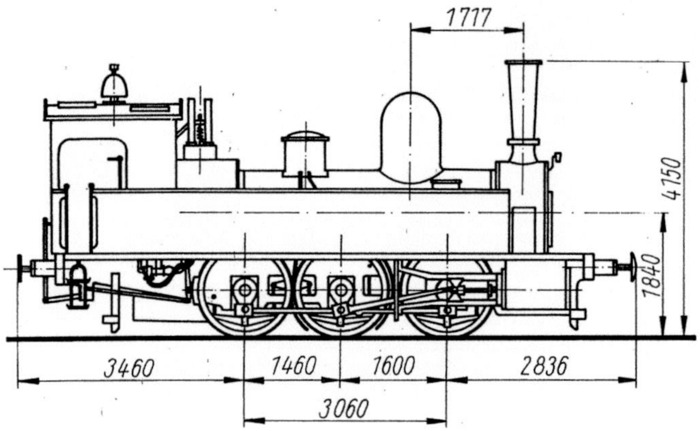

Gattung H V T, Lokomotive Nr. 1610.

2.3.4.5
19 *Lokomotiven, geliefert von Hartmann*

Davon
1 Lokomotive für die Altenburg-Zeitzer Bahn, ab 1896 Sächsische Staatsbahn, Gattung V T

Fabrik-nummer	Bau-jahr	Bahn-nummer bis 1896	Name	Bahn-nummer ab 1896	Betriebs-nummer ab 1925	Bemer-kungen	Ausmu-sterung
1557	1888	–	FRIEDRICH	1611	89 8267	[1])	1926

[1]) Dampfläutewerk, Wurfhebelbremse, ab 1892 Gegendampfbremse

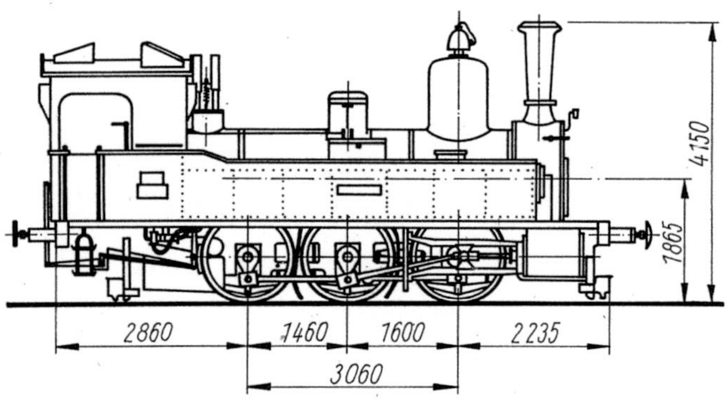

Gattung H V T, Baujahre 1888/92.

18 Lokomotiven für die Sächsische Staatsbahn, Gattung H V T
(ab 1896 Gattung V T)

Fabrik-nummer	Bau-jahr	Bahn-nummer bis 1891	Name	Bahn-nummer ab 1892	Betriebs-nummer ab 1925	Bemer-kungen	Ausmu-sterung
1 558	1888	632	MOTOR	1 574	89 8252		vor 1927
1 559	1888	781	LÄUFER	1 575	89 8253		vor 1927
1 560	1888	782	HORIZONT	1 576	89 8254		vor 1927
1 561	1888	783	BLOCK	1 577	–		
1 707	1890	852	FUNDAMENT	1 578	–		1924
1 708	1890	853	HÄRTE	1 579	89 8255		1926
1 709	1890	854	HAMMER	1 580	89 8256		1926
1 710	1890	855	TRIEB	1 581	89 8257		1926
1 711	1890	856	WINDE	1 582	89 8258		vor 1927
1 712	1891	857	FLÖTZ	1 583	89 8259		vor 1927
1 862	1892		–	1 584	89 8260		1926
1 863	1892		–	1 585	89 8261		nach 1925
1 864	1892		–	1 586	89 8262		
1 865	1892		–	1 587	89 8263		1926
1 866	1892		–	1 588	89 8264		1926
1 867	1892		–	1 589	–		vor 1923
1 868	1892		–	1 590	89 8265		
1 869	1892		–	1 591	89 8266		

Alle Lokomotiven mit Dampfläutewerk, Wurfhebel- und Gegendampfbremse

Gattung V T, Lokomotive Nr. 1 574 (ehemalige Lokomotive Nr. 632 MOTOR).
Foto Contius, Repro Meyer

2.3.4.6
50 *Lokomotiven, geliefert von Hartmann*
für die Sächsische Staatsbahn,
Gattung H V T (ab 1896 Gattung V T)

Fabrik-nummer	Bau-jahr	Bahn-nummer	Betriebs-nummer ab 1925	Bemer-kungen	Ausmu-sterung
2034	1895	1592	89 8216	[1]	
2035	1895	1593	89 8217		1927
2036	1895	1594	89 8218	[1]	
2037	1895	1595	89 8219	[1]	
2038	1895	1596	89 8220		
2039	1895	1597	89 8221		
2093	1896	1598	89 201		
2094	1896	1599	89 202		1926
2095	1896	1600	89 203		
2096	1896	1601	89 204	[1]	1967
2097	1896	1602	89 205	[1]	
2098	1896	1603	89 206		1930
2099	1896	1604	–		
2100	1896	1605	–		
2127	1896	1606	89 207		1937 verk.[2]
2128	1896	1607	89 208		
2129	1896	1608	89 209		
2130	1896	1609	89 210		
2228	1897	1612	89 211		[3]
2229	1897	1613	89 212		1930
2230	1897	1614	89 213		
2231	1897	1615	89 214		
2232	1897	1616	89 215		[4]
2233	1897	1617	89 216		1930
2234	1897	1618	89 217		[5]
2235	1897	1619	89 218		1934
2270	1897	1620	89 219		1967
2271	1897	1621	89 220		1930
2272	1897	1622	89 221		
2273	1897	1623	89 222		1967
2341	1898	1624	89 223		
2342	1898	1625	89 224		
2343	1898	1626	89 225		
2344	1898	1627	89 226		
2345	1898	1628	89 227		
2346	1898	1629	89 228		
2347	1898	1630	89 229		1946
2348	1898	1631	89 230		
2349	1898	1632	89 231		[6]
2350	1898	1633	89 232		
2351	1898	1634	89 233		1967
2352	1898	1635	89 234		
2353	1899	1636	89 235		
2354	1899	1637	89 236		
2355	1899	1638	89 237		
2356	1899	1639	89 238		[8]
2357	1899	1640	89 239		1959
2358	1899	1641	89 240		1965
2359	1899	1642	89 241		
2360	1899	1643	89 242		1950[7]

[1]) Mit Haspel zur Heberleinbremse (1916 noch vorhanden)
[2]) Verkauft an Basaltwerke Würlitz
[3]) Werklokomotive 1 RAW Chemnitz, 1949 bis 1956 als 89 211 im Bw Aue, ab 1959 Werklokomotive 2 RAW Karl-Marx-Stadt
[4]) Werklokomotive 2 RAW Chemnitz, 1953 bis 1956 als 89 215 im Bw Hilbersdorf, ab 1959 Werklokomotive 3 RAW Karl-Marx-Stadt
[5]) Werklokomotive 3 RAW Dresden
[6]) ab 1953 Werklokomotive RAW Karl-Marx-Stadt
[7]) Werklokomotive Stahlwerk Brüx
[8]) 1947 nach Osten

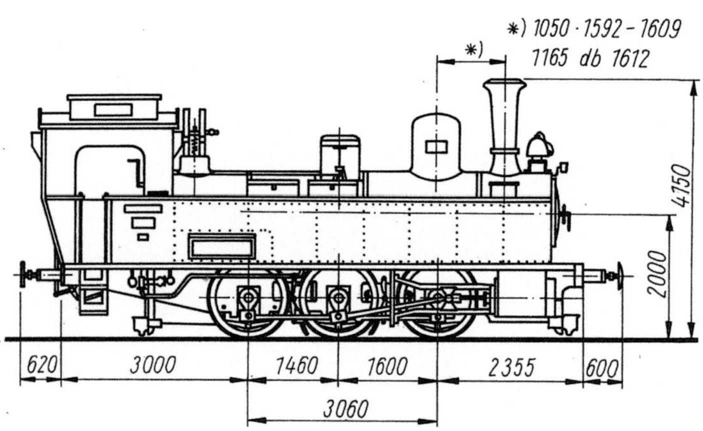

Gattung H V T, Baujahre 1895/99.

Gattung V T, Lokomotive Nr. 1 599.
Foto Reinstein, Repro Meyer

2.3.4.7
32 *Lokomotiven, geliefert von Hartmann*
Davon
31 Lokomotiven für die Sächsische Staatsbahn, Gattung V T

Fabrik-nummer	Bau-jahr	Bahn-nummer	Betriebs-nummer ab 1925	Bemer-kungen	Aus-musterung
2682	1901	1644	–		
2683	1901	1645	89 243		
2684	1901	1646	89 244		1930
2685	1901	1647	–		
2686	1901	1648	89 245		1967
2687	1901	1649	–		1924
2688	1901	1650	89 246		
2689	1901	1651	89 247		1966
2690	1901	1652	89 248		1930
2691	1901	1653	–	[1]) SNCB 9953	
2692	1901	1654	89 249		[4])
2693	1901	1655	89 250		1965[3])
2694	1901	1656	89 251		[4])
2695	1901	1657	89 252		1930
2696	1901	1658	89 253		1967
2697	1901	1659	89 254		[4])
2698	1901	1660	89 255		1935
2699	1901	1661	89 256		[4])
2700	1901	1662	89 257		
2701	1901	1663	89 258		[4])
2702	1901	1664	89 259		1967
2703	1901	1665	89 260		1930
2704	1901	1666	89 261	[5])	
2705	1901	1667	89 262		1966
2706	1901	1668	89 263		
2707	1901	1669	89 264		[2])
2708	1901	1670	89 265		1967
2709	1901	1671	89 266		
2710	1901	1672	89 267		1965[3])
2711	1901	1673	89 268		1935
2712	1901	1674	89 269		

[1]) Reparationsleistung 1919
[2]) Verkauf an Sächsische Werke Döhlen AG
[3]) ab 1953 Werklokomotive RAW Karl-Marx-Stadt
[4]) 1947 nach Osten
[5]) Verbleib bei ČSD

Gattung V T, Lokomotive Nr. 1 669.
Foto Contius, Repro Meyer

1 Lokomotive für die Oberhohndorf-Reinsdorfer Kohlenbahn, ab 1940 Deutsche Reichsbahn

Fabrik-nummer	Bau-jahr	Bahn-nummer	Betriebs-nummer ab 1940	Bemer-kungen	Aus-musterung
2731	1901	5	89 268	[1])	[2])

[1]) Zweitbesetzung der Nr. 89 268
[2]) 1946 nach Osten

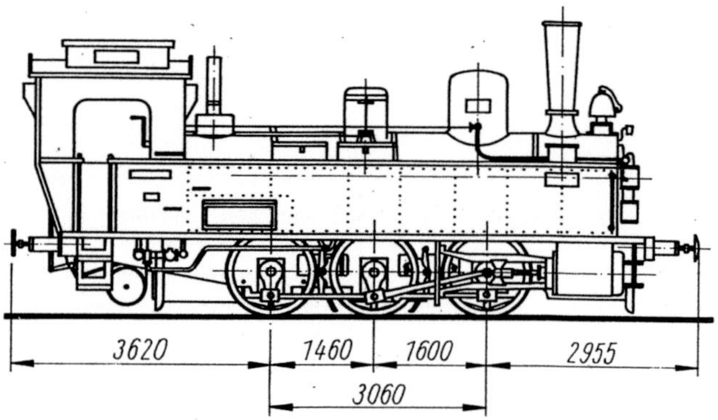

Gattung V T, Baujahr 1901.

2.3.4.8
6 Lokomotiven, geliefert von Hartmann für die Sächsische Staatsbahn, Gattung V T

Fabrik-nummer	Bau-jahr	Bahn-nummer	Betriebs-nummer ab 1925	Bemerkungen	Ausmusterung
3766	1914	1675	89 281	[1])	
3767	1914	1676	89 282	[2])	[5])
3768	1914	1677	–	[3]) SNCB 9977	
3769	1914	1678	89 283	[2])	1966
3770	1914	1679	89 284	[2])	1950[4])
3824	1914	1680	–	[3]) SNCB 9980	

[1]) Westinghousebremse für Lokomotive und Zug
[2]) Westinghousebremse nur für den Zug
[3]) Reparationsleistung 1919
[4]) Werklokomotive Stahlwerk Brüx
[5]) 1947 nach Osten

Gattung V T, Lokomotive Nr. 1678. Aufnahme 1919 in Dresden-Friedrichstadt.
Foto Reinstein, Repro Meyer

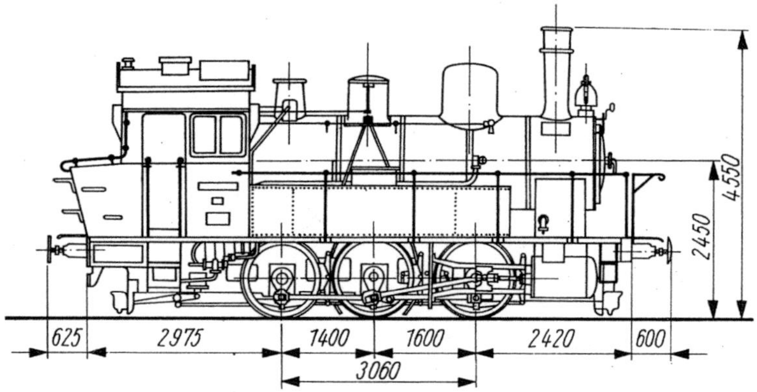

Gattung V T, Baujahr 1914.

2.3.4.9
10 *Lokomotiven, geliefert von Hartmann*
für die Sächsische Staatsbahn, Gattung V T

Fabriknummer	Baujahr	Bahnnummer ab 1919	Betriebsnummer ab 1925	Bemerkungen	Ausmusterung
4 095	1919	1 681	89 285		1965
4 096	1919	1 682	89 286		1967
4 097	1919	1 683	89 287		1)
4 098	1919	1 684	89 288		1)
4 099	1919	1 685	89 289		1965
4 100	1919	1 686	89 290		1965
4 101	1919	1 687	89 291		1965
4 102	1919	1 688	89 292		1)
4 103	1919	1 689	89 293		1967
4 104	1919	1 690	89 294		1967

1) 1946/47 nach Osten

Gattung V T, Baujahr 1919.

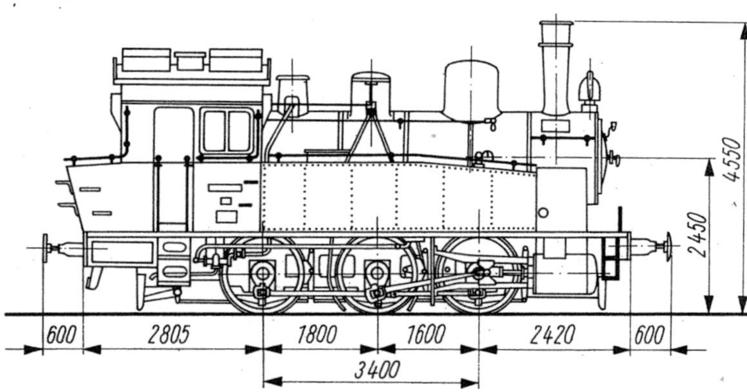

Gattung V T, Lokomotive Nr. 1 689.
Verlag Leonhardt, Dresden, Repro Meyer

2.3.4.10
1 *Lokomotive, geliefert von Hartmann*
für die Sächsische Staatsbahn, Gattung V T

Fabrik-nummer	Bau-jahr	Bahn-nummer ab 1920	Betriebs-nummer ab 1925	Be-mer-kungen	Aus-muste-rung
4414	1920	1691	89 295		[1])

[1]) verliehen an Stahlwerk Brüx, 1945 nach Osten

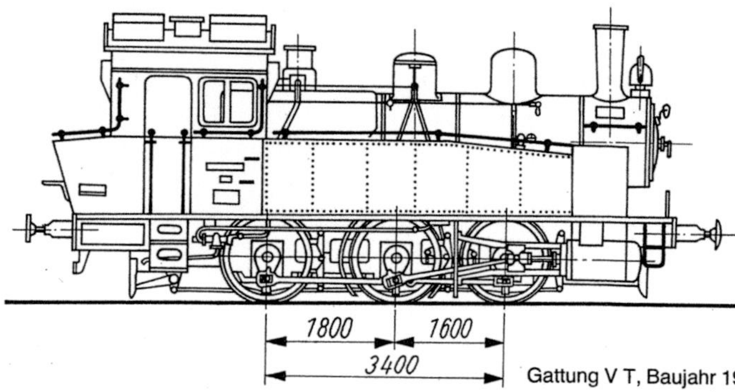

Gattung V T, Baujahr 1920.

Lokomotive 89 295 (ehemalige Gattung V T, Lokomotive Nr. 1691) im Bw Leipzig Bayerischer Bahnhof.
Foto Hubert, Repro Meyer

VII T

Bauart: Bn2t

Erstes Baujahr: 1873
Ausmusterung: bis 1966

Technische Daten:
Seiten 202 und 203

DRG-Baureihe 98^{70}

Konstruktive Merkmale

Kessel: Unterschiedliche Abmessungen bei den einzelnen Herstellern: Rohrlänge 2,9 m bis 3,5 m, Gesamtheizfläche 40 m^2 bis 68 m^2, Kesseldruck 10...12 bar. Hinterkessel bei der ersten Lieferung (Karlsruhe 1873) erhöht, bei allen anderen glatt durchlaufend mit halbrunder Decke. Großer Dampfdom nur bei den Maschinen von Karlsruhe (ganz vorn) und Wöhlert (etwa Mitte Langkessel); bei den Maschinen von Schichau, Hartmann und Hanomag zunächst nur ein kleiner Regleraufsatz mit äußeren Einströmrohren vorn in der Nähe der Rauchkammer. Spätere Ausführungen der Lokomotiven von Hartmann wieder mit einem kleinen, ab 1889 einem etwas größeren Dampfdom. Sicherheitsventile meist Bauart Ramsbottom, bei der ersten Ausführung außerdem noch ein Federwaagenventil. Rauchkammer ohne Winkelring glatt durchlaufend, Rauchkammertür ab 1889 mit Zentralverschluß. Schornstein kegelig, meist mit Krempe, teilweise mit ballonförmigem Funkenfänger.
Rahmen: Blechrahmen als Wasserkasten ausgebildet (außer bei Nr. 21 und Nr. 22)
Triebwerk: Zweizylinder-Naßdampftriebwerk mit Außenzylindern, Antrieb der zweiten Kuppelachse.
Steuerung: Nr. 21 und Nr. 22 (Karlsruhe 1873) mit Stephenson-Steuerung, alle übrigen Lokomotiven mit äußerer Allan-Steuerung, Verstellung durch Händel.
Laufwerk: Achsabstand 2,1 m bis 2,5 m und Kuppelraddurchmesser 1 100 mm bis 1 350 mm. Vierpunktabstützung mit obenliegenden Federn, bei Lokomotiven von Hanomag und bei Lokomotive Nr. 237 EHRENSTEIN Federn vorn oben und hinten unten, bei Lokomotiven von Wöhlert vorn oben und Hinterachse mit Querfeder (Dreipunktabstützung), später durch zwei Längsfedern ersetzt.
Bremse: Alle Maschinen mit zweiseitig auf die Hinterachse wirkender Handbremse, Betätigung durch Spindel (Karlsruhe und Schichau 1873), ab Baujahr 1874 mit Wurfhebel. Maschinen von Schichau ursprünglich mit Dampfschlittenbremse, wurde 1877 entfernt. Gegendampfbremse bei den Lokomotiven von Hartmann ab 1882. Ab 1885 Haspel zur Heberleinbremse an den Maschinen der Gaschwitz-Meuselwitzer und der Berlin-Dresdner Bahn sowie den Staatsbahn-Lokomotiven Nr. 614 und Nr. 619 (ab 1888), Nr. 815 und Nr. 816 (ab 1891). Einzelne Maschinen später mit Druckluftbremse Bauart Westinghouse.
Sonstige Einrichtungen: Kohlevorräte (0,9 t) in seitlichen Behältern, Wasserbehälter im Rahmen. Sand in rundem Behälter auf dem Kesselscheitel, Sandfallrohre für die Räder beider Radsätze in unterschiedlicher Anordnung. Ab 1879 Dampfläutewerk (nicht bei Lokomotiven Nr. 21 und Nr. 22).

Lieferfirma	Lieferjahr											Stück
	1873	74	82	83	84	85	86	89	90	91	94	
Karlsruhe	2											2
Schichau	2	2										4
Wöhlert		4										4
Hartmann			7	2		2	10	1	7	10	4	43
Hanomag					3		1					4
	4	6	7	2	3	2	11	1	7	10	4	57

Liste der einzelnen Lokomotiven

2.3.5.1
2 *Lokomotiven, geliefert von der Maschinenbau-Gesellschaft Karlsruhe* für die Chemnitz-Komotauer Bahn, ab 1876 Sächsische Staatsbahn, Gattung Crlsr VII T (ab 1896 Gattung VII T)

Fabrik-nummer	Bau-jahr	Bahn-num-mer	Name	Bahn-num-mer	Bahn-num-mer	Betriebs-nummer	Be-mer-kungen	Aus-musterung
			ab 1876		ab 1892	ab 1925		
728	1873	21	SAUGER	688	1 401	98 7041		1925
729	1873	22	KLAPPE	689	1 402	–		1922[1])

[1]) Verkauf an Gaswerk Dresden-Reick

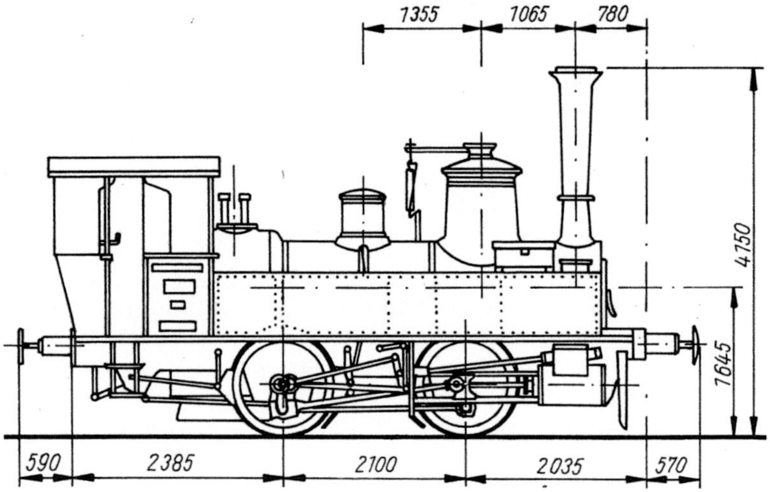

Gattung Crlsr VII T, Lokomotiven Nr. 21 und Nr. 22 der Chemnitz-Komotauer Bahn.

Gattung VII T, Lokomotive Nr. 1 402.
Sammlung Wohllebe, Repro Meyer

2.3.5.2
4 Lokomotiven, geliefert von Schichau
für die Gaschwitz-Meuselwitzer Bahn
ab 1886 Sächsische Staatsbahn,
Gattung Sch VII (ab 1876 Gattung Sch VII T,
ab 1896 Gattung VII T)

Fabriknummer	Baujahr	Name	Bahnnummer ab 1886	Bahnnummer ab 1892	Betriebsnummer ab 1925	Bemerkungen	Ausmusterung
120	1873	ZWENKAU	742	1 403	–	[2]) [3])	
121	1873	WIPRECHT V. GROITZSCH	743	1 404	–	[1]) [3])	
136	1874	LUCKA	744	1 405	–	[1]) [3])	1924
137	1874	GASCHWITZ	745	1 406	98 7091	[1]) [3])	

[1]) ab 1885 Haspel zur Heberleinbremse
[2]) ab 1886 Haspel zur Heberleinbremse
[3]) 1877 Ausbau der Dampfschlittenbremse, ab 1879 Dampfläutewerk

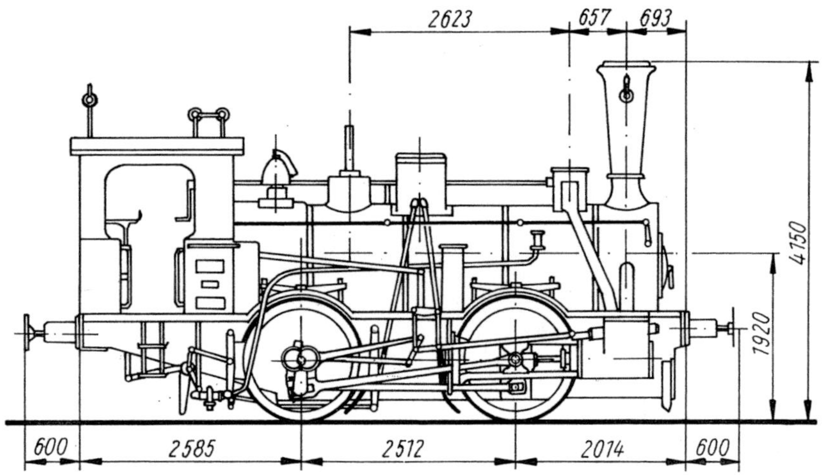

Gattung Sch VII T der Gaschwitz-Meuselwitzer Bahn.

Gattung VII T, Lokomotive Nr. 1 405.
Foto Contius, Repro Meyer

2.3.5.3
4 Lokomotiven, geliefert von Wöhlert
für die Leipzig-Dresdner Eisenbahn,
ab 1876 Sächsische Staatsbahn,
Gattung W VII T (ab 1896 Gattung VII T)

Fabriknummer	Baujahr	Bahnnummer	Name	Bahnnummer ab 1876	Bahnnummer ab 1892	Bemerkungen	Ausmusterung
601	1874	3	GRUBE	628	1 407		
602	1874	4	KUNST	629	1 408		
603	1874	5	BLENDE	630	1 409		
604	1874	6	CURVE	631	1 410		

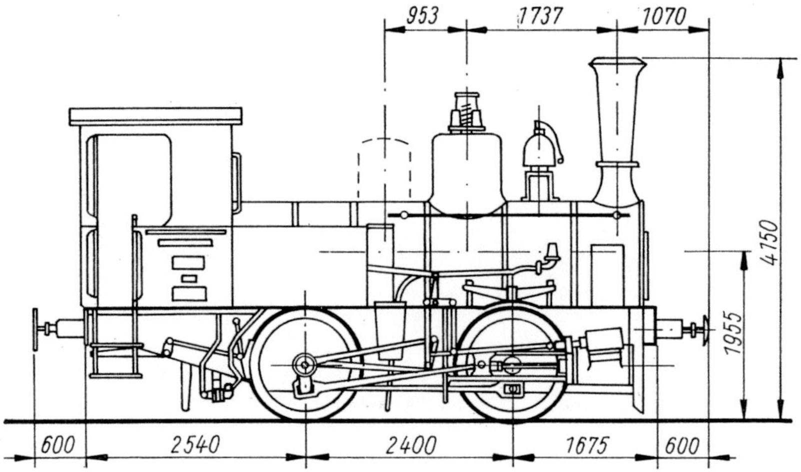

Gattung W VII T der Leipzig-Dresdner Eisenbahn.

Gattung VII T, Lokomotive Nr. 1 410.
Foto Contius, Repro Meyer

2.3.5.4
9 *Lokomotiven, geliefert von Hartmann* für die Sächsische Staatsbahn, Gattung H VII T (ab 1896 Gattung VII T)

Fabrik-nummer	Bau-jahr	Bahn-num-mer	Name	Bahn-nummer ab 1892	Betriebs-nummer ab 1925	Be-mer-kungen	Aus-musterung
1166	1882	30	DANTE	1418	–		1922
1167	1882	31	GÖTHE	1419	–		1922/24
1168	1882	32	SCHILLER	1420	98 7051		1930
1169	1882	34	GELLERT	1421	98 7052		1926
1170	1882	40	UHLAND	1422	–		1923
1171	1882	614	HERDER	1423	–	[1]	1922/24
1172	1882	615	KÖRNER	1424	98 7053		vor 1927
1303	1883	619	SCHLÖMILCH	1425	98 7054	[1]	vor 1927
1304	1883	633	IFFLAND	1426	98 7055	[2]	1961

[1]) ab 1888 Haspel zur Heberleinbremse
[2]) 1946 an Glaswerk Freital verkauft

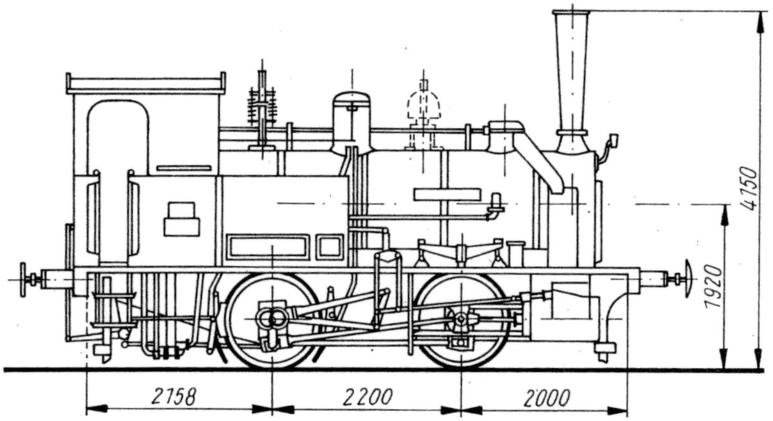

Gattung H VII T, Baujahr 1882, Ursprungszustand.

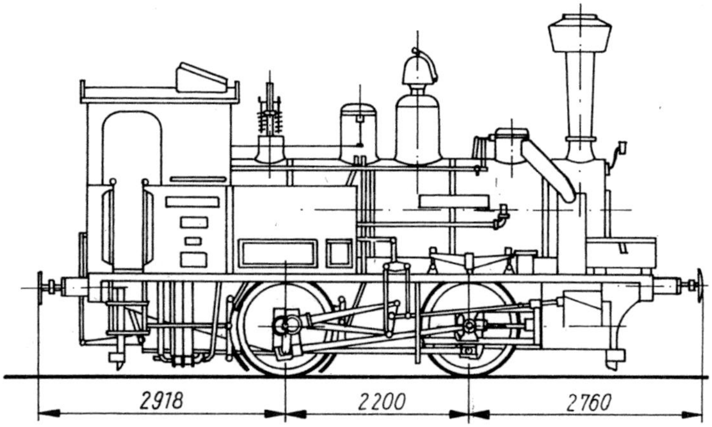

Gattung H VII T, späteres Aussehen.

Gattung VII T, Lokomotive Nr. 1 420 SCHILLER.
Foto Contius, Repro Meyer

2.3.5.5.
4 *Lokomotiven, geliefert von Hanomag* für die Preußische Staatsbahn (Berlin-Dresdner Bahn), ab 1888 Sächsische Staatsbahn (Dresden–Elsterwerda), Gattung E VII T (ab 1896 Gattung VII T)

Fabrik-nummer	Bau-jahr	Bahn-nummer	Name	Bahnnummer ab 1888	Bahnnummer ab 1892	Bemer-kungen	Ausmu-sterung
1 689	1884	Bln 1 603	BISMARCK	779	1 411		1922/24
1 690	1884	Bln 1 604	BORSIG	780	1 412		1922
1 691	1884	Bln 1 605	–	Erf 1 605		[1] [2]	
1 908	1886	Bln 1 634	–	Erf 1 634		[1]	

[1] Lokomotive verblieb bei der KPEV
[2] 1895 Hl 120, 1906 Hl 1501

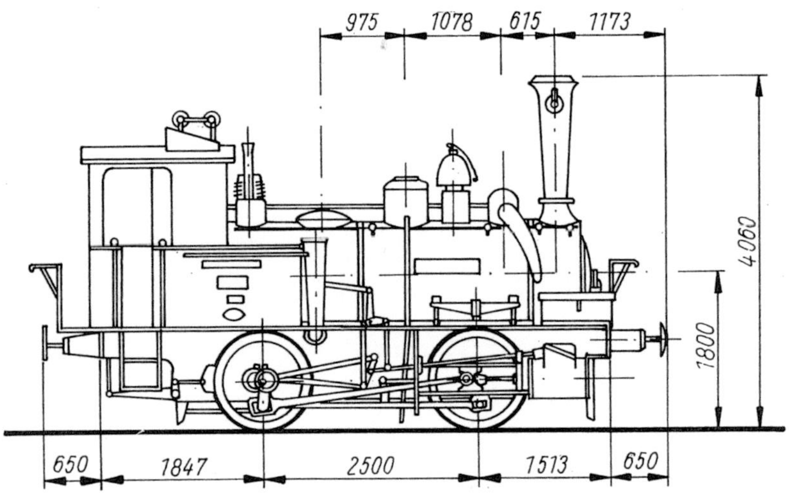

Gattung E VII T der ehemaligen Berlin-Dresdner Bahn.

Gattung VII T, Lokomotive Nr. 1 412 BORSIG.
Foto Contius, Repro Meyer

2.3.5.6
19 *Lokomotiven, geliefert von Hartmann*
für die Sächsische Staatsbahn, Gattung H VII T (ab 1896 Gattung VII T)

Fabrik-nummer	Bau-jahr	Bahn-nummer	Name	Bahn-nummer ab 1892	Betriebs-nummer ab 1925	Be-mer-kungen	Aus-musterung
1 413	1885	6	SCHEFFEL	1 427	–		
1 414	1885	35	BÜRGER	1 428	–		
1 433	1886	28	VOSS	1 429	–	2)	
1 434	1886	38	GOTTSCHED	1 430	–		
1 435	1886	46	HEGEL	1 431	98 7056	2)	1964/73 4)
1 436	1886	86	LAUBE	1 432	98 7057		1927/36
1 437	1886	545	HOLTEI	1 433	–	3)	
1 438	1886	547	HEBBEL	1 434	98 7058	3)	1924 5)
1 439	1886	549	FREYTAG	1 435	98 7059	3)	1927/36
1 440	1886	621	ZSCHOKKE	1 436	–	3)	1922
1 441	1886	622	KOTZEBUE	1 437	–	3)	
1 442	1886	625	HEINE	1 438	98 7060	3)	1927/36
1 644	1890	815	BEETHOVEN	1 439	98 7061	1) 2)	1931
1 645	1890	816	HAYDN	1 440	98 7062	7)	1962
1 646	1890	817	MOZART	1 441	98 7063	3) 7)	1936 6)
1 647	1890	818	FR. LIST	1 442	–	3)	1925
1 648	1890	819	J. G. FICHTE	1 443	98 7064		1930 8)
1 649	1890	820	KIRCHWEGER	1 444	98 7065		1966
1 650	1890	821	NOVOTNY	1 445	98 7066		1966

1) ab 1891 Haspel zur Heberleinbremse
2) ab 1894/96 Dampfheizung
3) später Ausrüstung mit Druckluftbremse
4) Museumslokomotive im Verkehrsmuseum Dresden
5) Werklokomotive Waggonfabrik Bautzen
6) ab 1923 Werklokomotive Gaswerk Reick
7) nach 1900 Haspel zur Heberleinbremse
8) ab 1930 Werklokomotive Sachsenwerk Niedersedlitz

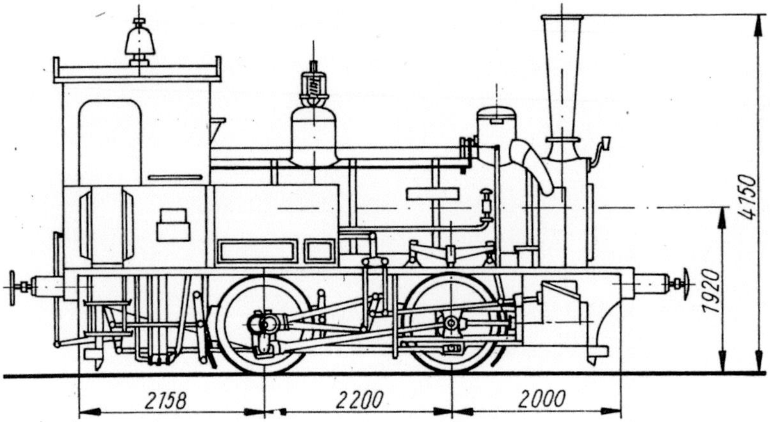

Gattung H VII T, Baujahre 1885/89, Ursprungszustand.

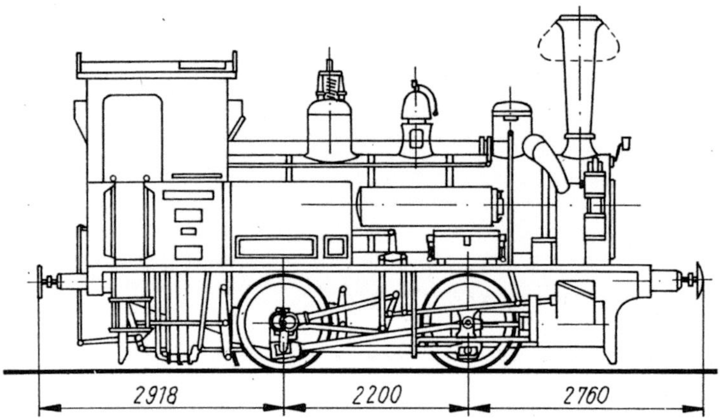

Gattung H VII T, späteres Aussehen mit Druckluftbremse, (Lokomotiven Nr. 1 433 bis Nr. 1 438, Nr. 1 441 und Nr. 1 442).

Gattung VII T, Lokomotive Nr. 1 432 LAUBE.
Foto Contius, Repro Meyer

2.3.5.7
1 *Lokomotive, geliefert von Hartmann*
für die Sächsische Staatsbahn, Gattung H VII T (ab 1896 Gattung VII T)

Fabrik-nummer	Bau-jahr	Bahn-nummer	Name	Name ab 1892	Bahn-nummer ab 1892	Betriebs-nummer ab 1925	Bemer-kungen	Aus-muste-rung
1418	1889	237	HAINSBERG	EHREN-STEIN	1417	98 7031		1927

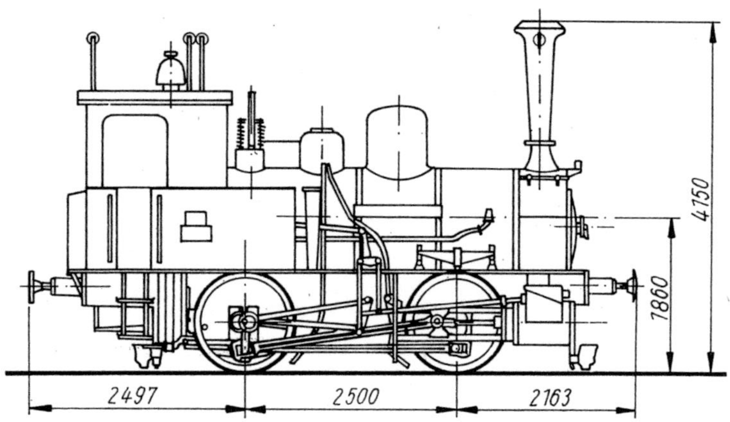

Gattung H VII T, Lokomotive Nr. 237 HAINSBERG, Urspungszustand.

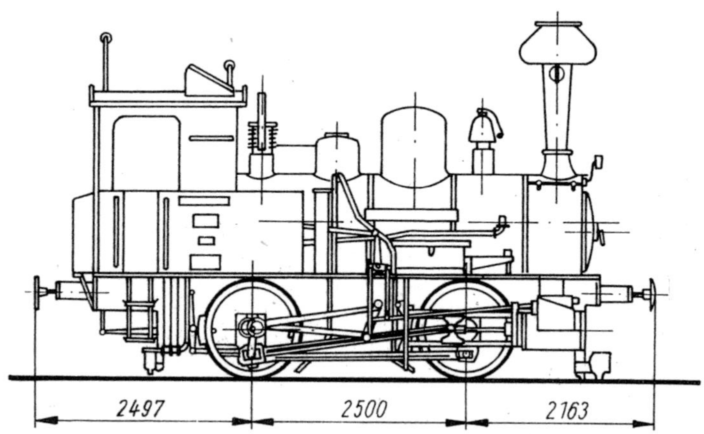

Gattung H VII T, Lokomotive Nr. 237 HAINSBERG, späteres Aussehen.

Gattung VII T, Lokomotive Nr. 1 417 EHRENSTEIN.
Urheber unbekannt, Repro Meyer

2.3.5.8
14 *Lokomotiven, geliefert von Hartmann*
für die Sächsische Staatsbahn, Gattung H VII T (ab 1896 Gattung VII T)

Fabrik-nummer	Bau-jahr	Bahn-nummer	Name	Bahn-nummer ab 1892	Betriebs-nummer ab 1925	Bemer-kungen	Ausmu-sterung
1 742	1891	895	COLUMBUS	1 446	98 7067		
1 743	1891	896	FRANKLIN	1 447	–	3) 5)	1923
1 744	1891	897	RAPHAEL	1 448	98 7068		1925
1 745	1891	898	GUTENBERG	1 449	98 7069	6)	1967 7)
1 746	1891	899	GEIBEL	1 450	98 7070		
1 747	1891	900	MOLTKE	1 451	98 7071	4)	
1 748	1891	901	KRUPP	1 452	98 7072	4)	
1 771	1891	902	HIRSCHBERG	1 453	98 7073	1)	1926
1 772	1891	903	GÖTTENGRÜN	1 454	98 7074	2)	1963
1 773	1891	904	TANNA	1 455	98 7075	3)	
1 982	1894	–	GEINITZ	1 456	98 7076	5)	
1 983	1894	–	ERDMANN	1 457	98 7077	5)	1925
1 984	1894	–	RICHARD WAGNER	1 458	98 7078	5)	
1 985	1894	–	GUSTAV ZEUNER	1 459	98 7079	5)	1925

1) geliefert mit Haspel zur Heberleinbremse
2) ab 1892 Haspel zur Heberleinbremse
3) ab 1894 Haspel zur Heberleinbremse
4) ab 1896 Haspel zur Heberleinbremse
5) 1894 mit Dampfheizung
6) nach 1900 Haspel zur Heberleinbremse
7) ab 1931 Werklokomotive 2 RAW Chemnitz, 1953 wieder in Dienst gestellt als 98 7051

Gattung VII T, Lokomotive Nr. 1 458 RICHARD WAGNER.
Foto Contius, Repro Meyer

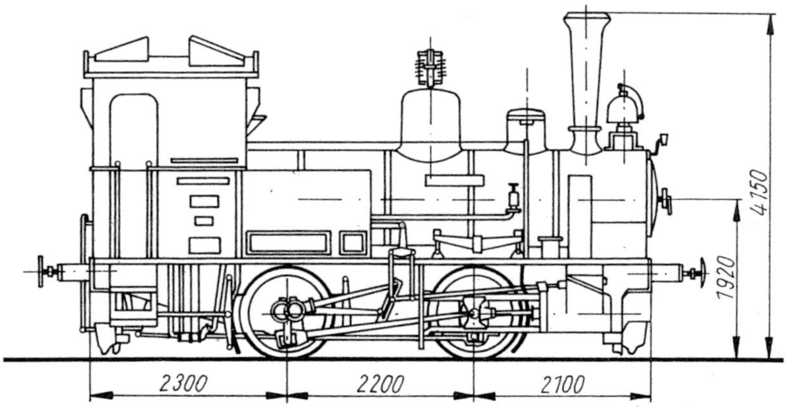

Gattung H VII T, Baujahre 1891/94.

IIIbT

Bauart: B1'n2t

Erstes Baujahr: 1874
Ausmusterung: bis 1929

Technische Daten: Seite 204

DRG-Baureihe 98^{72}

Konstruktive Merkmale

Kessel: Belpaire-Kessel mit überhöhter, ebener Stehkesseldecke und zwischen dem Rahmen eingezogener, tiefer Feuerbüchse, Rohrlänge 3,2 m, Heizfläche 75 m^2, Kesseldruck 9 bis 10 bar. Kesselspeisung durch zwei Dampfstrahlpumpen Bauart Schau (Förderleistung 80 l/min). Großer Dampfdom in Kesselmitte (bei Lokomotiven Hartmann 1875/76 mit halbkugeligem Abschluß), trägt bis Baujahr 1876 ein Federwaagenventil. Ramsbottom-Sicherheitsventil auf der Stehkesseldecke (bei den Schwartzkopff-Maschinen ebenfalls Federwaagenventil). Erweiterte Rauchkammer mit Winkelring und zweiflügeliger Rauchkammertür. Nur Lokomotiven Nr. 1301 bis Nr. 1306 (Schwartzkopff 1874) mit runder Rauchkammertür mit Zentralverschluß und Novotny-Schornstein. Kegeliger Krempenschornstein, einzelne Lokomotiven mit Ballon-Funkenfänger.
Rahmen: Genieteter Blechrahmen, Blechdicke 24 mm.
Triebwerk: Waagerechte Außenzylinder, Scherentriebwerk (Antrieb der 2. Kuppelachse) mit zweischieniger Kreuzkopfführung.
Steuerung: Innenliegende Allan-Steuerung, Flachschieber, Umsteuerung durch Händel.
Laufwerk: Achsabstand der Kuppelachsen (Raddurchmesser 1400 mm) 1,73 m, beide Achsen mit untenliegenden Federn und durch Ausgleichhebel verbunden. Laufachse bei den Lokomotiven von Schwartzkopff und Hartmann bis Baujahr 1876 mit radialer Einstellmöglichkeit und Querfeder (Adamsachse). Umbau bei den Hartmann-Maschinen (Nr. 639 bis Nr. 654) ab 1880 in Novotny-Lenkachse mit zwei obenliegenden Längsfedern (Vierpunktabstützung). Spätere Lieferungen in dieser Ausführung. Gesamtachsabstand 4,03 m.
Bremse: Handbremse mit Wurfhebel wirkt beidseitig auf die Treibräder. Maschinen der Chemnitz-Aue-Adorfer Bahn und der Muldenthalbahn mit Spindelbremse. Einrichtung zum Fahren mit Gegendampf bei allen Staatsbahn-Maschinen ab Baujahr 1889. Diese Lokomotiven und einige der ehemaligen Chemnitz-Aue-Adorfer Bahn später mit Westinghouse-Druckluftbremse ausgerüstet (einstufige Luftpumpe rechts neben der Rauchkammer, Hauptluftbehälter auf dem linken Wasserkasten).
Sonstige Einrichtungen: Führerhaus bei den ersten Lieferungen mit großen seitlichen Ausschnitten, diese ab Baujahr 1889 verkleinert und ab Baujahr 1891 nur noch der Türbreite entsprechend. Lüftungsklappen auf dem Führerhausdach. Vorräte (3,6 m^3 Wasser und 1,1 t Kohle) in seitlichen Behältern. Sandbehälter bei den älteren Maschinen zuerst hinter den Wasserkästen, später runder Sandkasten auf dem vorderen Kesselscheitel und kleine Sandkästen neben dem Stehkessel. Ab Baujahr 1889 zwei viereckige Sandkästen auf dem Kessel (für Vor- und Rückwärtsfahrt). Dampfläutewerk ab 1882 auf dem Stehkessel nachträglich angebracht, ab Baujahr 1889 Anordnung auf dem Dampfdom.

Lieferfirma	Lieferjahr							Stück
	1874	75	76	89	90	91	92	
Schwartzkopff	6							6
Hartmann		11	5	3	3	6	8	36
	6	11	5	3	3	6	8	42

Liste der einzelnen Lokomotiven
2.3.6.1
6 *Lokomotiven, geliefert von Schwartzkopff* für die Muldenthalbahn, ab 1878 Sächsische Staatsbahn, Gattung Schw III b T (ab 1896 Gattung III b T)

1) ab 1882 Dampfläutewerk
2) ab 1883 Dampfläutewerk
3) ab 1890 Dampfheizung
4) 1889 Umbau auf Wurfhebelbremse
5) 1890 Umbau auf Wurfhebelbremse
6) 1891 Umbau auf Wurfhebelbremse
7) ab 1894 Dampfheizung

Fabrik-nummer	Bau-jahr	Bahn-nummer	Name	Name	Bahn-nummer	Bahn-nummer	Bemer-kungen	Aus-muste-rung
				ab 1878		ab 1892		
618	1874	–	WOLKEN-BURG	ALABASTER	690	1301	4)	
619	1874	–	WALDEN-BURG	GRANAT	691	1302	6) 7)	
620	1874	–	ROCHSBURG	SAPHIR	692	1303	1) 3) 4)	1924
621	1874	–	SCHÖNBURG	ONYX	693	1304	1) 3) 5)	
622	1874	–	WECHSEL-BURG	OPAL	694	1305	2) 3) 4)	1922
623	1874	–	GOTTESBURG	JASPIS	695	1306	1) 3) 4)	

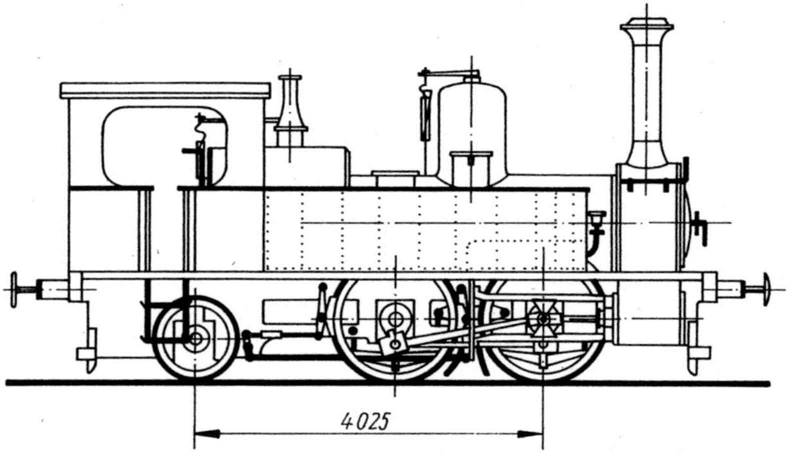

Gattung Schw III b T, Ursprungszustand.

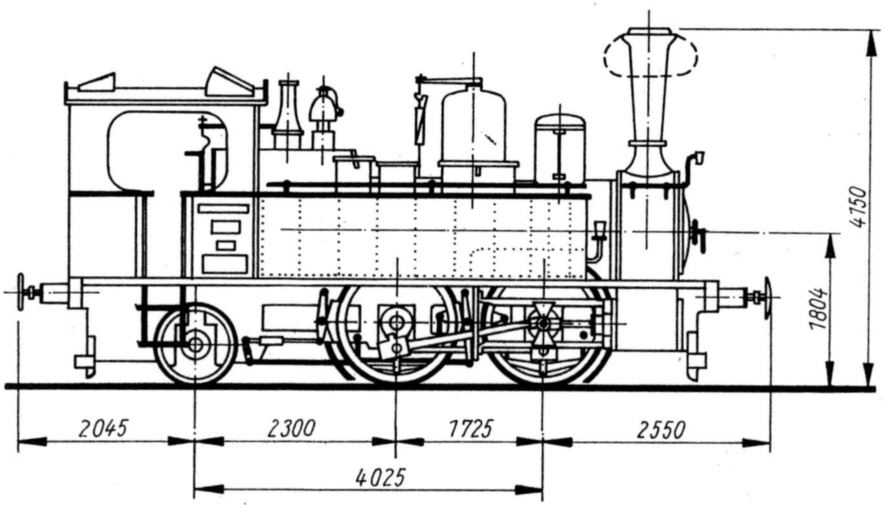

Gattung Schw III b T, späteres Aussehen.

Gattung IIIb T, Lokomotive Nr. 1305.
Foto Contius, Repro Meyer

2.3.6.2
16 *Lokomotiven, geliefert von Hartmann*
für die Chemnitz-Aue-Adorfer Bahn,
ab 1876 Sächsische Staatsbahn, Gattung H III T
(ab 1878 Gattung H IIIb T, ab 1896 Gattung IIIb T)

Fabrik-nummer	Bau-jahr	Bahn-nummer	Name bis 1891	Bahnnummer ab 1876	Bahnnummer ab 1892	Betriebs-nummer ab 1925	Bemer-kungen	Aus-muste-rung
903	1875	1	STAHL	639	1307	–	[3] [7] [10]	
904	1875	2	GRANIT	640	1308	–	[3] [4]	
905	1875	3	MARMOR	641	1309	–	[2] [7] [10]	
906	1875	4	GOLD	642	1310	–	[1] [8] [10]	
907	1875	5	KOBALT	643	1311	–	[2] [9]	1924
908	1875		NICKEL	644	1312	–	[1] [9]	
909	1875		ARSEN	645	1313	–	[2] [4] [10]	
910	1875		BASALT	646	1314	98 7211	[2] [9]	
911	1875		SILBER	647	1315	–	[3] [8]	1922
912	1875		KALK	648	1316	–	[3] [8]	
913	1875		ALBIT	649	1317	–	[2] [7]	1922
923	1876		EPIDOT	650	1318	98 7212	[2] [7]	1925
924	1876		TOPAS	651	1319	–	[2] [7]	
925	1876		FELSIT	652	1320	–	[2] [6]	
926	1876		DEMANT	653	1321	–	[2] [4]	
927	1876		KORUND	654	1322	–	[2] [7]	

[1]) ab 1881 versuchsweise Dampfläutewerk
[2]) ab 1884 Dampfläutewerk
[3]) ab 1889 Dampfläutewerk
[4]) 1880 Umbau der Adamsachse in Novotny-Lenkachse
[5]) Umbau 1883
[6]) Umbau 1885
[7]) Umbau 1886
[7]) Umbau 1887
[9]) Umbau 1890
[10]) 1916 Haspel zur Heberleinbremse

Lokomotive Nr. 5 der Chemnitz-Aue-Adorfer Bahn (spätere Gattung IIIb T, Lokomotive Nr. 1 311).
Werkfoto, Repro Meyer

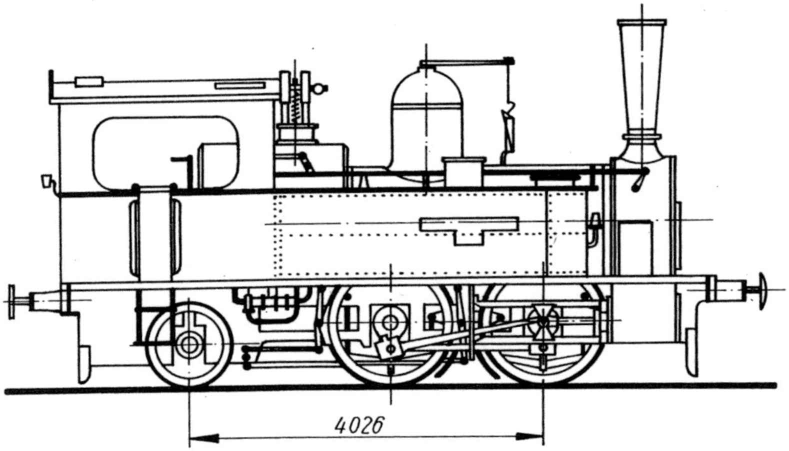

Gattung H IIIb T, Baujahr 1875, Ursprungszustand.

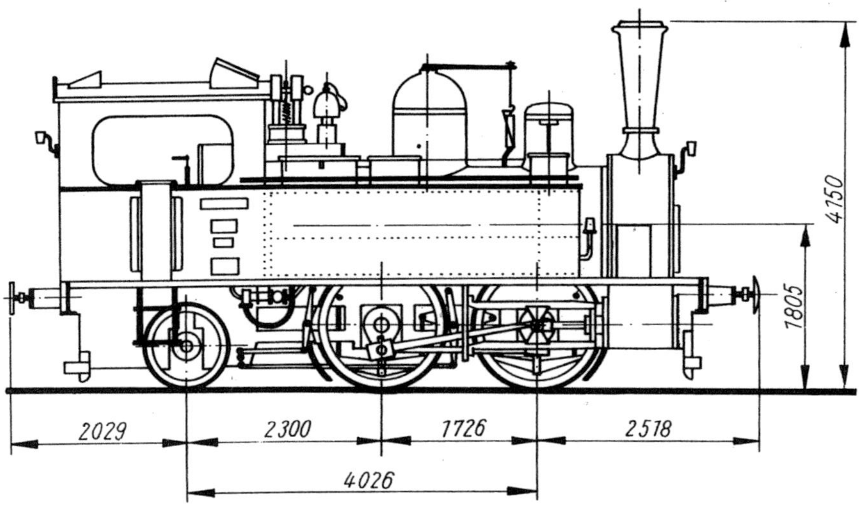

Gattung H IIIb T, Baujahr 1875, späteres Aussehen.

Gattung IIIb T, Lokomotive Nr. 1317.
Foto Contius, Repro Meyer

2.3.6.3
6 *Lokomotiven, geliefert von Hartmann* für die Sächsische Staatsbahn, Gattung H IIIb T (ab 1896 Gattung IIIb T)

Fabrik-nummer	Bau-jahr	Bahn-nummer	Name bis 1891	Bahn-nummer ab 1892	Betriebs-nummer ab 1925	Bemer-kungen	Ausmu-sterung
1632	1889	799	BERYLL	1323	98 7221		1928
1633	1889	800	BRONZIT	1324	–		
1634	1889	801	KRYOLITH	1325	98 7222		1934
1635	1890	99	LYDIT	1326	–		
1636	1890	336	SMARAGD	1327	–		1922
1637	1890	634	DIOPTAS	1328	98 7223		1928

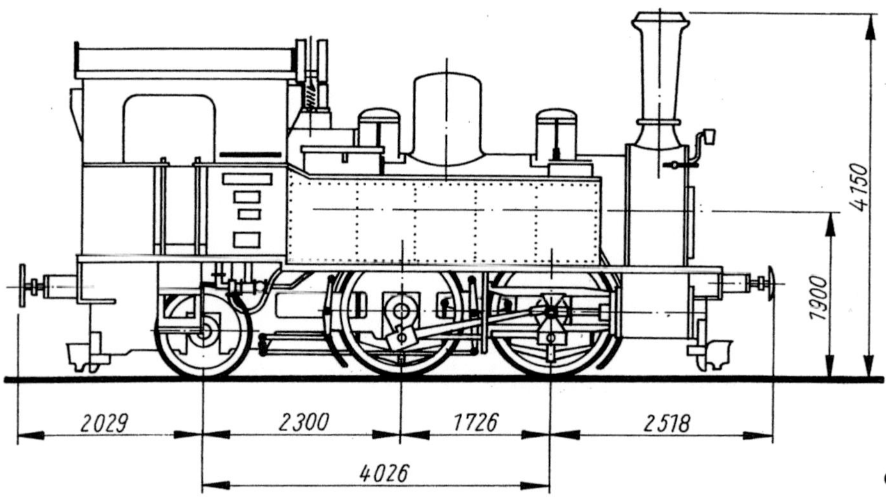

Gattung H III b T, Baujahr 1889/90.

Gattung IIIb T, Lokomotive Nr. 1325.
Foto Contius, Repro Meyer

2.3.6.4
14 *Lokomotiven, geliefert von Hartmann* für die Sächsische Staatsbahn, Gattung H IIIb T (ab 1896 Gattung IIIb T)

Fabrik-nummer	Bau-jahr	Bahn-nummer	Name bis 1891	Bahn-nummer ab 1892	Betriebs-nummer ab 1925	Bemer-kungen	Ausmu-sterung
1736	1891	889	PLATIN	1329	–		
1737	1891	890	GRAPHIT	1330	–		
1738	1891	891	BARYT	1331	–		1923
1739	1891	892	GALMEI	1332	98 7224		1928
1740	1891	893	ZINNOBER	1333	–		
1741	1891	894	ALAUN	1334	98 7225		1926
1854	1892	–	SCHÖNBURG	1335	–		
1855	1892	–	ELSTER	1336	98 7226		1926
1856	1892	–	PILLNITZ	1337	–		
1857	1892	–	OYBIN	1338	–	[1])	
1858	1892	–	SCHARFENSTEIN	1339	–	[1])	
1859	1892	–	CAINSDORF	1340	–		
1860	1892	–	FLÖHA	1341	–		
1861	1892	–	BURGK	1342	98 7227		1929

[1]) 1916 Haspel zur Heberleinbremse

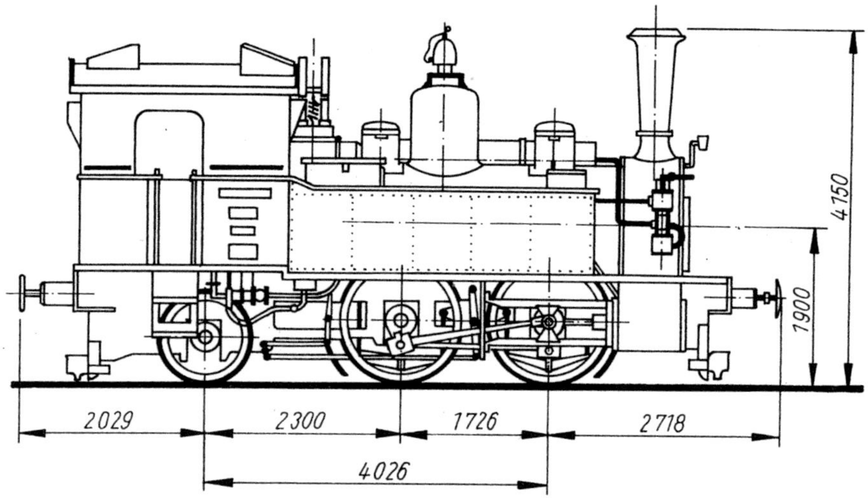

Gattung H III b T, Baujahr 1891/92.

Gattung IIIb T, Lokomotive Nr. 1 331.
Foto Contius, Repro Meyer

VII TS, VII TSV XVI T

Bauart: Bn2t
2xBn2t
Erstes Baujahr: 1880
Ausmusterung: bis 1963

Technische Daten: Seite 205

DRG-Baureihe 98^{70}

Konstruktive Merkmale

Kessel: Crampton-Kessel mit tiefliegendem, waagerechtem Rost. Langkessel aus zwei Schüssen genietet, Rohrlänge 2,39 m. Heizfläche 36 m^2, Kesseldruck 12 bar. Speisung durch zwei Injektoren Bauart Schäffer & Budenberg (Förderleistung 40 l/min). Dampfdom mit Regler auf dem vorderen Kesselschuß, Mannloch auf dem hinteren Kesselschuß. Ramsbottom-Sicherheitsventil auf dem Dampfdom. Einströmrohre außen, ab Baujahr 1887 innenliegend. Rauchkammer sehr kurz (650 mm), mit zweiflügeliger Rauchkammertür, Prüsmann-Schornstein mit Krempe oder Kobel. Erste Ausführung mit Kegelschornstein.

Rahmen: Innerer Blechrahmen.

Triebwerk: Zweizylinder-Naßdampf-Triebwerk mit waagerechten Außenzylindern, Antrieb der 2. Kuppelachse. Zweischienige Kreuzkopfführung. Zwei Lokomotiven (Nr. 714 und Nr. 762, später Nr. 1 501 und Nr. 1 502) im Jahr 1889 in Verbundlokomotiven umgebaut. HD-Zylinder rechts, ND-Zylinder links angeordnet.

Steuerung: Äußere Allan-Steuerung mit Händel.

Laufwerk: Beide Achsen starr gelagert, Achsabstand 2,0 m. Obenliegende Einzelfedern (Vierpunktabstützung).

Bremse: Alle Lokomotiven mit Wurfhebelbremse, wirkt zweiseitig auf die Treibräder. Einrichtung zum Fahren mit Gegendampf bei den Lokomotiven des Baujahres 1880, bei den zwei Lokomotiven der Altenburg-Zeitzer Bahn, den Verbundlokomotiven Nr. 714 und Nr. 762, sowie auch bei Lokomotive Nr. 763. Haspel zur Heberleinbremse besaßen die Lokomotiven KRIEBITZSCH und MUMSDORF der Altenburg-Zeitzer Bahn (ab 1890) sowie die Lokomotiven Nr. 762 und Nr. 763 (ab 1891).

Sonstige Einrichtungen: Vorräte (2,15 m^3 Wasser und 0,9 t Kohle) in

Lieferfirma	Lieferjahr				Stück
	1880	83	87	90	
Hartmann	3	3	2	7	15

seitlichen Behältern, die bis zur Vorderkante der Rauchkammer reichen. Alle Lokomotiven mit Dampfläutewerk (Anordnung auf dem Kessel, neben dem Schornstein oder auf dem Führerhausdach). Runder Sandkasten (ab Baujahr 1887 viereckig) auf dem Kessel, Sandung der Treibräder von beiden Seiten, teilweise auch anders angeordnete Fallrohre.

Liste der einzelnen Lokomotiven

2.3.7.1
3 *Lokomotiven, geliefert von Hartmann*

Davon 2 Lokomotiven für die Sächsische Staatsbahn, Gattung H VII T (ab 1884 Gattung H VII TS, ab 1896 Gattung VII TS)

Fabriknummer	Baujahr	Bahnnummer	Name bis 1891	Bahnnummer ab 1892	Bemerkungen	Ausmusterung
1 064	1880	706	BERGGIESSHÜBEL	1 503	[1])	1924
1 065	1880	707	ROTTWERNDORF	1 504	[1])	

[1]) Gegendampfbremse, Dampfläutewerk

1 Lokomotive für die Altenburg-Zeitzer Bahn, ab 1896 Sächsische Staatsbahn, Gattung VII TS

Fabriknummer	Baujahr	Bahnnummer	Name bis 1896	Bahnnummer ab 1896	Bemerkungen	Ausmusterung
1 075	1880	–	KRIEBITZSCH	1 514	[1]) [2])	1921

[1]) Gegendampfbremse, Dampfläutewerk
[2]) ab 1890 Haspel zur Heberleinbremse

Gattung H VII T (spätere Gattung VII TS), Lokomotive Nr. 706 BERGGIESSHÜBEL.
Werkfoto, Repro Meyer

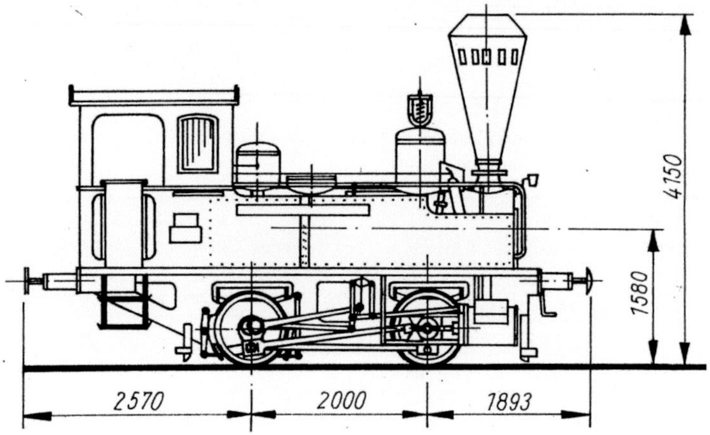

Gattung H VII TS, Baujahr 1880, Ursprungszustand.

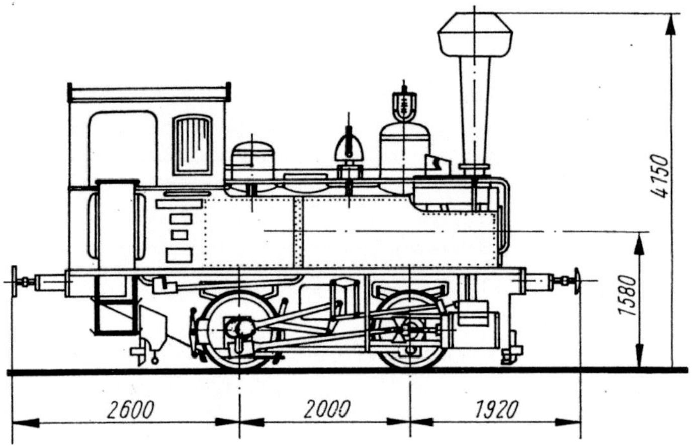

Gattung H VII TS, Baujahr 1880, späteres Aussehen.

2.3.7.2.
3 *Lokomotiven, geliefert von Hartmann*

Davon 2 Lokomotiven für die Sächsische Staatsbahn, Gattung H VII T (ab 1884 Gattung H VII TS, ab 1896 Gattung VII TS)

Fabriknummer	Baujahr	Bahnnummer	Name bis 1891	Bahnnummer ab 1892	Bemerkungen	Ausmusterung
1 263	1883	714	ERLA	1 501	[1])	1923
1 262	1883	713	JOHANNGEORGENSTADT	1 505		1923

[1]) 1889 Umbau in Verbundlokomotive Gattung H VII TSV mit Gegendampfbremse

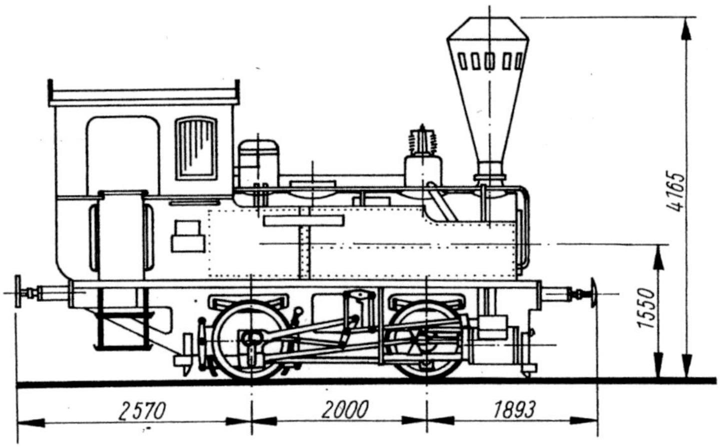

Gattung H VII TS, Baujahr 1883, Ursprungszustand.

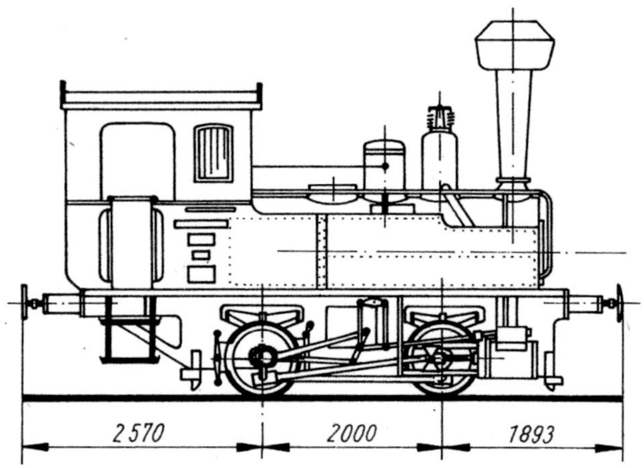

Gattung H VII TS, späteres Aussehen.

Gattung VII TSV, Lokomotive Nr. 1 501.
Foto Contius, Repro Meyer

1 Lokomotive für die Altenburg-Zeitzer Bahn,
ab 1896 Sächsische Staatsbahn, Gattung VII TS

Fabrik-nummer	Bau-jahr	Bahn-nummer	Name bis 1896	Bahn-nummer ab 1896	Bemer-kungen	Ausmu-sterung
1 264	1883	–	MUMSDORF	1 515	[1])	1923

[1]) Gegendampfbremse, ab 1890 Haspel zur Heberleinbremse

Gattung H VII TS, Lokomotive MUMSDORF.

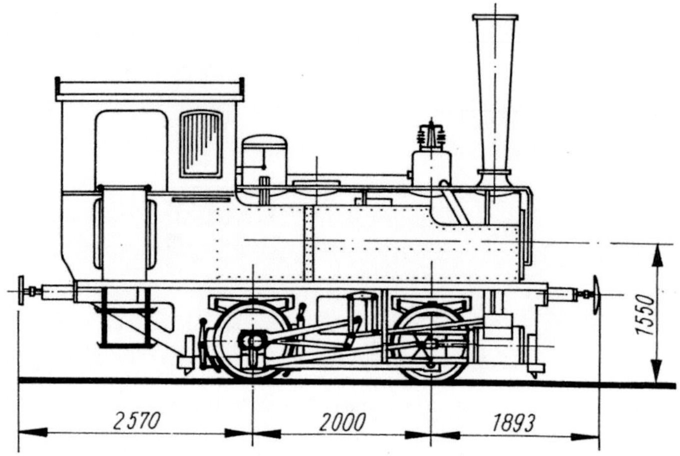

2.3.7.3

9 Lokomotiven, geliefert von Hartmann für die Sächsische Staatsbahn, Gattung H VII TS (ab 1896 Gattung VII TS)

1) 1889 Umbau in Verbundlokomotive Gattung H VII TSV mit Gegendampfbremse
2) 1890 Gegendampfbremse
3) 1891 Haspel zur Heberleinbremse
4) 1892 Haspel zur Heberleinbremse
5) Doppellokomotive Gattung XVI T
6) 1923 Werklokomotive Aw Hilbersdorf, nach 1945 neue Betriebsnummer 98 1512, später 98 7085
7) 1918 wieder getrennt

Fabrik-nummer	Bau-jahr	Bahn-nummer	Name bis 1891	Bahn-nummer ab 1892	Bahn-nummer ab 1920	Betriebs-nummer 1925	Bemer-kungen	Aus-muste-rung
1 518	1887	762	SCHÖNBERG	1 502	1 496 A/B	–	1) 3) 5)	1923
1 519	1887	763	SCHLEIZ	1 506		–	2) 4) 5)	1923
1 651	1890	808	ELSTRA	1 507	1 499 A	–	5) 7)	1922
1 652	1890	809	KÖNIGS-WARTHA	1 508		98 7011		
1 653	1890	810	GROSSPOST-WITZ	1 509		–		1916
1 654	1890	811	CUNEWALDE	1 510	1 500 A/B	–	5)	1922
1 655	1890	812	HALBENDORF	1 511		–	5)	
1 656	1890	813	KÖBLITZ	1 512		–	6)	1963
1 657	1890	814	WEIGSDORF	1 513	1 499 B	–	5) 7)	1922

Gattung VII TSV, Lokomotive Nr. 1 502. *Foto Contius, Repro Meyer*

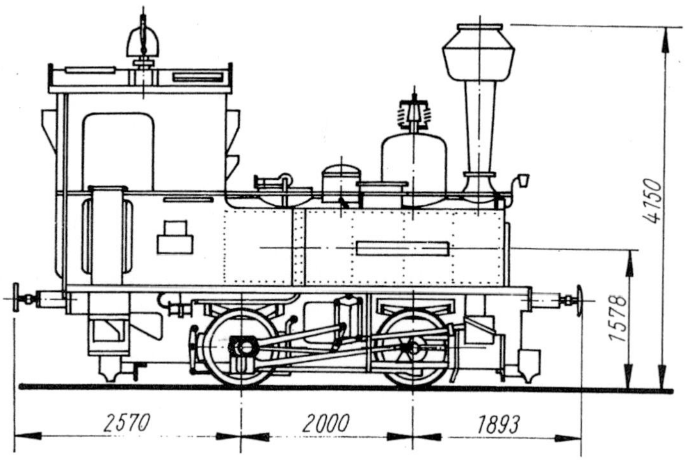

Gattung H VII TS, Baujahr 1887/90.

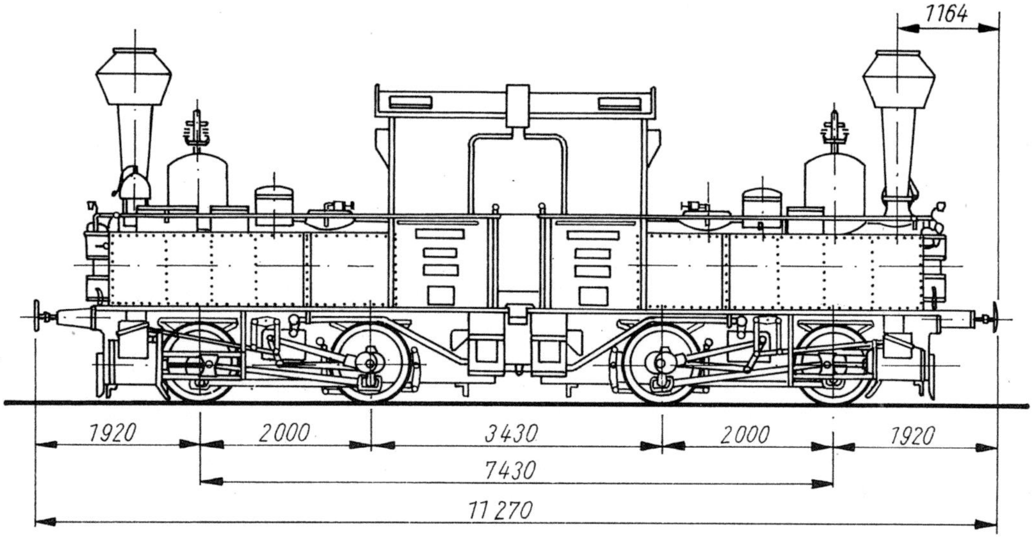

Doppellokomotive Gattung XVI TV, Nr. 1 496 A/B.

Gattung XVI TV, Lokomotive Nr. 1 496 A/B (ehemalige Gattung VII TSV, Lokomotive Nr. 1 502 und Gattung VII TS, Lokomotive Nr. 1 506). Rechts im Bild Gattung XVI TV, Lokomotive Nr. 1492 A/B (ehemalige Gattung VII TOV, Lokomotive Nr. 1 413 und Lokomotive Nr. 1 414). Aufnahme am 24. 2. 1923 in Zeulenroda oberer Bahnhof. *Stadtarchiv Zeulenroda, Repro Meyer*

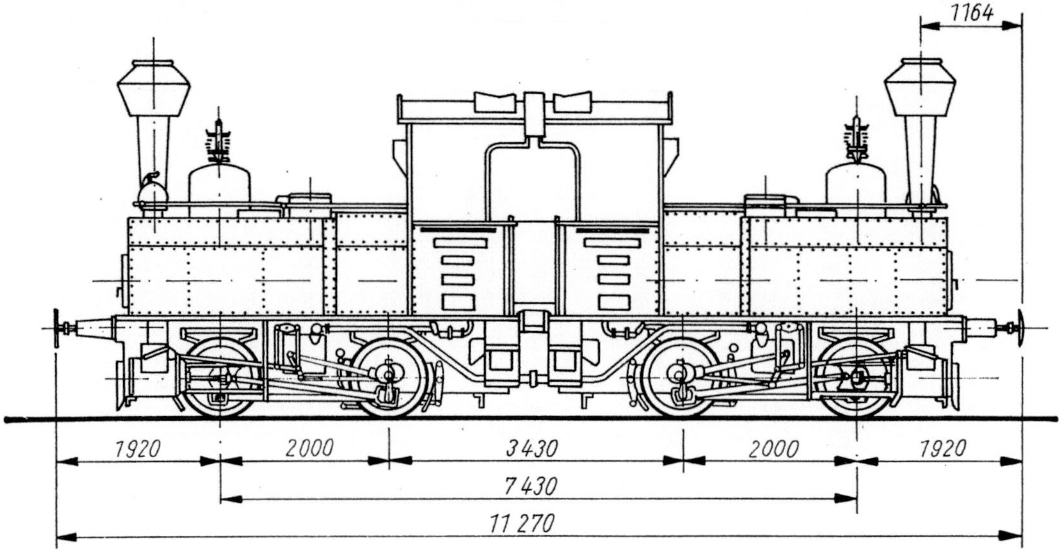

Doppellokomotive Gattung XVI T, Nr. 1 499 A/B und 1 500 A/B.

Gattung XVI T, Lokomotive Nr. 1 500 A/B (ehemalige Gattung VII TS, Lokomotive Nr. 1 510 und Lokomotive Nr. 1 511). *Foto Contius, Repro Meyer*

VII TO, VII TOV XVI TV

Bauart: Bn2vt
2 x Bn2vt
Erstes Baujahr: 1885
Ausmusterung: bis 1922

Technische Daten: Seite 205

Konstruktive Merkmale

Kessel: Sehr kleiner Crampton-Kessel mit nur 26,5 m^2 Heizfläche. Rohrlänge 2,25 m. Kesseldruck 12 bar. Speisung durch zwei Friedmann-Dampfstrahlpumpen mit je 40 l/min Förderleistung. Kleiner Dampfdom mit querstehendem Ramsbottom-Sicherheitsventil auf dem hinteren Kesselschuß. Auf dem vorderen Kesselschuß Reglerdom mit außenliegender Reglerwelle. Im oberen Teil des Reglerdoms ursprünglich Sandkasten zum Sanden der Räder der vorderen Kuppelachse (später entfernt). Einströmrohre außen schräg nach vorn verlaufend. Sehr kurze Rauchkammer (nur 590 mm) mit runder Tür und zweiteiligem Prüsmann-Schornstein. Bei späteren Umbauten Rauchkammer bis zur Pufferbohle verlängert und Schornstein mit Krempe versehen.
Rahmen: Innerer Blechrahmen als Wasserbehälter ausgebildet.
Triebwerk: Zweizylinder-Naßdampftriebwerk mit waagerechten Außenzylindern, Antrieb der 2. Kuppelachse. Zweischienige Kreuzkopfführung. Ab 1890 Umbau in Verbund-Triebwerk mit rechtem HD- und linkem ND-Zylinder, dabei Wegfall des äußeren Einströmrohres auf der linken Seite.
Steuerung: Äußere Allan-Steuerung mit Händel.
Laufwerk: Zwei starr gelagerte Achsen mit 1230 mm Treibraddurchmesser und 2,8 m Achsabstand sollten relativ hohe Geschwindigkeiten auf Hauptbahnen ermöglichen. Vierpunktabstützung durch obenliegende Einzelfedern.
Bremse: Wurfhebelbremse wirkt von hinten auf beide Achsen. Anordnung des Wurfhebels auf der linken Seite des Hinterkessels. Nach 1890 Ausrüstung mit Haspel zur Heberleinbremse. Doppellokomotive Nr. 1492 A/B (entstanden aus Nr. 1413 und Nr. 1414) mit Westinghouse-Druckluftbremse ausgerüstet.
Einstufige Luftpumpe und großvolumiger Hauptluftbehälter an den Seiten des Kessels einer Lokomotive angeordnet. Auch Lokomotive Nr. 1416 später mit Druckluftbremse.
Sonstige Einrichtungen: Lokomotive Nr. 1416 versuchsweise mit Schüttfeuerung. Wasservorrat (2,2 m^3) im Rahmen untergebracht, 0,7 t Kohle in kleinen seitlichen Behältern im Führerhaus. Nach Umbau in Doppellokomotive kurze seitliche Behälter vor den Führerhausstirnwänden, später noch einmal vergrößert. Führerhäuser der Doppellokomotiven erhielten nachträglich seitliche Schiebefenster. Dampfläutewerk ursprünglich vorhanden, später entfernt und erst bei Lokomotive Nr. 1413 wieder angebaut (Anordnung vor dem Schornstein). Sandkasten auf dem Stehkessel (teilweise im Inneren des Führerhauses) mit Fallrohren zum Sanden der Treibräder bei Vorwärts- und Rückwärtsfahrt. Bei der Ursprungsausführung wurden die Räder der ersten Achse von vorn aus Sandkasten auf dem Reglerdom gesandet. Bei der Doppellokomotive Fallrohre nur für die jeweils voranlaufenden Treibräder.

Lieferfirma	Lieferjahr		Stück
	1885	1887	
Hartmann	2	2	4

Liste der einzelnen Lokomotiven

2.3.8.1
2 *Lokomotiven, geliefert von Hartmann* für die Sächsische Staatsbahn, Gattung H VII TO (ab 1891 Gattung H VII TOV, ab 1896 Gattung VII TOV)

Fabriknummer	Baujahr	Name bis 1891	Bahnnummer ab 1885	Bahnnummer ab 1892	Bahnnummer ab 1920	Bemerkungen	Ausmusterung
1 420	1885	MÜLSEN	732	1 413	1 492 A/B	1) 2)	1923
1 421	1885	THURM	733	1 414		1)	1923

1) 1891 Umbau in Verbundlokomotive Gattung H VII TOVB
2) Doppellokomotive Gattung XVI TV

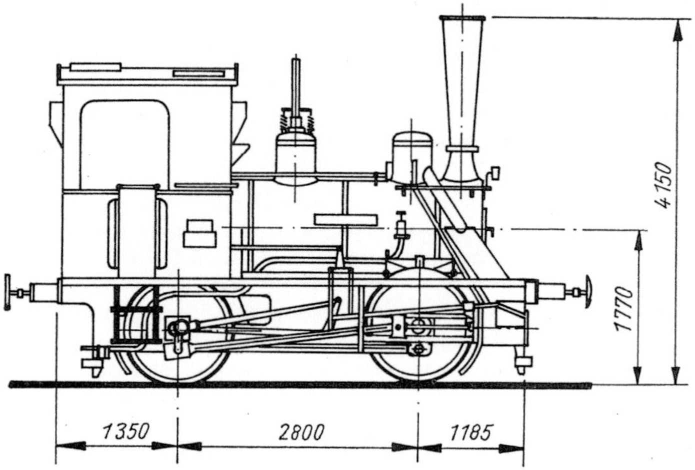

Gattung H VII TO, Baujahr 1885, Ursprungszustand.

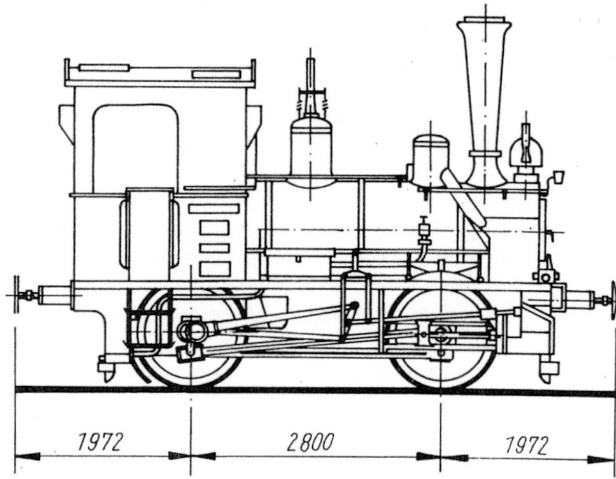

Gattung H VII TO, Baujahr 1885, späteres Aussehen.

Gattung VII TOV, Lokomotive Nr. 1 413 im Ausbesserungswerk Hilbersdorf.
Foto Contius, Repro Meyer

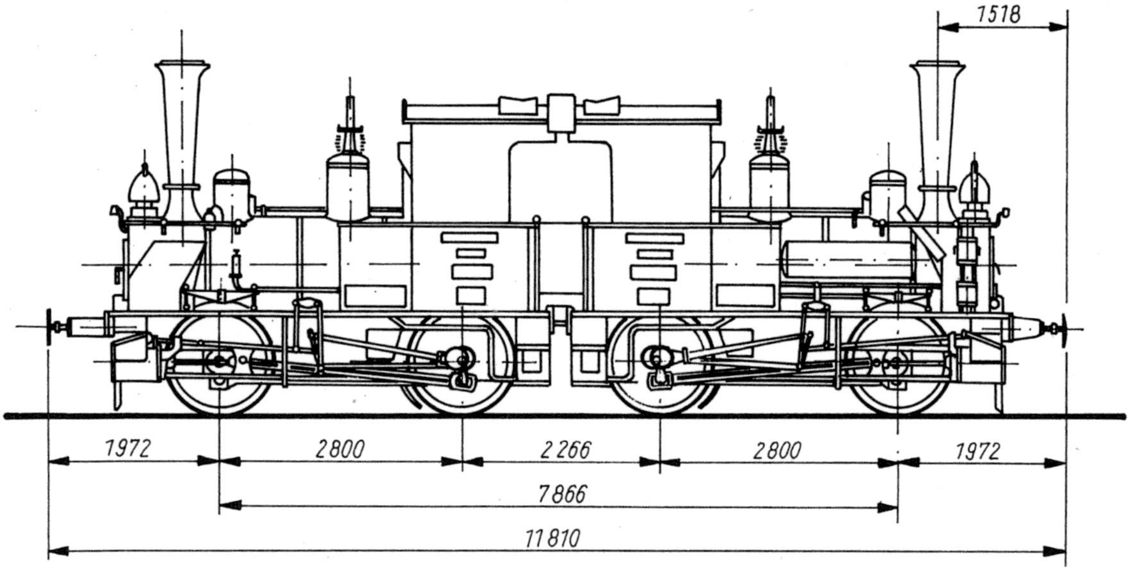

Doppellokomotive Gattung XVI TV, Nr. 1 492 A/B.

Gattung XVI TV, Lokomotive Nr. 1 492 A/B (ehemalige Gattung VII TOV, Lokomotive Nr. 1 413 und Lokomotive Nr. 1 414) am 24. 2. 1923 in Zeulenroda oberer Bahnhof. Die Anschriften „Nicht Wiedersehen" und „Fahr wohl!" deuten auf die bevorstehende Verschrottung hin.
Stadtarchiv Zeulenroda, Repro Meyer

2.3.8.2

2 Lokomotiven, geliefert von Hartmann für die Sächsische Staatsbahn, Gattung H VII TO (ab 1890 Gattung H VII TOV, ab 1896 Gattung VII TOV)

Fabrik-nummer	Bau-jahr	Name	Bahn-nummer	Bahn-nummer	Bemer-kungen	Ausmu-sterung
		bis 1891		ab 1892		
1493	1887	LICHTENTANNE	752	1415	[2])	1917
1494	1887	CULTEN	753	1416	[1])	1917/22

[1]) 1890 Umbau in Verbundlokomotive Gattung H VII TOV
[2]) 1891 Umbau in Verbundlokomotive Gattung H VII TOV

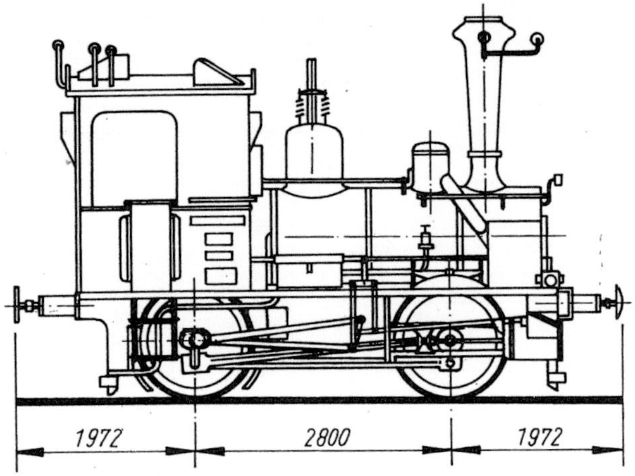

Gattung VII TOV, Baujahr 1887, späteres Aussehen.

Gattung VII TOV, Lokomotive Nr. 1416 vor einem „Omnibuszug".
Foto Contius, Repro Meyer

I TV

Bauart: B'B'n4v

Erstes Baujahr: 1890
Ausmusterung: bis 1970

Technische Daten: Seite 205

DRG-Baureihe 98^0

Konstruktive Merkmale

Kessel: Stehkessel mit halbrunder Decke (Crampton-Bauart), Langkessel aus zwei Schüssen, Rohrlänge 3700 mm. Baujahr 1890: Großer Dampfdom in Kesselmitte. Vom Dampfdom führt inneres Einströmrohr zum Regler. Regler in separatem Reglerdom auf dem Hinterkessel untergebracht. Einströmrohr verläuft vom Reglerdom an der linken Kesselseite abwärts zum hinteren Drehgestell. Stark geneigte Rostfläche (1,4 m^2), Gesamtheizfläche 86 m^2, Kesseldruck 12 bar. Ramsbottom-Sicherheitsventil auf dem Reglerdom. Geräumige Rauchkammer mit zweiflügliger Tür und zweiteiligem Krempenschornstein. Baujahr 1910/14: Zwei Dampfdome, Ventilregler im vorderen Dom. Einströmrohr verläuft in der Rauchkammer nach unten zum Kugelgelenk des vorderen Drehgestells. Kesselmitte liegt um 430 mm höher. Schwach geneigte Rostfläche (1,6 m^2), Heizfläche 99 m^2. Speisung durch zwei nichtsaugende Injektoren Bauart Friedmann (Förderleistung 120 l/min), ab Baujahr 1914 Bauart Winzer (Förderleistung 125 l/min bzw. 150 l/min). Dampfdruck 13 bar. Zwei Coale-Sicherheitsventile auf dem Stehkessel. Rauchkammer mit runder Tür, im Durchmesser etwas kleiner als der Kessel. Krempenschornstein (später durch einfachen Prüsmann-Schornstein ersetzt).

Rahmen: Genieteter Brückenrahmen aus Blech, Abstützung auf den Drehgestellen über Drehzapfen und je zwei seitliche Gleitstücke. Zusätzliche Abstützung (zum Ausgleich der Massen) auf den Drehgestellen durch je eine mittige Kegelfeder zwischen Drehgestell und Oberrahmen, bei Lokomotiven Baujahr 1890 an den Innenseiten der Drehgestelle, ab Baujahr 1910 vorn und hinten an den Außenseiten der Drehgestelle.

Triebwerk: Vierzylinder-Naßdampf-Verbundtriebwerk mit je zwei waagerechten Außenzylindern. Hochdruckzylinder bei Lokomotiven Baujahr 1890 am hinteren, ab Baujahr 1910 am vorderen Drehgestell. Dampfzufuhr durch Kugelgelenke, bewegliche Verbinder- und Abdampfleitungen.

Steuerung: Äußere Heusinger-Steuerung mit Flachschiebern. Umstellung durch Steuerschraube. Lindnerscher Anfahrhahn.

Laufwerk: Je zwei Achsen starr im Drehgestellrahmen gelagert (Achsabstand 1,75 m bzw. 2,0 m). Achsfedern untenliegend, nur bei Lokomotiven Baujahr 1890 durch Ausgleichhebel gekuppelt. Beide Drehgestelle durch Kuppeleisen verbunden, die Querbewegungen, aber keine Längskräfte übertragen.

Bremse: Lokomotiven Baujahr 1890 und Lokomotive Nr. 6 der Oberhohndorf-Reinsdorfer Kohlenbahn: Dampfbremse im vorderen Drehgestell wirkt zweiseitig auf die 1. Achse, Wurfhebelbremse wirkt zweiseitig auf die 4. Achse. Später Ausrüstung mit Westinghouse-Druckluftbremse. Lokomotiven ab Baujahr 1910: Westinghouse-Bremse und Wurfhebelbremse wirken auf die 1. und 2. Achse von vorn und auf die 3. und 4. Achse von hinten. Luftpumpe an der linken Seite der Rauchkammer. Hauptluftbehälter bei Lokomotiven Nr. 1389 bis Nr. 1398 auf den Wasserkästen, bei allen anderen Lokomotiven äußerlich nicht sichtbar am Rahmen angebracht.

Sonstige Einrichtungen: Wasservorrat (2,1 m^3 bzw. 2,2 m^3) in seitlichen Behältern. Bei Lokomotiven ab Baujahr 1910 linker Wasserbehälter verkürzt zur Aufnahme der Luftpumpe, ab Baujahr 1914 Wasserbehälter vorn oben abgeschrägt. Kohlevorrat hinter der Führerhausrückwand. Rückwand des Kohlebehälters (4,5 t) senkrecht bei Lokomotiven Baujahr 1890, schräg ab Baujahr 1910 (Fassungsvermögen 5,0 t). Bei späteren Umbauten Fassungsvermögen durch stärkere Neigung der Rückwand und Aufsätze nochmals vergrößert.

Alle Lokomotiven mit Dampfläutewerk Bauart Latowski geliefert. Anordnung vor dem Schornstein. Beleuchtung

Lieferfirma	Lieferjahr				Stück
	1890	1910	1913	1914	
Hartmann	2	11	3	5	21

durch Petroleum, später elektrisch mit Dampfturbogenerator rechts neben dem Schornstein.
Seitliche Schiebefenster im Führerhaus bei Lokomotiven ab Baujahr 1910. Ursprünglich beidseitig verbreiterter Türausschnitt in der Führerhausseitenwand. Ab Lokomotive Nr. 1389 (Fabriknummer 3414) Türausschnitt nur noch nach vorn verbreitert und ab Baujahr 1913 nur in Türbreite ausgeführt.
Einrichtung zum Sanden der Kuppelräder in unterschiedlicher Anordnung. Sandkästen vorn an den Wasserkästen, auf dem Kessel und im Führerhaus.

Liste der einzelnen Lokomotiven

2.3.9.1
2 Lokomotiven, geliefert von Hartmann
für die Sächsische Staatsbahn, Gattung H M I TV (ab 1896 Gattung M I TV)

Fabriknummer	Baujahr	Bahnnummer	Name bis 1891	Bahnnummer ab 1892	Bemerkungen	Ausmusterung
1658	1890	822	RASCHAU	1399		1922
1659	1890	823	CROTTENDORF	1400		1922

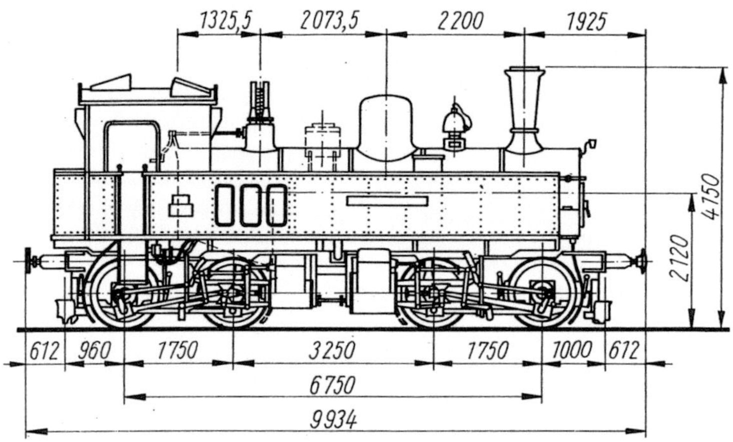

Gattung H M I TV, Baujahr 1890.

Gattung I TV, Lokomotive Nr. 1400 (ehemalige Gattung M I TV, Lokomotive Nr. 823).
Foto Contius, Repro Meyer

2.3.9.2
1 *Lokomotive, geliefert von Hartmann*
für die Oberhohndorf-Reinsdorfer Kohlenbahn, ab 1940 Deutsche Reichsbahn, Baureihe 98^0

Fabriknummer	Baujahr	Bahnnummer	Name	Betriebsnummer ab 1940	Bemerkungen	Ausmusterung
3404	1910	6	–	98 015	[1])	1967

[1]) Zweitbesetzung für die bereits 1933 ausgemusterte 98 015 (ehemalige I TV Nr. 1385)

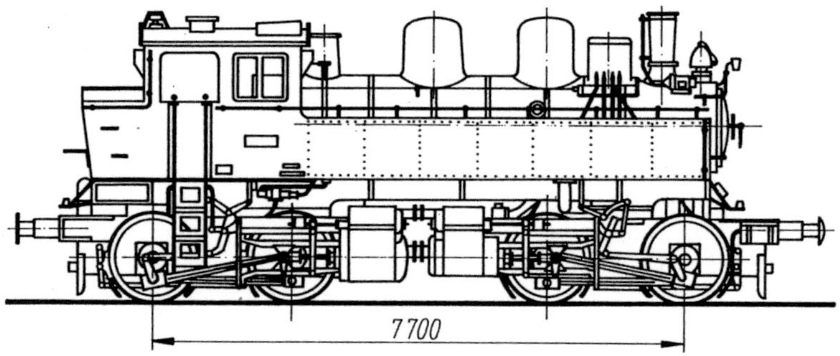

Lokomotive Nr. 6 der Oberhohndorf-Reinsdorfer Bahn, späterer Zustand als DR 98 015^{II}.

2.3.9.3
18 *Lokomotiven, geliefert von Hartmann*
für die Sächsische Staatsbahn, Gattung I TV

Fabriknummer	Baujahr	Bahnnummer	Betriebsnummer ab 1925	Bemerkungen	Ausmusterung
3377	1910	1394	98 001		[1])
3378	1910	1395	98 002		1967
3379	1910	1396	98 003		1932
3380	1910	1397	98 004		um 1940
3381	1910	1398	–	[2])	
3414	1910	1389	–	[2])	
3415	1910	1390	98 005		1966/67
3416	1910	1391	98 006		1962/63
3417	1910	1392	98 007		1931
3418	1910	1393	98 008		1933
3678	1913	1386	98 009		1969/70
3679	1913	1387	98 010		vor 1945
3680	1913	1388	98 011		1962/63
3761	1914	1381	98 012		1965/67
3762	1914	1382	98 013		vor 1942
3763	1914	1383	98 014		1967
3764	1914	1384	–	[2])	
3765	1914	1385	98 015		1933

[1]) Museumslokomotive im Verkehrsmuseum Dresden
[2]) Verlust im ersten Weltkrieg, Verbleib vermutlich bei FS oder PKP

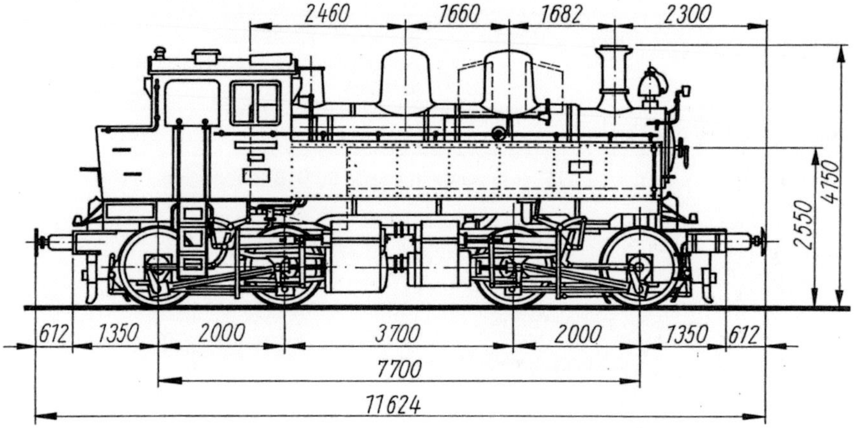

Gattung I TV, Baujahre 1910 und 1913. Bei Lokomotiven Nr. 1 389 bis Nr. 1 393 Türausschnitt nur nach vorn verbreitert. Lokomotiven Nr. 1 386 bis Nr. 1 388 (Baujahr 1913) geliefert mit zwei Sandkästen am vorderen Dom und Führerhausform wie bei Baujahr 1914, Hauptluftbehälter unter dem Kessel.

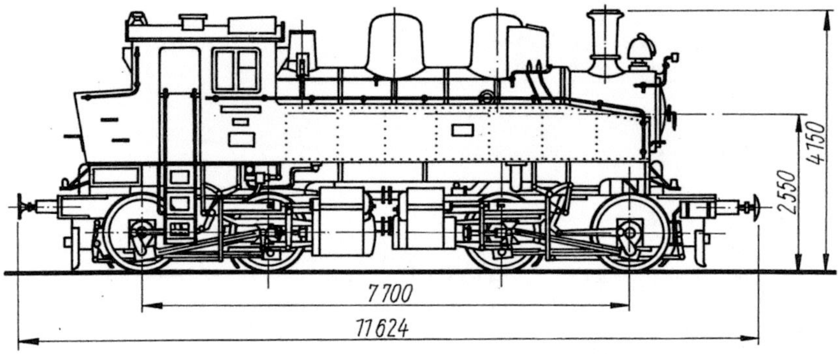

Gattung I TV, Baujahr 1914.

Gattung I TV, Lokomotive Nr. 1 394 (Baujahr 1910), heutige Museumslokomotive der DR 98 001.
Verlag R. Liebold, Chemnitz, Repro Meyer

Gattung I TV, Lokomotive Nr. 1 391 (Baujahr 1910).
Foto Contius, Repro Meyer

Gattung I TV, Lokomotive Nr. 1 388 (Baujahr 1913.)
Werkfoto, Repro Meyer

Gattung I TV, Lokomotive Nr. 1 382 (Baujahr 1914).
Foto Contius, Repro Meyer

IV T

Bauart: 1'B1'n2t

Erstes Baujahr: 1891
Ausmusterung: bis 1955

Technische Daten: Seite 206

DRG-Baureihe 71^3

Konstruktive Merkmale

Kessel: Langkessel aus zwei Schüssen, Rohrlänge 4,0 m. Weit vornliegender großer Dampfdom mit Flachregler. Hinterkessel mit halbrunder Decke (Crampton-Bauart), Feuerbüchse mit tiefliegendem, waagerechtem Rost zwischen den Rahmenwangen eingezogen. Rostfläche 1,6 m^2, Gesamtheizfläche 94 m^2. Kesselspeisung durch zwei tiefliegende, nichtsaugende Injektoren Bauart Schäffer & Budenberg mit je 80 (später 120) l/min Förderleistung. Dampfdruck 12 bar. Kleiner Aufsatz mit Ramsbottom-Sicherheitsventil auf dem Hinterkessel. Rauchkammer mit runder Tür und Krempenschornstein (nach 1920 durch einfachen kegeligen Schornstein ersetzt).
Rahmen: Genieteter Blechrahmen als Wasserbehälter ausgebildet. Blechdikke zunächst 12 mm, ab Baujahr 1902 20 mm. Bei späteren Baulosen Rahmenausschnitte im Bereich der Feuerbüchse.
Triebwerk: Naßdampf-Zweizylinder-Triebwerk mit waagerechten Außenzylindern, doppelter Kreuzkopfführung und Antrieb der 2. Kuppelachse. Zylinder hinter der Laufachse angeordnet, dadurch verlängerte Einströmrohre.
Steuerung: Äußere Heusingersteuerung mit Hängeeisen und Flachschiebern.
Laufwerk: Fester Achsabstand nur 2,0 m. Laufachsen (Gesamtachsabstand 6,8 m) mit bogenförmigen Gleitstücken und Rückstellung durch Wikkelfedern (Adamsachsen, Rückstellfedern später geändert). Vierpunktabstützung. Federn der 1.,2. und 4. Achse obenliegend, bei 3. Achse unten angeordnet und jeweils zwei Achsen durch Ausgleichhebel gekuppelt. Vordere Ausgleichhebel liegen oberhalb der Zylinder hinter den Verkleidungen der Einströmrohre.
Bremse: Westinghouse-Druckluftbremse mit beidseitiger Abbremsung der Kuppelachsen. Außenliegendes Bremsgestänge. Einstufige Luftpumpe rechts neben der Rauchkammer, Hauptluftbehälter quer unter dem Kohlenkasten angeordnet. Wurfhebelbremse quer an der Führerhausrückwand.
Sonstige Einrichtungen: Wasservorrat im Rahmentank von 5,6 m^3 Fassungsvermögen. Seitliche Einlaufrohre. Ab Baujahr 1906 Lieferung mit zusätzlichen seitlichen Wasserbehältern und Nachrüstung der übrigen Lokomotiven. Kohlevorrat (1,6 t) an der Führerhausrückwand, später durch geneigte Rückwand des Kohlenkastens und Aufsatz vergrößert.
Zwei viereckige Sandkästen auf dem Kesselscheitel, ab Baujahr 1902 nur noch ein Sandkasten in Kesselmitte. Vermutlich durch Kesseltausch sind hiervon auch Ausnahmen bekannt. Sandzuführung zu den Fallrohren (Räder der 1. Kuppelachse von vorn und Räder der 2. Kuppelachse von hinten) mechanisch von Hand oder nach System v. Helmholtz durch von der rechten Schwinge angetriebenes Gestänge, später durch Druckluft.
Führerhaus mit breitem Türausschnitt, ab 1900 seitliche Schiebefenster und schmaler Türausschnitt. Lüftungsaufsatz später durch seitliche Lüftungshauben ergänzt.
Dampfläutewerk auf dem Kesselscheitel zwischen den Sandkästen oder vor dem Schornstein erst nachträglich angebracht.

Lieferfirma	Lieferjahr									Stück
	1897	1898	1900	1901	1902	1906	1907	1908	1909	
Hartmann	12	12	20	2	19	4	13	1	8	91

Liste der einzelnen Lokomotiven

2.3.10.1
46 *Lokomotiven, geliefert von Hartmann* für die Sächsische Staatsbahn, Gattung VIIIbb T (ab 1900 Gattung IV T)

Fabriknummer	Baujahr	Bahnnummer	Name bis 1900	Betriebsnummer ab 1925	Bemerkungen	Ausmusterung
2213	1897	1701	SEBNITZ	71 301		1930
2214	1897	1702	KLINGENTHAL	71 302		1929
2215	1897	1703	ZWÖNITZ	71 303		1930
2216	1897	1704	STOLLBERG	71 304		vor 1933
2217	1897	1705	WALDHEIM	71 305		1930
2218	1897	1706	MORITZBURG	71 306		1930
2219	1897	1707	KÖNIGSBRÜCK	–		1922
2220	1897	1708	MÜGELN	71 307		1930
2221	1897	1709	RADEBURG	71 308		1928
2222	1897	1710	WILSDRUFF	71 309		vor 1933
2223	1897	1711	KIRCHBERG	–		1923
2224	1897	1712	NIEDERSEDLITZ	–		1923
2281	1898	1713	JÖHSTADT	71 310		vor 1933
2282	1898	1714	THUM	71 311		1930
2283	1898	1715	EHRENFRIEDERSDORF	–		1923
2284	1898	1716	BERNSTADT	71 312		1930
2285	1898	1717	LOMMATZSCH	71 313		1930
2286	1898	1718	SCHÖNHEIDE	71 314		vor 1933
2287	1898	1719	ALTENBERG	71 315		1932
2288	1898	1720	WERMSDORF	71 316		1932
2289	1898	1721	REITZENHAIN	71 317		1931
2290	1898	1722	LAUSIGK	71 318		1933
2291	1898	1723	OSTRITZ	71 319		1934
2292	1898	1724	REICHENAU	71 320		1930
2536	1900	1725	–	–		1924
2537	1900	1726	–	71 321		1931
2538	1900	1727	–	71 322		1933
2539	1900	1728	–	71 323		1955
2540	1900	1729	–	71 324		1930
2541	1900	1730	–	71 325		1955
2542	1900	1731	–	71 326		
2543	1900	1732	–	71 327		
2544	1900	1733	–	71 328		
2545	1900	1734	–	71 329		
2546	1900	1735	–	71 330		1930
2547	1900	1736	–	71 331		1951
2548	1900	1737	–	71 332		
2549	1900	1738	–	71 333		
2550	1900	1739	–	71 334		1930
2551	1900	1740	–	71 335		
2552	1900	1741	–	71 336		
2553	1900	1742	–	71 337		
2554	1900	1743	–	71 338		1941
2555	1900	1744	–	71 339		[1])
2556	1901	1745	–	71 340	[2])	
2557	1901	1746	–	–		1924

[1]) 1953 im Zementwerk Schwanebeck
[2]) Verlust im zweiten Weltkrieg, Verbleib bei ČSD

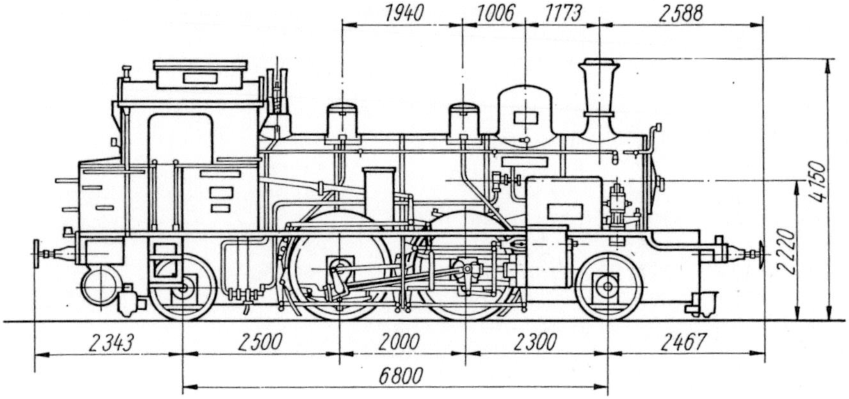

Gattung VIIIbb T, Baujahre 1897 bis 1901, Ursprungszustand.

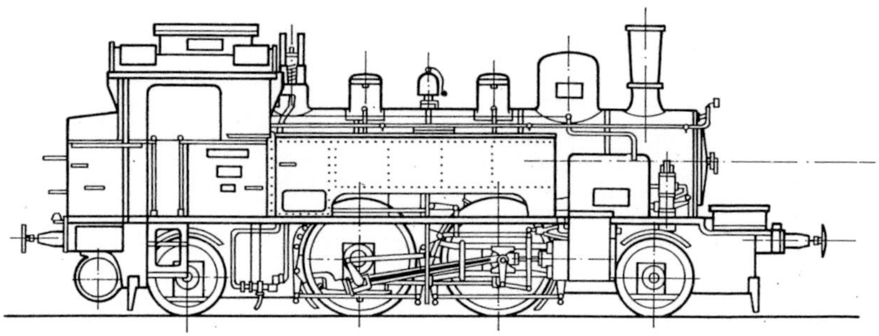

Gattung VIII bb T, Baujahre 1897 bis 1901, späteres Aussehen als Gattung IV T mit nachträglich angebauten Wasserkästen und Läutewerk. Schornsteinform nach 1920.

Gattung IV T, Lokomotive Nr. 1706 (Baujahr 1897).
Foto Contius, Repro Meyer

Gattung IV T, Lokomotive Nr. 1724 (Baujahr 1898).
Foto Contius, Repro Meyer

Lokomotive 71 318 (ehemalige Gattung IV T, Lokomotive Nr. 1722) mit nachträglich angebauten Wasserkästen.
Foto Hubert, Repro Meyer

Gattung IV T, Lokomotive Nr. 1754 (Baujahr 1902).
Foto Contius, Repro Meyer

2.3.10.2
19 *Lokomotiven, geliefert von Hartmann*
für die Sächsische Staatsbahn, Gattung IV T

Fabrik-nummer	Bau-jahr	Bahn-nummer	Betriebs-nummer 1925	Bemer-kungen	Aus-musterung
2713	1902	1747	71 341		
2714	1902	1748	71 342		1933
2715	1902	1749	71 343		1933
2760	1902	1750	71 344		1933
2761	1902	1751	71 345		1930
2762	1902	1752	71 346		1930
2763	1902	1753	71 347		
2764	1902	1754	71 348		1932
2765	1902	1755	71 349		
2779	1902	1756	71 350	[1])	1947
2780	1902	1757	71 351		
2781	1902	1758	71 352		
2782	1902	1759	71 353		1951
2783	1902	1760	71 354		
2784	1902	1761	71 355		1934
2785	1902	1762	71 356		
2786	1902	1763	71 357		
2787	1902	1764	71 358		1933
2788	1902	1765	71 359		1955

[1]) Verlust im zweiten Weltkrieg, Verbleib bei ČSD

2.3.10.3
26 *Lokomotiven, geliefert von Hartmann*
für die Sächsische Staatsbahn, Gattung IV T

Fabrik-nummer	Bau-jahr	Bahn-nummer	Betriebs-nummer 1925	Bemer-kungen	Aus-musterung
3023	1906	1766	71 360		
3024	1906	1767	71 361		1936
3025	1906	1768	71 362		
3026	1906	1769	71 363		
3027	1907	1770	71 364		
3028	1907	1771	71 365		1934
3029	1907	1772	71 366		
3030	1907	1773	71 367		
3031	1907	1774	71 368		1935
3032	1907	1775	71 369		1955
3033	1907	1776	71 370		
3034	1907	1777	71 371		
3119	1907	1778	71 372		
3120	1907	1779	71 373		
3121	1907	1780	71 374		1930
3122	1907	1781	71 375		
3123	1907	1782	71 376		
3203	1908	1783	71 377		
3286	1909	1784	71 378		
3287	1909	1785	71 379		1953
3288	1909	1786	71 380		
3289	1909	1787	71 381		1955
3290	1909	1788	71 382		1935
3291	1909	1789	71 383		
3292	1909	1790	71 384		
3318	1909	1791	71 385		1934

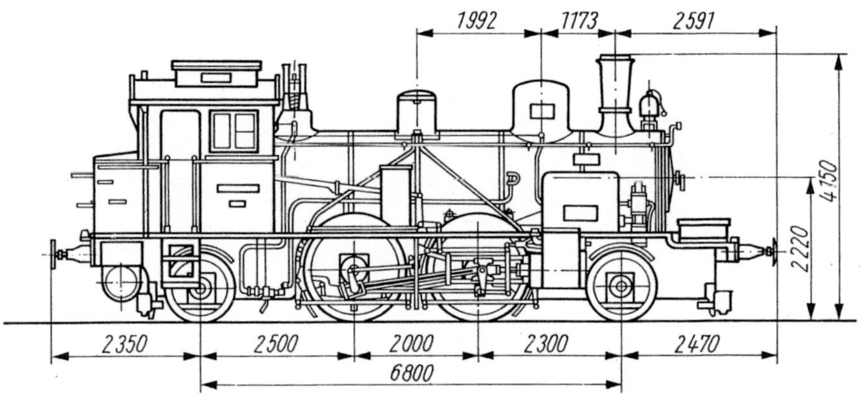

Gattung IV T, Baujahr 1902, Ursprungszustand mit nachträglich angebautem Läutewerk. Seitliche Wasserkästen wurden später angebracht.

Gattung IV T, Baujahre 1906 bis 1909. Kohlenkasten mit geneigter Rückwand nur bei wenigen Maschinen nachträglich angebracht.

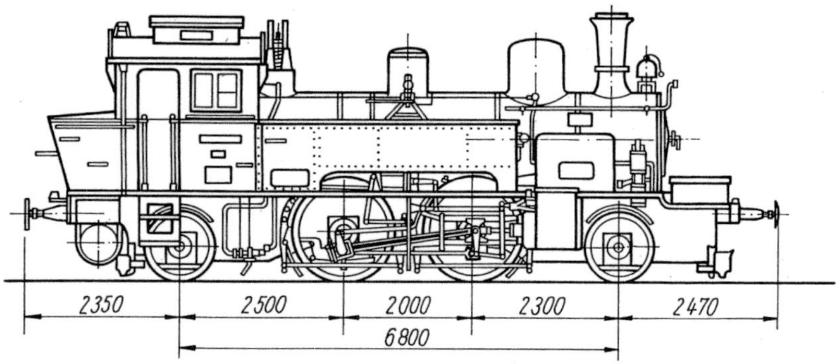

Gattung IV T, Lokomotive Nr. 1 767 (Baujahr 1906).
Werkfoto, Repro Meyer

Gattung IV T, Lokomotive Nr. 1 769 (Baujahr 1906).
Verlag Leonhardt, Dresden, Repro Meyer

XI HT

Bauart: Eh2t

Erstes Baujahr: 1908
Ausmusterung: bis 1968

Technische Daten:
Seiten 206 und 207

DRG-Baureihe 94^{19-21}

Konstruktive Merkmale

Kessel: Belpaire-Kessel mit ebener Stehkesseldecke und schmaler, zwischen den Rahmenwangen eingezogener, kupferner Feuerbüchse und schwach geneigtem Rost (2,3 m^2). Geteilter Aschekasten umfaßt die 5. Kuppelachse. Langkessel (aus drei Schüssen) mit 4,5 m Rohrlänge. Gesamtheizfläche etwa 136 m^2, dazu 41 m^2 Heizfläche des verbesserten Schmidt-Rauchrohrüberhitzers. Großer Dampfdom mit Ventilregler auf dem mittleren Kesselschuß, bei späteren Ersatzkesseln außerdem noch Speisedom. Zwei Coale-Sicherheitsventile auf dem Stehkessel. Kesseldruck 12 bar. Große Rauchkammer zur Aufnahme des Überhitzers einschließlich Heißdampfautomat (bis Lokomotive Nr. 2092). Hohes Blasrohr (bis Lokomotive Nr. 2061 abklappbarer Blasrohrkopf), Funkenkorb in der Rauchkammer, kegeliger Schornstein mit Aufsatz. Erste Serien anfangs mit Krempenschornstein. Rauchkammertür mit Zentralverschluß. Kesselspeisung durch zwei Injektoren Bauart Friedmann mit je 200 l/min Förderleistung. Ab 1923 Lieferung mit Knorr-Speisepumpe an der linken Rauchkammerseite (dafür Wegfall des rechten Injektors) und Vorwärmer zwischen Schornstein und Dampfdom auf dem Kesselscheitel sowie entsprechende Umrüstung der meisten (nicht aller!) anderen Lokomotiven. Bei Lokomotive Nr. 2007 (94 2006) Vorwärmer links neben dem Schornstein.
Acht Lokomotiven (Baujahr 1910) mit etwas verkleinertem Kessel, um 15 t Kuppelachsfahrmasse nicht zu überschreiten: Rostfläche 2,0 m^2, Rohrlänge 4,12 m, Heizfläche 125 m^2.
Rahmen: Genieteter Blechrahmen, 28 mm Blechdicke. Bei ersten Lieferungen mit aufgesetztem Wasserbehälter.
Triebwerk: Leicht geneigte Außenzylinder arbeiten auf die 3. Kuppelachse. Zweischienige Kreuzkopfführung. Nachstellbare Lager (Beilagen) an Treib- und Hauptkuppelstange, übrige Stangenlager als Buchsenlager ausgebildet.
Steuerung: Äußere Heusinger-Steuerung mit Kolbenschiebern. Aufwerfhebel zeigt (bei voreilender Gegenkurbel und innerer Einströmung) nach hinten, d. h. die Schieberstange liegt bei Vorwärtsfahrt oben. Zylinderdurchmesser bei Lokomotiven Baujahr 1910 etwas vermindert. Mechanischer Druckausgleicher (Umlaufhähne), dampfgesteuerte Luftsaugeventile.

Lieferfirma	Lieferjahr										Stück
	1908	1909	10	13	15	16	18	19	21	23	
Hartmann	10	8	10	8	6	3	20	10	36	52	163

Laufwerk: Gesamtachsabstand 5,6 m. Seitenbewegliche Achsen nach System Gölsdorf. Ursprünglich 1. und 5. Achse mit je 26 mm Seitenbeweglichkeit, balligen Kuppelzapfen und Kuppelstangen mit je einem senkrechten Gelenkbolzen, Treibachse mit Spurkranzschwächung. Zwecks Vergrößerung des festen Achsabstandes (Laufruhe!) ab 1919 Festlegung der 5. Achse, dafür 4. Kuppelachse mit Seitenbeweglichkeit und verlängerten Kuppelzapfen. Viele Lokomotiven der ersten Serien auf diese Art umgerüstet. Alle Achsfedern untenliegend, 1. und 2. sowie 4. und 5. Achse durch Ausgleichhebel verbunden, 3. Achse mit Einzelfederung (Sechspunktabstützung).
Bremse: Ursprünglich Dampfbremse, bei Lokomotiven Baujahr 1908/09 auf die 2. und 3. Achse von vorn, auf die 3. und 4. Achse von hinten, bei Lokomotiven Baujahr 1910 auf 2. bis 4. Achse beidseitig wirkend. Zusätzlich Handbremse mit Wurfhebel. Ab Lokomotive Nr. 2094 (Baujahr 1921) Lieferung mit Westinghouse-Druckluftbremse, auf alle fünf Achsen von vorn wirkend (für jede Lokomotivseite ein kurzhubiger Bremszylinder). Luftpumpe an der rechten Rauchkammerseite, Hauptluftbehälter quer unter dem Kohlekasten, später unter dem Kessel im Rahmen angeordnet. Nachträgliche Ausrüstung aller älteren Lokomotiven mit Druckluftbremse. Einzelne Lokomotiven für Steilrampenbetrieb mit Riggenbach-Gegendruckbremse.
Sonstige Einrichtungen: Vorräte (8,5 m^3 Wasser) in zwei seitlichen ge-

raden Wasserkästen und (nur bei den ersten Serien) im Rahmen. Bei Lokomotiven ab Baujahr 1913 nur noch seitliche, vorn abgeschrägte Wasserkästen. 2,2 t Kohle in Kohlekasten mit Aufsatz hinter Führerhausrückwand. Großer viereckiger Sandkasten auf Kesselmitte, Sandfallrohre für Räder der 2. und 3. Achse von vorn, für Räder der 3. und 4. Achse von hinten. Betätigung des Sandstreuers bis 1919 mechanisch (Bauart v. Helmholtz) und von Hand, ab Baujahr 1921 durch Druckluft. Dampfläutewerk zwischen Schornstein und Dampfdom, auf dem Stehkessel bzw. vor dem Schornstein. Beleuchtung durch Petroleum, später elektrisch (Turbogenerator rechts neben dem Schornstein).

Liste der einzelnen Lokomotiven

2.3.11.1
18 *Lokomotiven, geliefert von Hartmann* für die Sächsische Staatsbahn, Gattung XI HT

Fabrik-nummer	Bau-jahr	Bahnnummer		Betriebs-nummer	Bemerkungen	Ausmusterung
			ab 1916	ab 1925		
3218	1908	1521	2001	94 2001		1967
3219	1908	1522	2002	94 2002		1964
3220	1908	1523	2003	94 2003		1967
3221	1908	1524	2004	94 2004		1967
3222	1908	1525	2005	–	[1]	
3223	1908	1526	2006	94 2005		1967
3224	1908	1527	2007	94 2006		1967
3225	1908	1528	2008	94 2007		1967
3226	1908	1529	2009	94 2008		1967
3227	1908	1530	2010	94 2009		1964
3228	1909	1531	2011	94 2010		1968
3229	1909	1532	2012	94 2011	[2]	1947
3230	1909	1533	2013	94 2012		1970
3231	1909	1534	2014	94 2013	[2]	1949
3232	1909	1535	2015	94 2014		1968
3233	1909	1536	2016	94 2015		1965
3234	1909	1537	2017	94 2016		1967
3235	1909	1538	2018	94 2017		1967

[1]) Verlust im ersten Weltkrieg (Osten)
[2]) Verbleib nach 1945 bei ČSD

Gattung XI HT, Lokomotive Nr. 1523 (Baujahr 1908).
Foto Contius, Repro Meyer

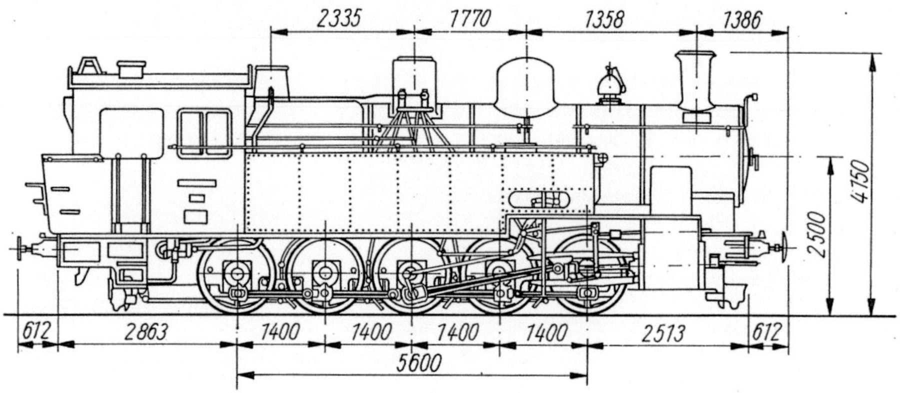

Gattung XI HT, Baujahre 1908/09, Ursprungszustand.

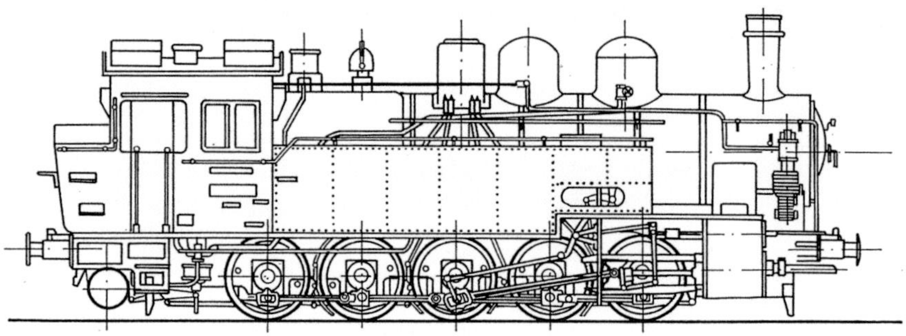

Gattung XI HT, Baujahre 1908/09, späteres Aussehen mit Ersatzkessel.

2.3.11.2
10 *Lokomotiven, geliefert von Hartmann*
für die Sächsische Staatsbahn, Gattung XI HT

Fabrik-nummer	Bau-jahr	Bahnnummer	ab 1916	Betriebs-nummer ab 1925	Bemerkungen	Ausmusterung
3392	1910	1675	2019	94 1901		1933
3393	1910	1676	2020	–	[1])	
3394	1910	1677	2021	94 1902		1934
3395	1910	1678	2022	94 1903		1934
3396	1910	1679	2023	94 1904		1933
3397	1910	1680	2024	94 1905		1934
3398	1910	1681	2025	–	[2]) ETAT 50-901	1953
3399	1910	1682	2026	94 1906		1933
3400	1910	1683	2027	94 1907		1934
3401	1910	1684	2028	94 1908		1933

[1]) Verlust im ersten Weltkrieg (Osten)
[2]) Reparationsleistung 1919, ab 1941 bei DR

Gattung XI HT, Lokomotive Nr. 1683 (Baujahr 1910).
Foto Reinstein, Repro Meyer

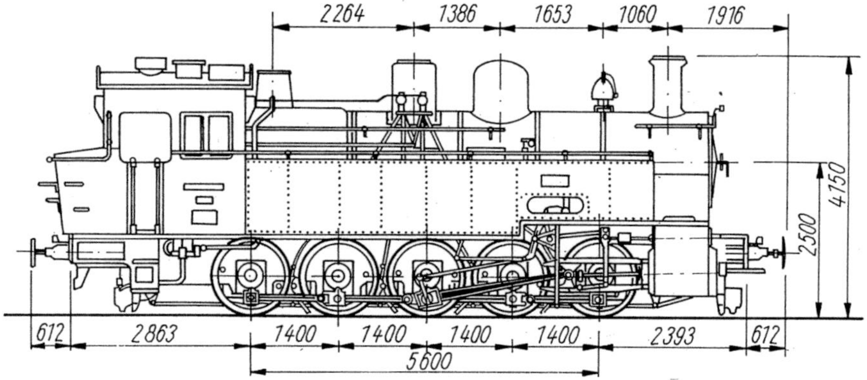

Gattung XI HT, Baujahr 1910, Ursprungszustand.

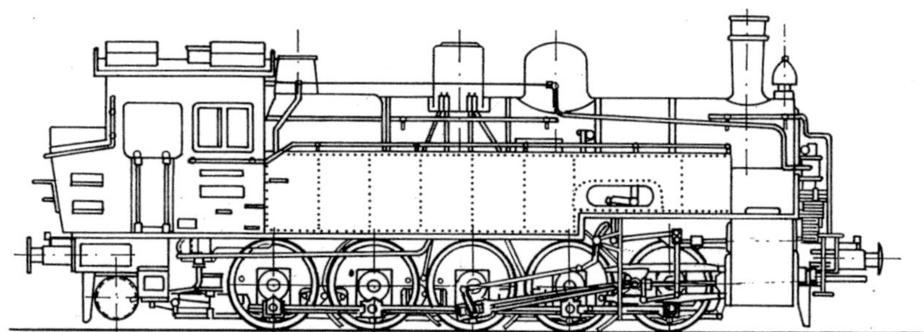

Gattung XI HT, Baujahr 1910, späteres Aussehen.

2.3.11.3
8 *Lokomotiven, geliefert von Hartmann* für die Sächsische Staatsbahn, Gattung XI HT

Fabrik-nummer	Bau-jahr	Bahn-nummer	Betriebs-nummer ab 1925	Bemerkungen	Ausmusterung
3661	1913	2029	94 2018		1967
3662	1913	2030	–	[1]) ETAT 50-902	1960
3663	1913	2031	94 2019	[2])	
3664	1913	2032	94 2020	[2])	
3665	1913	2033	94 2021	[2]) ČSD 516.0500	1952
3666	1913	2034	94 2022		1967
3667	1913	2035	–	[1]) ETAT 50-903	1955
3668	1913	2036	–	[3])	

[1]) Reparationsleistung 1919, ab 1941 bei DR
[2]) Verbleib nach 1945 bei ČSD
[3]) Verlust im ersten Weltkrieg (Osten)

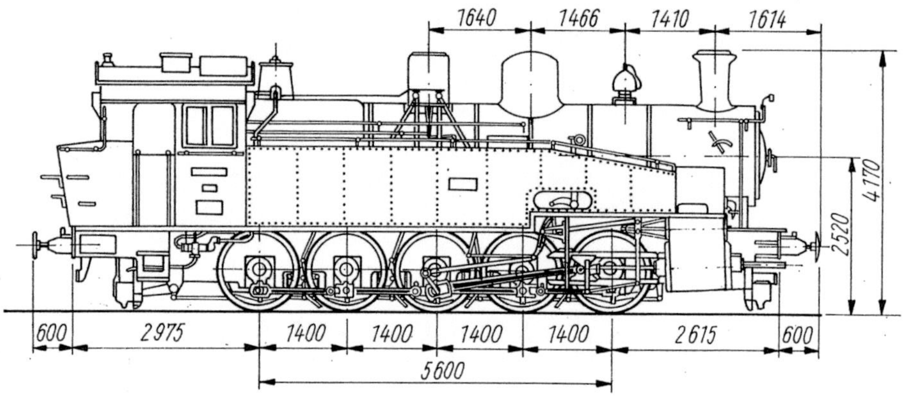

Gattung XI HT, Baujahr 1913.

Gattung XI H T, Lokomotive Nr. 2033 (Baujahr 1913).
Werkfoto, Repro Meyer

2.3.11.4
75 *Lokomotiven, geliefert von Hartmann* für die Sächsische Staatsbahn, Gattung XI HT

Fabrik-nummer	Bau-jahr	Bahn-nummer	Betriebs-nummer ab 1925	Bemerkungen	Aus-musterung
3861	1915	2037	94 2023		1967
3862	1915	2038	–	[1]) ETAT 50-904, [2]) 94 2151	1970
3863	1915	2039	–	[1]) ETAT 50-905 [2])	1954
3864	1915	2040	94 2024		1967
3865	1915	2041	94 2025		1969
3866	1915	2042	94 2026		1967
3867	1016	2043	94 2027		1971
3868	1916	2044	94 2028		1967
3869	1916	2045	94 2029	[4])	1967
3983	1918	2046	94 2031	[5]) 94 2031-6	1971
3984	1918	2047	94 2032		1951
3985	1918	2048	94 2033		1967
3986	1918	2049	–	[1]) ETAT 50-906, [2])	1954
3987	1918	2050	–	[1]) ETAT 50-907	
3988	1918	2051	94 2034		1966[7])
3989	1918	2052	94 2035		1969
3990	1918	2053	94 2036		1967
3991	1918	2054	–	[1]) ETAT 50-908	
3992	1918	2055	–	[1]) NORD 5.526 [2])	1954
3993	1918	2056	94 2037	[3])	
3994	1918	2057	94 2038		1969
3995	1918	2058	–	[1]) ETAT 50-909	
3996	1918	2059	–	[1]) ETAT 50-910 [2])	1954
3997	1918	2060	94 2039		1968
3998	1918	2061	–	[1]) ETAT 50-911 [2]) 94 2152	1968
3999	1918	2062	94 2040		1967
3976	1918	2063	94 2030		1969
4001	1918	2064	94 2041		1967
4002	1918	2065	94 2042		1968
4085	1919	2066	94 2043	[5]) 94 2043-1	1976
4086	1919	2067	94 2044	[3])	
4087	1919	2068	94 2045		1969
4088	1919	2069	94 2046		1967
4089	1919	2070	94 2047		1967
4090	1919	2071	94 2048	[5]) 94 2048-0	1970
4091	1919	2072	–	[1]) ETAT 50-912	
4092	1919	2073	94 2049		1969
4093	1919	2074	94 2050		1967
4094	1919	2075	94 2051		1967
4333	1921	2076	94 2052		1967
4334	1921	2077	94 2053		1967
4335	1921	2078	94 2054	[4])	1967
4336	1921	2079	94 2055		1967
4337	1921	2080	94 2056		1951
4338	1921	2081	94 2057		1968
4339	1921	2082	94 2058		1967
4340	1921	2083	94 2059		1967
4341	1921	2084	94 2060		1967
4342	1921	2085	94 2061		1968

Fabrik-nummer	Bau-jahr	Bahn-nummer	Betriebs-nummer ab 1925	Bemerkungen	Aus-musterung
4343	1921	2086	94 2062		1967
4344	1921	2087	94 2063		1967
4345	1921	2088	94 2064		1947
4346	1921	2089	94 2065		1967
4347	1921	2090	94 2066		1969
4348	1921	2091	94 2067		1967
4349	1921	2092	94 2068	[3])	
4350	1921	2093	94 2069	[5]) 94 2069-6	1971
4327	1921	2094	94 2070		1967
4328	1921	2095	94 2071	[3])	
4329	1921	2096	94 2072		1951
4330	1921	2097	94 2073		1969
4331	1921	2098	94 2074		1966
4332	1921	2099	94 2075	[3])	
4408	1921	2100	94 2076	[5])	1969
4409	1921	2101	94 2077		1967
4410	1921	2102	94 2078		1951
4411	1921	2103	94 2079		1967
4412	1921	2104	94 2080	[4]) [5]) [6]) 94 2080-3	1976
4413	1921	2105	94 2081	[3])	
4483	1921	2106	94 2082		1968
4484	1921	2107	94 2083		1968
4485	1921	2108	94 2084		1951
4486	1921	2109	94 2085		1970
4487	1921	2110	94 2086	[3])	
4488	1921	2111	94 2087	[4])	1969

[1]) Reparationsleistung 1919
[2]) Rückkehr zur DR 1941
[3]) Verbleib nach 1945 bei ČSD
[4]) Riggenbach-Gegendruckbremse
[5]) EDV-Nr. ab 1970
[6]) Lokomotive trug 1958 fälschlich das Fabrikschild der 94 2029 (Hartmann Fabr.-Nr. 3869)
[7]) Verkauf an Maxhütte Unterwellenborn als Werklokomotive Nr. 20

Gattung XI HT, Lokomotive Nr. 2071 (Baujahr 1919).
Foto Reinstein, Repro Meyer

Gattung XI HT, Lokomotive Nr. 2092 (Baujahr 1919).
Sammlung Wohllebe, Repro Meyer

Gattung XI HT, Baujahre 1915 bis 1921.

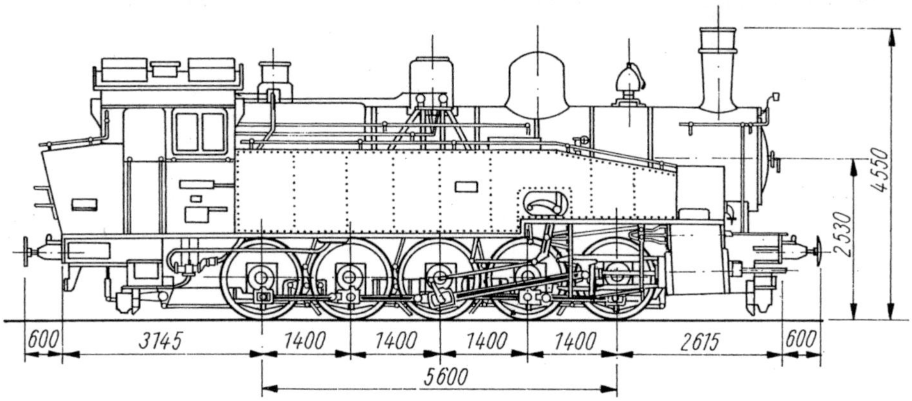

2.3.11.5
52 Lokomotiven, geliefert von Hartmann
für die Sächsische Staatsbahn, Gattung XI HT, bzw.
für die Deutsche Reichsbahn-Gesellschaft, Baureihe 94[21]

Fabrik-nummer	Bau-jahr	Bahn-nummer	Betriebs-nummer ab 1925	Bemerkungen	Ausmusterung
4544	1923	2112	94 2088		1967
4545	1923	2113	94 2089	[5]) 94 2089-4	1970
4546	1923	2114	94 2090		1967
4547	1923	2115	94 2091		1967
4548	1923	2116	94 2092		1971
4549	1923	2117	94 2093		1970
4550	1923	2118	94 2094	[1])	
4551	1923	2119	94 2095		1967
4552	1923	2120	94 2096		1967
4553	1923	2121	94 2097		1947

Fabrik-nummer	Bau-jahr	Bahn-nummer	Betriebs-nummer ab 1925	Bemerkungen	Aus-musterung
4554	1923	2122	94 2098	[1])	
4555	1923	2123	94 2099		1968
4556	1923	2124	94 2100	[4])	1967
4557	1923	2125	94 2101		1970
4558	1923	2126	94 2102		1970
4559	1923	2127	94 2103		1968
4560	1923	2128	94 2104	[1])	
4561	1923	2129	94 2105	[2]) [4]) [5]) 94 2105-8	1978
4562	1923	2130	94 2106		1968
4563	1923	2131	94 2107		1968
4564	1923	2132	94 2108	[5]) 94 2108-2	1971
4565	1923	2133	94 2109		1970
4566	1923	2134	94 2110	[3])	1953
4567	1923	2135	94 2111		1969
4568	1923	2136	94 2112		1967
4569	1923	2137	94 2113		1954
4570	1923	2138	94 2114	[5]) 94 2114-0	1970
4571	1923	2139	94 2115		1967
4572	1923	2140	94 2116		1968
4573	1923	2141	94 2117		1969
4574	1923	2142	94 2118		1969
4575	1923	2143	94 2119		1968
4576	1923	2144	94 2120		1970
4577	1923	2145	94 2121	[5]) 94 2121-5	1971
4578	1923	2146	94 2122		1968
4579	1923	2147	94 2123		1970
4580	1923	2148	94 2124		1968
4581	1923	2149	94 2125		1968
4589	1923	2150	94 2126		1967
4590	1923	2151	94 2127		1967
4591	1923	2152	94 2128		1970
4592	1923	2153	94 2129		1969
4593	1923	2154	94 2130		1970
4594	1923	–	94 2131		1967
4595	1923	–	94 2132		1970
4596	1923	–	94 2133		1965
4597	1923	–	94 2134		1967
4598	1923	–	94 2135		1953
4599	1923	–	94 2136	[4]) [5]) 94 2136-3	1973
4600	1923	–	94 2137	[1])	
4601	1923	–	94 2138	[4])	1968
4602	1923	–	94 2139		1967

[1]) Verbleib nach 1945 bei ČSD
[2]) z. Zt. abgestellt, für Verkehrsmuseum Dresden vorgesehen
[3]) nach 1945 bei MAV, 1951 ÖBB 794.2110
[4]) Riggenbach-Gegendruckbremse
[5]) EDV-Nr. ab 1970

Gattung XI HT, Baujahr 1923.

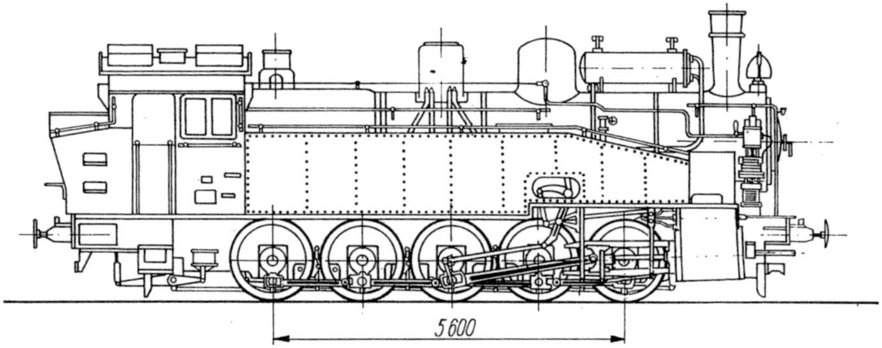

Gattung XI HT, Lokomotive Nr. 2129 (Baujahr 1923).
Sammlung Wohllebe, Repro Meyer

Gattung XI HT, Lokomotive Nr. 2130 (Baujahr 1923).
Urheber unbekannt, Repro Meyer

XIV HT

Bauart: 1'C1'h2t

Erstes Baujahr: 1911
Ausmusterung: bis 1970

Technische Daten: Seite 207

DRG-Baureihe 75^5

Konstruktive Merkmale

Kessel: Langkessel mit 4,0 m Rohrlänge aus zwei Schüssen genietet, die je einen Dampfdom tragen. Beide Dome durch inneres Überströmrohr verbunden, Ventilregler im vorderen Dom. Stehkessel mit geraden, zwischen den Rahmenwangen eingezogenen Seitenwänden und ebener Dekke (Bauart Belpaire). Rost (2,3 m^2) leicht geneigt, Aschkasten umgreift die hintere Kuppelachse, zwei vordere und eine hintere Luftklappe. Kesseldruck 12 bar. Zwei Pop-Sicherheitsventile mit Verkleidung auf dem Stehkessel. Speiseeinrichtung: zwei Injektoren Bauart Friedmann oder Winzer (Förderleistung 200 l/min), Speiseventile rechts und links am Kessel. Ab Lokomotive Nr. 1856 (Baujahr 1917) Lieferung mit Knorr-Speisepumpe (links an der Rauchkammer) und quer unter dem Kessel liegendem, flachem Speisewasservorwärmer. Ab Lokomotive Nr. 1876 (Baujahr 1918) Injektor nur noch links, zwei Speiseventile an der linken Kesselseite. Alle Lokomotiven später mit rundem Knorr-Vorwärmer links neben dem Schornstein ausgerüstet.
Rauchkammer bis Lokomotive Nr. 1855 (Baujahr 1915) mit kegeliger Rauchkammertür. Abklappbarer Blasrohrkopf bis Baujahr 1913. Schmidt-Rauchrohrüberhitzer. Heißdampfautomat (dampfgesteuerte Rauchgasklappen in der Rauchkammer zum Schutz der Überhitzerrohre vor Übertemperaturen) wahrscheinlich nur bei der ersten Serie (Baujahr 1911). Lokomotiven Nr. 1851 bis Nr. 1855 mit Schmidt-Kleinrohrüberhitzer (später auf Großrohrüberhitzer wie bei den anderen Maschinen umgebaut). Krempenschornstein bis Baujahr 1913, später normaler Prüsmann-Schornstein mit Aufsatz.
Rahmen: Genieteter Blechrahmen (Blechdicke 28 mm), vorn und hinten eingezogen, um Ausschwenken der Laufachsen zu ermöglichen.
Triebwerk: Zweizylinder-Heißdampftriebwerk mit waagerechten Außenzylindern treibt die mittlere Kuppelachse an. Kreuzkopfführung zweischienig. Treibstangenlager durch Stellkeil nachstellbar, Kuppelstangen mit Buchsenlagern. Achslager mit vorderen Stellkeilen. Alle Achsen mit Ober- und Unterschmierung.
Steuerung: Heusinger-Steuerung mit Kuhnscher Schleife und Lindner-Nachfüllschieber. Maximale Füllung vorwärts 57 %, rückwärts 58 %. Dampfgesteuerte Luftsaugeventile innen angeordnet. Mechanischer Druckausgleicher.
Laufwerk: Kuppelachsen (Raddurchmesser 1590 mm, Achsabstand 3,8 m) starr gelagert, Treibräder mit geschwächtem Spurkranz. Laufachsen mit bogenförmigen Achslagerführungen und Rückstellung durch Blattfedern (Adamsachsen), Seitenbeweglichkeit ± 60 mm. Tragfedern der Laufachsen oben, bei den Kuppelachsen unten angeordnet. 1. und 2. sowie 3. bis 5. Achse durch Ausgleichhebel verbunden (Vierpunktabstützung).
Bremse: Westinghouse-Druckluftbremse wirkt von vorn auf die Kuppelräder. 2 waagerechte Bremszylinder unter dem Kohlekasten. Bremsgestänge ohne Querausgleich, einstellbar durch Nachstecken. Luftpumpe ursprünglich (bis Lokomotive Nr. 1855, Baujahr 1915) links an der Rauchkammer, später rechts. Hauptluftbehälter vor der 1. Kuppelachse quer im Rahmen. Handbremse mit Wurfhebel an der Führerhausrückwand.
Sonstige Einrichtungen: Wasservorrat (8,0 m^3) in seitlichen Wasserkästen, die vorn bis vor die Zylinder reichen. Aussparungen für Triebwerk und Steuerung. Bei Lokomotiven ab Baujahr 1912 Wasserkästen vorn abgeschrägt. Vergrößertes Fassungsvermögen (9,0 m^3) durch zusätzlichen Wasserbehälter im Rahmen. Kohlevorrat 2,5 t hinter dem Führerhaus, teilweise durch Aufsatz vergrößert. Führerhaus bis Baujahr 1915 mit drei, später fünf Entlüftungsaufsätzen. Hintere zwei Entlüftungshauben später wegen der Bekohlung durch Kran wieder entfernt.
Sandkasten zwischen den Dampfdomen unter gemeinsamer Verkleidung. Druckluftbetätigte Sandfallrohre

Lieferfirma	Lieferjahr							Stück
	1911	1912	1913	1915	1917	1918	1921	
Hartmann	8	19	13	15	20	20	11	106

sanden die Treibräder von beiden Seiten.
Dampfläutewerk ursprünglich zwischen vorderem Dom und Schornstein, später auf dem Stehkessel zwischen Sicherheitsventil und hinterem Dom angebracht.
Beleuchtung der Lokomotive durch Petroleum, im Führerhaus vermutlich durch Karbid. Später Umrüstung auf elektrische Beleuchtung mit Turbogenerator, rechts neben dem Schornstein angeordnet.

Liste der einzelnen Lokomotiven

2.3.12.1
15 *Lokomotiven, geliefert von Hartmann*
für die Sächsische Staatsbahn, Gattung XIV HT

Fabriknummer	Baujahr	Bahnnummer ab 1911	Bahnnummer ab 1912	Betriebsnummer ab 1925	Bemerkungen	Ausmusterung
3472	1911	1343	1801	75 511		1946
3473	1911	1344	1802	–	[1]) PKP Okl 101-1	
3474	1911	1345	1803	75 512		1953
3475	1911	1346	1804	75 513		1967
3476	1911	1347	1805	75 514		1963
3477	1911	1348	1806	75 515	[6]) 75 1515-8	1977 [4])
3478	1911	1349	1807	75 516		1969
3479	1911	1350	1808	–	[1]) PKP Okl 101-2, [2]) 75 510	1968
3579	1912	–	1809	75 517		1953
3580	1912	–	1810	75 518		1967
3581	1912	–	1811	–	[1]) PKP Okl 101-3 [2]) 75 506	1969
3582	1912	–	1812	75 519		1963
3583	1912	–	1813	–	[1]) PKP Okl 101-4 [3]) 75 589	1956 [5])
3584	1912	–	1814	75 520		1969
3585	1912	–	1815	75 521		1968

[1]) Verlust im ersten Weltkrieg (Osten)
[2]) nach 1941 Wiedereingliederung in DR
[3]) 1945 Übergabe an DR
[4]) Denkmallokomotive in Karl-Marx-Stadt Hbf
[5]) Übergabe an PKP
[6]) EDV-Nr. ab 1970

Gattung XIV HT, Lokomotive Nr. 1345 (Baujahr 1911).
Verlag Leonhardt, Dresden, Repro Meyer

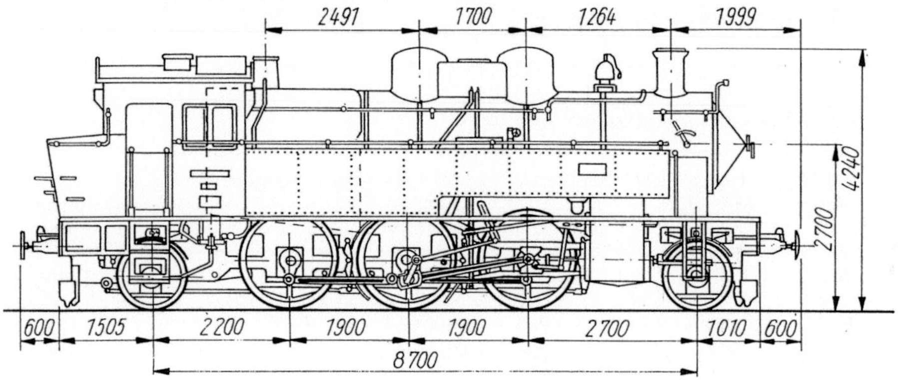

Gattung XIV HT, Baujahre 1911 und 1912 (bis Lokomotive Nr. 1 815).

2.3.12.2
25 *Lokomotiven, geliefert von Hartmann* für die Sächsische Staatsbahn, Gattung XIV HT

Fabrik-nummer	Bau-jahr	Bahn-nummer	Betriebs-nummer ab 1925	Bemerkungen	Aus-musterung
3617	1912	1816	75 522		1967
3618	1912	1817	75 523		1968
3619	1912	1818	75 524		1969
3620	1912	1819	75 525		1953
3621	1912	1820	75 526		1967
3622	1912	1821	75 527		1968
3623	1912	1822	–	[1]) PKP Okl 101-5, [2]) 75 590	1953
3624	1912	1823	75 528		1967
3625	1912	1824	75 529		1953
3626	1912	1825	75 530		1968
3627	1912	1826	75 531		1967
3628	1912	1827	75 532		1965
3629	1913	1828	75 533		1967
3630	1913	1829	75 534		1969
3631	1913	1830	75 535		1969
3632	1913	1831	75 536		1966
3633	1913	1832	75 537		1966
3634	1913	1833	75 538		1967
3635	1913	1834	75 539		1969
3636	1913	1835	75 540		1966
3637	1913	1836	75 541		1967
3638	1913	1837	75 542		1960
3639	1913	1838	75 543		1968
3640	1913	1839	–	[1]) PKP Okl 101-6, [3]) 75 509	1956
3641	1913	1840	75 544		1968

[1]) Verlust im ersten Weltkrieg (Osten)
[2]) 1945 an DR übergeben
[3]) nach 1941 Wiedereingliederung in DRG, nach 1945 ČSD 355.1501

Gattung XIV HT, Lokomotive Nr. 1828 (Baujahr 1913).
Foto Contius, Repro Meyer

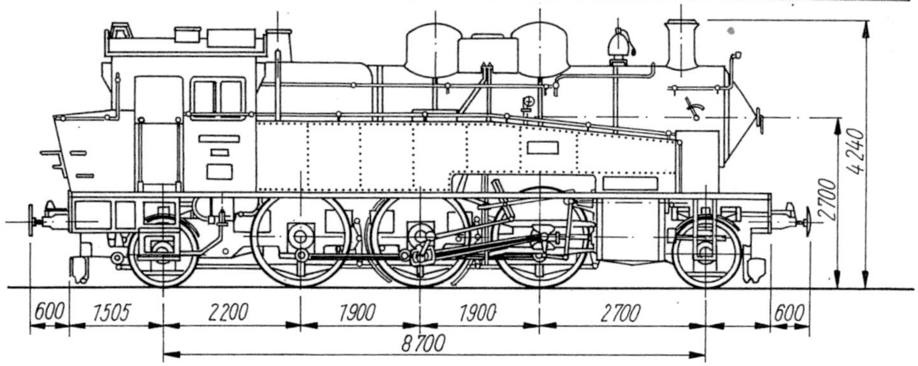

Gattung XIV HT, Baujahr 1912 (ab Lokomotive Nr. 1816) und Baujahr 1913.

2.3.12.3
15 *Lokomotiven, geliefert von Hartmann* für die Sächsische Staatsbahn, Gattung XIV HT

Fabriknummer	Baujahr	Bahnnummer	Betriebsnummer ab 1925	Bemerkungen	Ausmusterung
3826	1915	1841	–	[1]) PKP Okl 101-7, [2]) 75 508	1969
3827	1915	1842	–	[1]) PKP Okl 101-8	
3828	1915	1843	–	[1]) PKP Okl 101-9	
3829	1915	1844	75 545	[5])	1956
3830	1915	1845	75 546		1968
3831	1915	1846	75 547		1967
3832	1915	1847	75 548		1968
3833	1915	1848	75 549		1969
3834	1915	1849	75 550		1969
3835	1915	1850	–	SNCB 9670	
3836	1915	1851	75 501		1967[4])
3837	1915	1852	75 502		1966
3838	1915	1853	75 503		1968
3839	1915	1854	75 504		1953
3840	1915	1855	75 505		1968

[1]) Verlust im ersten Weltkrieg (Osten)
[2]) nach 1941 Wiedereingliederung in DR
[3]) Reparationslieferung 1919
[4]) Dampflokmuseum Marktschorgast (BRD)
[5]) nach 1945 bei ČSD

Gattung XIV H T, Lokomotive Nr. 1 852 (Baujahr 1915).
Werkfoto, Repro Meyer

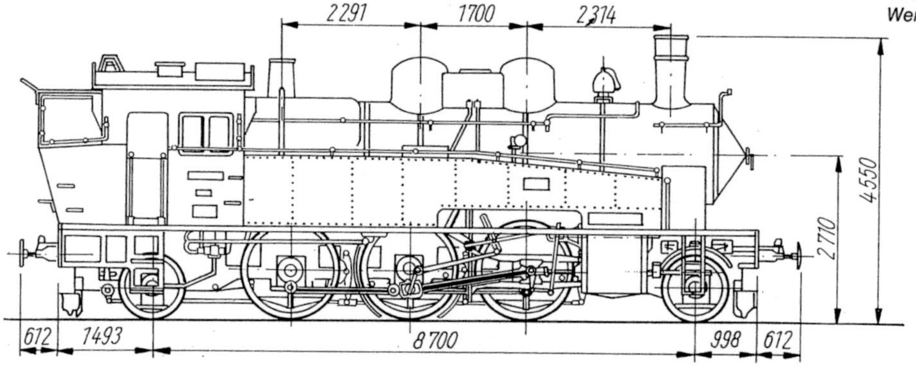

Gattung XIV HT, Baujahre 1915 und 1916.

Lokomotive 75 548 (ehemalige Gattung XIV HT, Lokomotive Nr. 1 847, Baujahr 1915), 1962 in Thalheim (Sachsen).
Foto Meyer

2.3.12.4
51 *Lokomotiven, geliefert von Hartmann*
für die Sächsische Staatsbahn, Gattung XIV HT

Fabrik-nummer	Bau-jahr	Bahn-nummer	Betriebs-nummer ab 1925	Bemerkungen	Aus-musterung
3925	1917	1856	75 551		1968
3926	1917	1857	75 552		1968
3927	1917	1858	75 553		1969
3928	1917	1859	75 554		1965
3929	1917	1860	75 555		1969
3930	1917	1861	75 556		1968
3931	1917	1862	75 557		1967
3932	1917	1863	75 558		1967
3933	1917	1864	–	[1]) PKP Okl 101-10	
3934	1917	1865	75 559		1968
3935	1917	1866	75 560		1969
3936	1917	1867	75 561		1968
3937	1917	1868	–	[2]) ETAT 32-916, [4]) 75 591	1968
3938	1917	1869	75 562		1969
3939	1917	1870	75 563		1969
3940	1917	1871	75 564		1953
3941	1917	1872	–	[1]) PKP Okl 101-11, [3]) 75 507	1953
3942	1917	1873	75 565		1967
3943	1917	1874	–	[2]) SNCB 9674	
3944	1917	1875	75 566		1968
3795	1918	1876	–	[2]) SNCB 9676	
3796	1918	1877	75 567		1959
3797	1918	1878	–	[2]) ETAT 32-917 [5]) [6])	1960
3798	1918	1879	–	[2]) ETAT 32-918 [5])	
3799	1918	1880	75 568		1967
3800	1918	1881	75 569		1967
3801	1918	1882	75 570		1968
3802	1918	1883	–	[2]) ETAT 32-919	
3803	1918	1884	75 571		1967
3982	1918	1885	75 572		1967
4045	1918	1886	–	[2]) SNCB 9686	
4046	1918	1887	–	[2]) ETAT 32-920 [5])	
4047	1918	1888	75 573		1970
4048	1918	1889	–	[2]) ETAT 32-921 [5])	
4049	1918	1890	–	[2]) ETAT 32-922 [5])	
4050	1918	1891	75 574		1970
4051	1918	1892	–	[2]) ETAT 32-923 [5])	
4052	1918	1893	75 575		1967
4053	1918	1894	75 576		1969
4054	1918	1895	75 577		1967 verk.
4316	1921	1896	75 578		1968
4317	1921	1897	75 579		1968
4318	1921	1898	75 580		1966
4319	1921	1899	75 581		1968
4320	1921	1900	75 582		1967
4321	1921	1901	75 583		1953

Fabrik-nummer	Bau-jahr	Bahn-nummer	Betriebs-nummer ab 1925	Bemerkungen	Aus-musterung
4322	1921	1902	75 584		1967
4323	1921	1903	75 585		1969
4324	1921	1904	75 586		1968
4325	1921	1905	75 587		1969
4326	1921	1906	75 588		1953

[1]) Verlust im ersten Weltkrieg (Osten)
[2]) Reparationslieferung 1919
[3]) nach 1941 Wiedereingliederung in DR
[4]) Verbleib nach 1945 bei DR, Nr. 75 591 ab 1949
[5]) Später SNCF 131-TC-917 bis 131-TC-923
[6]) nach 1945 bei DR Verbleib

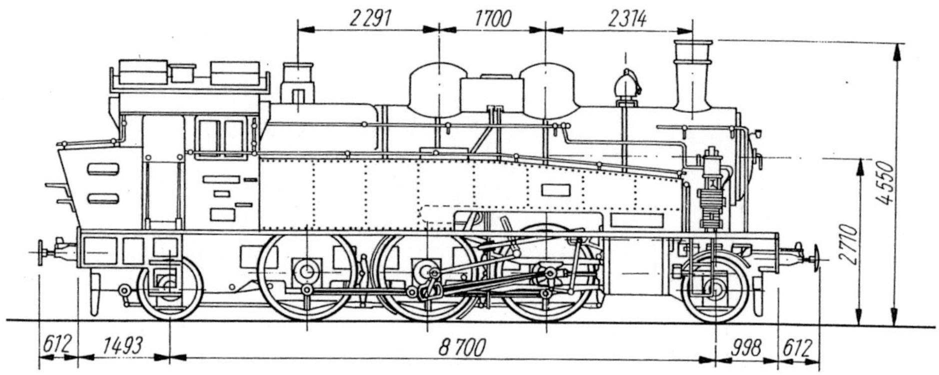

Gattung XIV HT, Baujahre 1917 bis 1921.

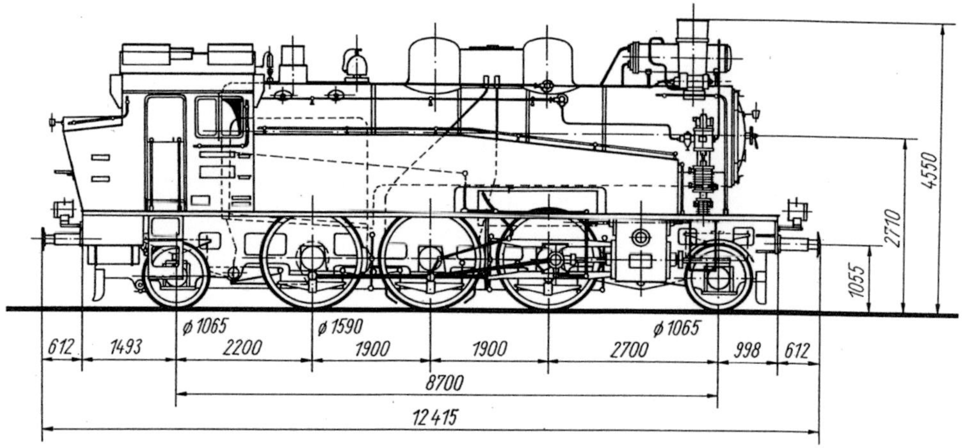

Gattung XIV HT, ab Baujahr 1912, späteres Aussehen.

Gattung XIV H T, Lokomotive Nr. 1901 (Baujahr 1921).
Urheber unbekannt, Repro Meyer

Gattung XIV HT, Lokomotive Nr. 1869 (Baujahr 1917).
Foto Contius, Repro Meyer

XV HTV

Bauart: CCh4vt

Erstes Baujahr: 1916
Ausmusterung: bis 1930

Technische Daten: Seite 207

DRG-Baureihe 79^0

Konstruktive Merkmale

Kessel: Crampton-Kessel mit 127 m^2 Heizfläche. Zwei Dampfdome, innen durch Überströmrohr verbunden. Ventilregler im vorderen Dom. Kesseldruck 15 bar. Zwei verkleidete Coale-Sicherheitsventile auf dem Stehkessel. Speiseeinrichtung: Zwei Injektoren Bauart Winzer mit je 200 l/min Förderleistung. Schmidt-Rauchrohrüberhitzer (Heizfläche 41 m^2) mit Heißdampfautomat. Abklappbares Blasrohr, spitze Rauchkammertür, Schornstein mit Aufsatz.
Rahmen: Genieteter Blech-Innenrahmen mit 28 mm Blechdicke, zusätzlich an beiden Enden kurze Außenrahmen (20 mm Blechdicke) zur Aufnahme der Achslager der Endachsen.
Triebwerk: Vierzylinder-Verbundtriebwerk mit waagerechten Außenzylindern. Je ein HD- und ND-Zylinder einschließlich Verbinder in einem gemeinsamen Gußstück in Lokmitte angeordnet. Einströmrohr führt an der linken Kesselseite entlang zum linken Zylinderblock, Verbinder- und Ausströmrohre innerhalb des Rahmens. Alle Triebwerke arbeiten unabhängig voneinander, die hinteren HD-Triebwerk auf die 5., die vorderen ND-Triebwerke auf die 2. Kuppelachse. Treib- und Kuppelstangen mit nachstellbaren Lagern. Kuppelstangen zur 3. bzw. 4. Achse liegen hinter, die zur 1. bzw. 6. Achse dagegen vor den Treibstangen. Gegenmassestücke der Endachsen an den äußeren Kurbeln.
Steuerung: Heusinger-Steuerung mit Kuhnscher Schleife für alle 4 Triebwerke. Kolbenschieber, für HD-Zylinder mit innerer, für ND-Zylinder mit äußerer Einströmung.
Laufwerk: Alle sechs Achsen im Hauptrahmen gelagert. Fester Achsabstand 7,5 m, 3. und 4. Achse um ± 28 mm seitenbeweglich. Endachsen sind als Klien-Lindner-Hohlachsen ausgebildet und um ± 37 mm verschiebbar.
Gesamtachsabstand 11,1 m. Durch Gestänge innerhalb des Rahmens schwenken beide Endachsen um den gleichen Betrag aus. Tragfedern der Endachsen oben, bei allen übrigen Achsen unten angeordnet. Ausgleichhebel zwischen 2. und 3. sowie 4. und 5. Achse (d. h. Sechspunktabstützung, da die Hohlachsen in der Mitte abgestützt sind).

Lieferfirma	Lieferjahr 1916	Stück
Hartmann	2	2

Bremse: Westinghouse-Druckluftbremse wirkt auf 2. und 3. Achse von hinten, auf 4. und 5. Achse von vorn. Zweistufige Luftpumpe links an der Rauchkammer, Hauptluftbehälter unter der Rauchkammer. Handbremse mit Wurfhebel.
Sonstige Einrichtungen: Wasservorrat (8,5 m^3) in zwei niedrigen seitlichen Behältern und zusätzlichem Behälter unter dem Kessel. Kohlevorrat (2,2 t) hinter dem Führerhaus. Kohlekasten hat geringere Breite als das Führerhaus. Sandkästen zwischen vorderem Dom und Schornstein sowie im Führerhaus. Preßluftsandstreuer (mit handbetätigtem Wühlhebel) für Räder beider Treibachsen. Dampfläutewerk vor dem Schornstein. Führerhaus mit fünf Lüftungsaufsätzen.

Liste der einzelnen Lokomotiven

2.3.13.1
2 Lokomotiven, geliefert von Hartmann
für die Sächsische Staatsbahn, Gattung XV HTV

Fabrik-nummer	Bau-jahr	Bahn-nummer	Betriebs-nummer ab 1925	Bemerkungen	Ausmusterung
3843	1916	1351	79 001		1932
3844	1916	1352	79 002		1932

Gattung XV HTV, Lokomotiven Nr. 1351 und Nr. 1352.

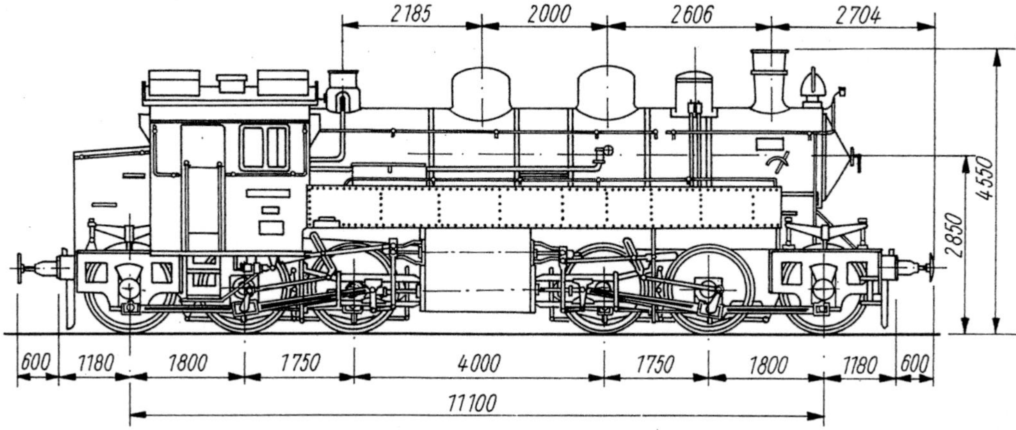

Gattung XV HTV, Lokomotive Nr. 1351. *Verlag Leonhardt, Dresden, Repro Meyer*

Hg VII TK

Spurweite 750 mm

Bauart: **Bn2t**

Baujahr: **1873**
Ausmusterung: **1897**

Technische Daten: Seite 208

Konstruktive Merkmale

Kessel: Heizrohrkessel in Crampton-Bauart, 2,2 m Rohrlänge, 0,3 m^2 Rostfläche, 24 m^2 Heizfläche, 12 bar Kesseldruck. Speisung durch zwei Injektoren. Sicherheitsventile. Regleraufsatz auf dem vorderen Langkessel, Verstellung des Reglers durch Zugstange und Reglerhebel in Längsrichtung. Äußere Dampfleitungen zu den Zylindern.
Rahmen: Blech-Innenrahmen als Wassertank ausgebildet.
Triebwerk: Zweizylinder-Naßdampftriebwerk mit waagerechten Außenzylindern, Antrieb des 2. Radsatzes.
Steuerung: Äußere Allan-Steuerung, Umstellung durch Händel.
Laufwerk: Achsen starr gelagert, Achsabstand 1,7 m. Spurweite ursprünglich 785 mm, dann auf 750 mm umgespurt. Obenliegende Einzelfedern (Vierpunktabstützung).
Bremse: Kurbelbetätigte Spindelbremse wirkt von hinten auf die Räder der Treibachse. 1886 auf Wurfhebelbetätigung umgebaut. Haspel zur Heberleinbremse für den Zug.
Sonstige Einrichtungen: Kohlevorrat (0,45 t) in kurzen seitlichen Behältern vor dem Führerstand, 1,2 m^3 Wasser im Rahmentank. Sandbehälter (für das Sanden der Räder der 1. Achse von hinten und für die Räder der 2. Achse von vorn) vor den Kohlenkästen. Führerstand nur mit Schutzdach.

Lieferfirma	Lieferjahr	Stück
Hagans	1873	1

Liste der einzelnen Lokomotiven

2.4.1.1
1 *Lokomotive, geliefert von Hagans*
für die Oberschlesische Zweigbahn Beuthen,
ab 1882 bei der Sächsischen Staatsbahn, Gattung Hg VII TK

Fabrik-nummer	Bau-jahr	Name	Bahn-nummer	Bemer-kungen	Aus-musterung
1	1873	ZITTAU	5	[1])	1896 [2])

[1]) 1886 Umbau von Spindel- auf Wurfhebelbremse
[2]) 1891 noch 3100 km Betriebseinsatz auf den Strecken Mügeln–Nerchau und Oschatz–Döbeln, 1892–1895 kaum noch eingesetzt, zuletzt auf den Strecken Wilkau–Wilzschhaus und Mosel–Ortmannsdorf. 1897 Verkauf.

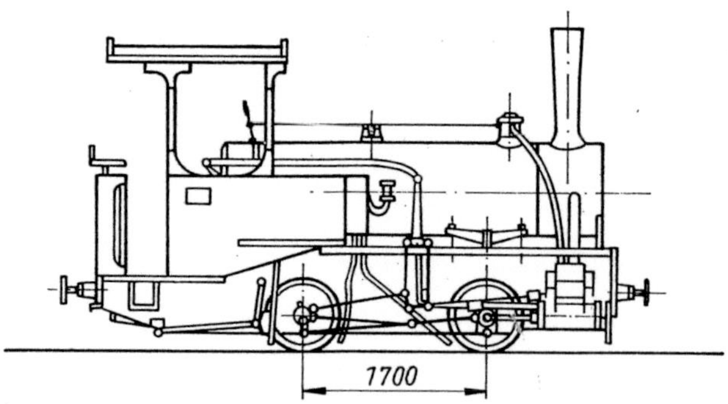

Gattung Hg VII TK, Lokomotive Nr. 5, Ursprungszustand.

I K

Spurweite 750 mm

Bauart: Cn2t

Erstes Baujahr: 1881
Ausmusterung: bis 1928

Technische Daten: Seite 208

DRG-Baureihe 99^{75}

Konstruktive Merkmale

Kessel: Crampton-Kessel mit 1,96 m Rohrlänge, Heizfläche 30 m². Waagerechter Rost 0,7 m². Langkessel aus 2 Schüssen genietet, großer Dampfdom mit Flachregler etwa in Kesselmitte auf dem 2. Kesselschuß (nur bei den letzten drei Lokomotiven auf dem vorderen Kesselschuß.). Zwei Injektoren Bauart Strube mit je 40 l/min Förderleistung. Dampfdruck 12 bar. Querstehendes Ramsbottom-Sicherheitsventil auf dem Dampfdom. Kurze Rauchkammer mit runder Tür und Schornstein mit Kobel-Funkenfänger. Lokomotiven der ersten Lieferserien anfangs mit kegelförmigem Funkenfänger. Nr. 42, 47 und 48 (Baujahre 1891/92) mit verlängerter Rauchkammer.
Rahmen: Genieteter Blech-Außenrahmen, Blechdicke 15 mm.
Triebwerk: Zweizylinder-Naßdampftriebwerk mit waagerechten Außenzylindern, Antrieb des 3. Kuppelradsatzes.
Steuerung: Äußere Allan-Steuerung mit Flachschiebern.
Laufwerk: Alle Achsen starr gelagert. Achsabstand 1,8 m. Vier Lokomotiven der Lieferung 1886/88 (Nr. 27 bis Nr. 30) mit vorderer radial einstellbarer Klien-Lindner-Hohlachse und Rückstellung durch zwei Wickelfedern (später ohne Beeinträchtigung der Kurvenläufigkeit wieder festgelegt). Vierpunktabstützung: vordere Achse mit obenliegenden Einzelfedern, 2. und 3. Achse mit 2 gemeinsamen, oben angeordneten Federn. Lokomotive Nr. 48 versuchsweise mit Querausgleich der vorderen Achsfedern (Dreipunktabstützung).
Bremse: Wurfhebelbremse wirkt beidseitig auf die Treibachse. Ab 1887 Ausrüstung mit Gegendampfbremse und Haspel zur Heberleinbremse (nur für den Zug wirksam, nicht für die Lokomotive).
Sonstige Einrichtungen: 0,5 t Kohle in seitlichen Kästen vor dem Führerhaus. Wasservorrat (1,5 m³) in seitlichen Behältern und zusätzlichem Rahmentank. Großer viereckiger Sandkasten (ursprünglich kleiner und rund) auf dem Hinterkessel mit mechanischem Sandstreuer für die Räder der 2. Kuppelachse von vorn und für die Räder der Treibachse von hinten. Lokomotiven des Baujahres 1884 mit 2. Sandkasten hinter dem Schornstein zur Sandung der Räder der 1. Kuppelachse von vorn (ursprünglich nur vorn runder Sandkasten).
Führerhaus der ersten vier Lokomotiven sehr kurz, ab Nr. 6 um 150 mm verlängert. Alle Lokomotiven mit Dampfläutewerk auf gußeisernem, durchbrochenem Aufsatz in unterschiedlicher Anordnung, bei Maschinen mit verlängerter Rauchkammer vor dem Schornstein. Bei Lokomotive Nr. 22 Sandkasten vorn und Läutewerk auf dem Stehkessel. Führerhaus mit verkleinerten Türausschnitten bei Lokomotiven Nr. 42, 47 und 48.

Lieferfirma	Lieferjahr										Stück
	1881	83	84	85	86	88	89	90	91	92	
Hartmann	4	1	11	3	5	7	4	5	2	2	44

Liste der einzelnen Lokomotiven

2.4.2.1
5 *Lokomotiven, geliefert von Hartmann* für die Sächsische Staatsbahn, Gattung H V TK (ab 1896 Gattung K I A, ab 1900 Gattung I K)

Fabrik-nummer	Bau-jahr	Bahn-nummer	Betriebs-nummer ab 1925	Bemerkungen	Ausmusterung
1134	1881	1	–	[1]) [3])	1923/25
1135	1881	2	99 7501	[2]) [3])	1926/27
1136	1881	3	99 7502	[2]) [3])	1926/27
1137	1881	4	–	[1]) [3])	1924/25
1279	1883	6	–	[4])	1922/23

[1]) 1913 bis 1923 als Doppellokomotive Gattung II K neu Nr. 61 A/B
[2]) 1913 bis 1916 als Doppellokomotive Gattung II K neu Nr. 62 A/B
[3]) ab 1882 Dampfläutewerk, ab 1891 Gegendampfbremse
[4]) ab 1889 Gegendampfbremse

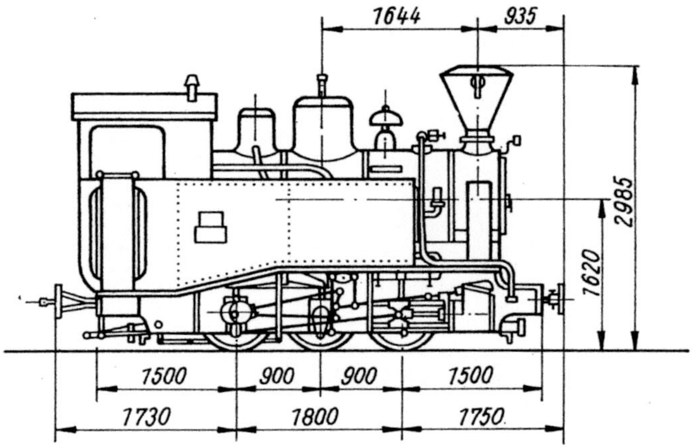

Gattung I K, Lokomotive Nr. 1 bis Nr. 4, Ursprungszustand. Lokomotive Nr. 6 mit längerem Führerhaus. Alle Lokomotiven erhielten später viereckigen Sandkasten, Kobelschornstein und die Lokomotiven Nr. 1 bis Nr. 4 ebenfalls längere Führerhäuser.

Gattung I K, Lokomotive Nr. 1 (Baujahr 1881). Aufnahme 1900 im Ausbesserungswerk Friedrichstadt.
Foto Contius, Repro Meyer

Gattung I K, Lokomotive Nr. 3 (Baujahr 1881) im Ursprungszustand.
Werkfoto, Repro Meyer

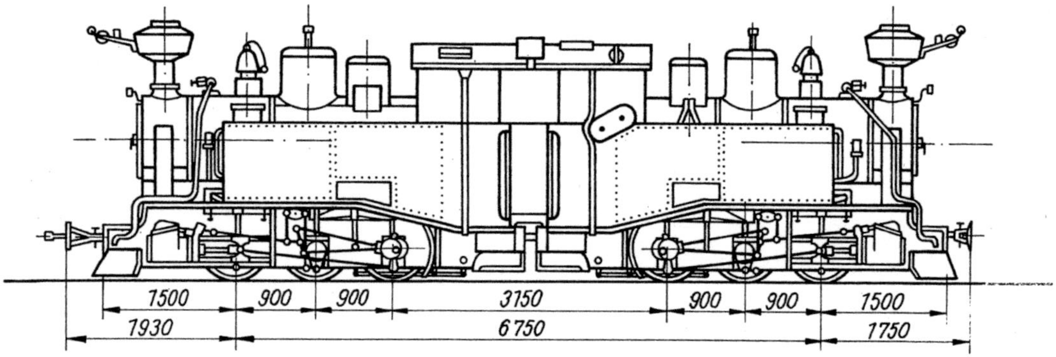

Gattung II K neu, Lokomotive Nr. 61 A/B (aus Gattung I K, Lokomotive Nr. 1 und Lokomotive Nr. 4) und 62 A/B (aus Gattung I K, Lokomotiven Nr. 2 und Nr. 3).

Gattung II K, Lokomotive Nr. 61 A/B (ehemalige Gattung I K, Lokomotive Nr. 1 und Lokomotive Nr. 4).
Urheber unbekannt, Repro Meyer

2.4.2.2
11 *Lokomotiven, geliefert von Hartmann* für die Sächsische Staatsbahn, Gattung H V TK (ab 1896 Gattung K I A, ab 1900 Gattung I K)

Fabrik-nummer	Bau-jahr	Bahn-nummer	Betriebs-nummer ab 1925	Bemerkungen	Aus-musterung
1329	1884	7	–	[1])	1923
1330	1884	8	99 7503		1927
1331	1884	9	–	[2]) PKP C 11 701	
1332	1884	10	–		1924
1333	1884	11	99 7504	[1])	1928/30
1365	1884	12	–		1922 [3])
1366	1884	13	–		1922
1367	1884	14	99 7505		1925/26
1368	1884	15	–	[1])	1921/22
1369	1884	16	–	[1])	1922/23
1370	1884	17	99 7506	[1])	1926/27

[1]) ab 1889 Gegendampfbremse (alle übrigen Lokomotiven ab 1891)

[2]) Verlust im ersten Weltkrieg, 1941 Wiedereingliederung in DRG als 99 2504

[3]) von 1923 bis 1964 Werklokomotive in Gießereibetrieb Schmiedeberg

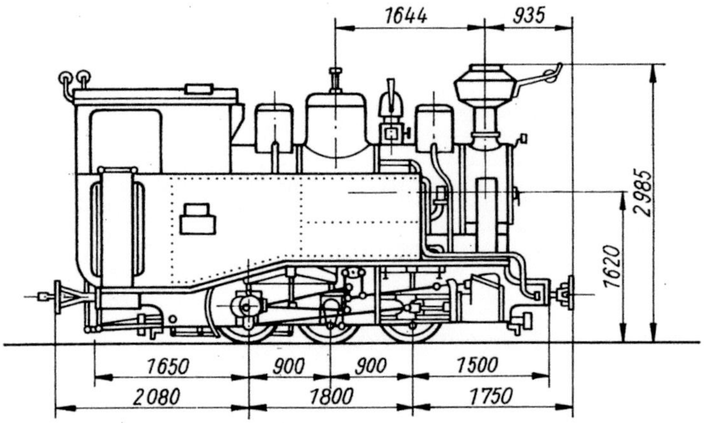

Gattung I K, Lokomotiven Nr. 7 bis Nr. 17 (Baujahr 1884).

Gattung I K, Lokomotive Nr. 9 (Baujahr 1884). *Werkfoto, Repro Meyer*

2.4.2.3
25 Lokomotiven, geliefert von Hartmann

Davon
20 Lokomotiven für die Sächsische Staatsbahn, Gattung H V TK bzw. Gattung H Vb TK (ab 1896 Gattung K I A bzw. Gattung K I B, ab 1900 Gattung I K bzw. Gattung Ib K)

Fabrik-nummer	Bau-jahr	Bahn-nummer	Betriebs-nummer ab 1925	Bemerkungen	Aus-musterung
1408	1885	20	99 7507	[2]	1926
1409	1885	21	99 7508	[2]	1927/28
1410	1885	22	99 7509	[1]	1927
1446	1886	23	99 7510	[1]	1926
1447	1886	24	99 7511	[1]	1926/27
1448	1886	25	–	[2]	1919
1449	1886	26	99 7512	[2]	1926/27
1450	1886	27	99 7513	[4]	1926/27
1549	1888	28	99 7514	[4]	1926/27
1550	1888	29	–	[3]	1923
1551	1888	30	99 7515	[4]	1926/27
1552	1888	31	99 7516		1928
1553	1888	32	99 7517		1928
1554	1888	33	99 7518		1928
1555	1888	34	99 7519		1927
1660	1890	37	99 7523		1927
1661	1890	38	–	PKP C 11 702 [5]	
1662	1890	39	–	PKP C 11 703 [5] [6]	
1663	1890	40	99 7524		1927
1664	1890	41	–	PKP C 11 704 [5]	

[1]) ab 1887 Gegendampfbremse
[2]) ab 1889 Gegendampfbremse (spätestens 1891 alle übrigen Lokomotiven)
[3]) ab 1891 vordere Klien-Lindner-Hohlachse (Gattung H Vb TK bzw. Gattung K I B)
[4]) ab 1894 vordere Klien-Lindner-Hohlachse (Gattung H Vb TK bzw. Gattung K I B)
[5]) Verlust im ersten Weltkrieg. Eine dieser Lokomotiven wurde nach 1941 bei der DRG als 99 2502 eingegliedert.
[6]) 1941 Wiedereingliederung in DRG als 99 2505

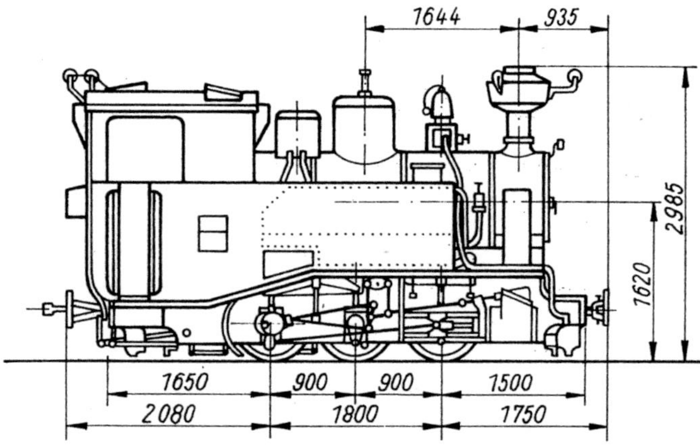

Gattung I K, Lokomotiven Nr. 20 bis Nr. 34, Nr. 37 bis Nr. 41 und Nr. 49 bis Nr. 53 (Baujahre 1885 bis 1891).

Gattung I K, Lokomotive Nr. 26 (Baujahr 1886) in Sayda. Kobelfunkenfänger entfernt, Kohlenkasten durch Aufsatz vergrößert.
Foto Hobusch, Repro Meyer

Gattung Ib K, Lokomotive Nr. 29 (Baujahr 1888) in Schönfeld-Wiesa.
Urheber unbekannt, Repro Meyer

Gattung Ib K, Lokomotive Nr. 30 (Baujahr 1888) im Ausbesserungswerk Hilbersdorf.
Foto Contius, Repro Meyer

5 Lokomotiven für die Zittau-Oybin-Jonsdorfer Bahn, ab 1906 Sächsische Staatsbahn, Gattung I K

Fabriknummer	Baujahr	Bahnnummer	Name	Bahnnummer ab 1906	Betriebsnummer ab 1925	Bemerkungen	Ausmusterung
1 580	1889	1	MANDAU[1])	49	99 7520		1929
1 581	1889	2	LAUSCHE	50	99 7521		1926 verk.[3])
1 582	1889	3	TÖPFER	51	99 7522		1926
1 583	1889	4	HOCHWALD	52	–	[2]) PKP C11 705	
1 770	1891	5	ZITTAU	53	99 7525		1925/27

[1]) späterer Name ALEXANDER THIEMER
[2]) Verlust im ersten Weltkrieg
[3]) Chemiewerk Dohna bis 1935

Gattung I K, Lokomotive Nr. 49 ALEXANDER THIEMER (Baujahr 1889).
Foto Contius, Repro Meyer

2.4.2.4
3 *Lokomotiven, geliefert von Hartmann*
für die Sächsische Staatsbahn, Gattung H V TK (ab 1896 Gattung K I A, ab 1900 Gattung I K)

Fabriknummer	Baujahr	Bahnnummer	Betriebsnummer ab 1925	Bemerkungen	Ausmusterung
1 818	1891	42	99 7526		1927
1 873	1892	47	99 7527		1927/28
1 874	1892	48	–	[1])	1923

[1]) versuchsweise Querausgleich der Federung des 1. Radsatzes

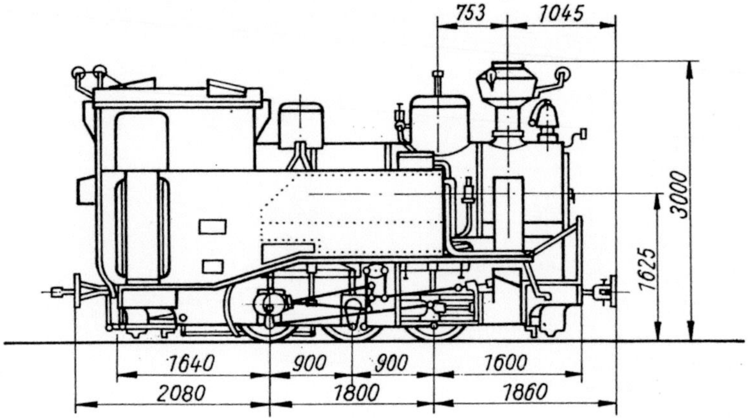

Gattung I K, Lokomotiven Nr. 42, Nr. 47 und Nr. 48 (Baujahre 1891/92).

Gattung I K, Lokomotive Nr. 42 (Baujahr 1891). *Werkfoto, Repro Meyer*

II K alt

Spurweite 750 mm

Bauart: B'B'n4t

Baujahr: 1885
Ausmusterung: bis 1909

Technische Daten: Seite 208

Konstruktive Merkmale

Kessel: Fairly-Doppelkessel mit zwei Stehkesseln (je 0,6 m^2 Rostfläche) und zwei seitlichen Feuertüren, aber gemeinsamem Dampfraum. Langkessel mit je drei Kesselschüssen, davon der mittlere konisch. Je ein großer Dampfdom mit halbkugelförmigem Abschluß und Federwaagenventil auf dem hinteren und ein kleiner Reglerdom auf dem vorderen Kesselschuß. Reglerhebel waagerecht auf dem Kessel. Gesamtheizfläche 2×29 m^2. Kesseldruck 10 bar. Rauchkammer im Durchmesser gegenüber dem Langkessel vergrößert. Schornstein anfangs mit kegelförmigem, später mit Kobelfunkenfänger.
Rahmen: Drehgestelle mit Blech-Innenrahmen. Brückenrahmen trägt Kessel, Führerhaus und Vorratsbehälter.
Triebwerk: Vier Naßdampftriebwerke mit waagerechten Außenzylindern treiben die 2. und 3. Achse an. Bauart der beweglichen Dampfleitungen nicht bekannt. Treib- und Kuppelstangenlager mit Keilnachstellung.
Steuerung: Heusinger-Steuerung für jedes Triebwerk. Schieberschubstangen werden über untenliegende Steuerwellen in jedem Drehgestell gehoben bzw. gesenkt. Verstellung durch Händel.
Laufwerk: Rahmen stützt sich über seitliche Gleitstücke auf die Drehgestelle ab. Alle Achsfedern einzeln und obenliegend. Achsabstand der Drehgestelle 1,37 m, Gesamtachsabstand 5,69 m. Treibraddurchmesser mit 813 mm relativ groß.
Bremse: Wurfhebelbremse wirkt auf die 2. Achse von vorn und auf die 3. Achse von hinten. Wurfhebel auf der Heizerseite in Längsrichtung am Kessel über den Feuertüren angebracht. Haspel der Heberleinbremse auf der Führerseite des Kessels.
Sonstige Einrichtungen: Hohe Vorratsbehälter für Wasser und Kohle an beiden Seiten (über dem Kessel in Querrichtung verbunden). Verbindungsrohr zwischen vorderem und hinteren Wasserkasten unter dem Führerstand durchlaufend. Kohle nur auf der Heizerseite. Führerhaus auf der Heizerseite mit Schiebetür wegen des Zuganges zu beiden Feuertüren, auf der Führerseite mit Mitteleinstieg. Sandstreueinrichtung für die jeweils voranlaufende Achse. Dampfläutewerk nur auf einer Seite der Lokomotive.

Lieferfirma	Lieferjahr	Stück
Hawthorn	1885	2

Liste der einzelnen Lokomotiven

2.4.3.1
2 Lokomotiven, geliefert von Hawthorn
für die Sächsische Staatsbahn, Gattung F T K (ab 1896 Gattung K II, ab 1900 Gattung II K alt)

Fabriknummer	Baujahr	Bahnnummer	Bemerkungen	Ausmusterung
2012	1885	18		1903
2013	1885	19		1909

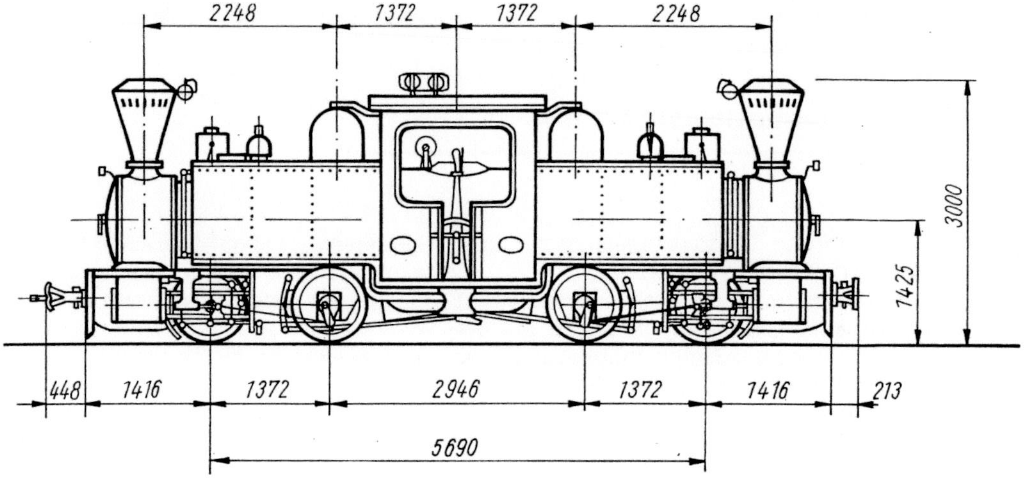

Gattung II K alt, Ursprungszustand.

Gattung II K alt, späteres Aussehen.

Gattung II K, Lokomotive Nr. 19 von der Heizerseite.
Foto Reinstein, Repro Meyer

III K

Spurweite 750 mm

Bauart: C1'n2t

Erstes Baujahr: 1889
Ausmusterung: bis 1926

Technische Daten: Seite 209

DRG-Baureihe 99^{75}

Konstruktive Merkmale

Kessel: Genieteter Langkessel aus drei Schüssen mit 3,5 m Rohrlänge. Heizfläche 46 m^2. Großer Dampfdom mit Regler und Sicherheitsventilen auf dem hinteren Kesselschuß. Rost (0,9 m^2) waagerecht zwischen dem Rahmen. Kesseldruck 10 bar. Speisung durch zwei Injektoren Bauart Friedmann mit je 30 l/min Förderleistung. Große Rauchkammer (1,30 m lang), Krempenschornstein.
Rahmen: Genieteter Blech-Außenrahmen, beweglicher Hilfsrahmen zur Aufnahme von Führerhaus und Kohlekasten.
Triebwerk: Zweizylinder-Naßdampf-Triebwerk mit geneigten Innenzylindern, Antrieb der mittleren Kuppelachse. Länge der Kuppelstangen durch auf dem Treibzapfen verdrehbaren Gestängestern veränderlich (Bauart Klose). Längenverstellung durch Ausschwenken des Stütztenders über ein Hebelsystem, das gleichzeitig die 1. und 3. Kuppelachse radial einstellt.
Steuerung: Äußere Stephenson-Steuerung mit Verstellung durch Steuerschraube. Flachschieber in rundem Schiebergehäuse.
Laufwerk: Nur die Treibachse ist fest im Rahmen gelagert. Laufachse (mit dem hinteren Teil des Führerhauses) um einen Punkt zwischen 2. und 3. Kuppelachse schwenkbar, 1. und 3. Kuppelachse durch Gestänge radial einstellbar. Gesamtachsabstand 5,75 m, aber kein fester Achsabstand! Alle Achsen mit obenliegenden Einzelfedern (bei der Treibachse weit oberhalb des Rahmens angeordnet).
Bremse: Treibräder beidseitig durch Wurfhebelbremse abgebremst. Einrichtung zum Fahren mit Gegendampf. Haspel für Heberleinbremse (nur für den Zug).
Sonstige Einrichtungen: Wasservorrat (2,0 m^3) in seitlichen Behältern, die bis zum hinteren Ende der Rauchkammer reichen und vorn unten eine große Aussparung für das Gestänge des Klose-Triebwerkes haben. 1,7 t Kohle in Kohlekasten an der Rückwand des Führerhauses. Seitenwandausschnitte bei der Lieferung von Hartmann nur noch in Türbreite.
Viereckiger Sandkasten auf dem vorderen Kesselschuß, mechanischer Sandstreuer für die Räder der 1. Achse von vorn und für die Räder der 2. Achse von hinten. Bei Krauss-Lieferung Sandkasten in Langkesselmitte angeordnet, Sandung der Treibräder beidseitig.
Dampfläutewerk auf durchbrochenem Aufsatz vor dem Schornstein.

Lieferfirma	Lieferjahr		Stück
	1889	1891	
Krauss	2		2
Hartmann		4	4
	2	4	6

Liste der einzelnen Lokomotiven

2.4.4.1
2 Lokomotiven, geliefert von Krauss, München
für die Sächsische Staatsbahn, Gattung Kr Kl T K (ab 1896 Gattung K III, ab 1900 Gattung III K)

Fabriknummer	Baujahr	Bahnnummer	Betriebsnummer ab 1925	Bemerkungen	Ausmusterung
2123	1889	35	99 7541		1925/26
2124	1889	36	99 7542		1925/26

Gattung III K, Lokomotive Nr. 36 auf Transportwagen im Ausbesserungswerk Hilbersdorf. *Foto Contius, Repro Meyer*

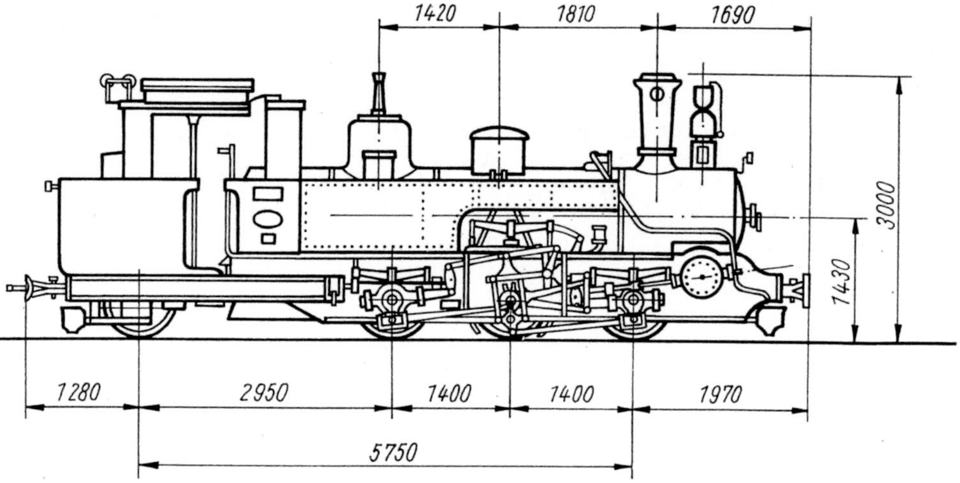

Gattung III K, Bauart Krauss 1889.

2.4.4.2
4 Lokomotiven, geliefert von Hartmann
für die Sächsische Staatsbahn, Gattung H Kl T K (ab 1896 Gattung K III, ab 1900 Gattung III K)

Fabriknummer	Baujahr	Bahnnummer	Betriebsnummer ab 1925	Bemerkungen	Ausmusterung
1781	1891	43	99 7543		1926
1782	1891	44	99 7544		1926
1783	1891	45	99 7545		1925/26
1784	1891	46	99 7546		1926

Gattung III K,
Bauart Hartmann 1891.

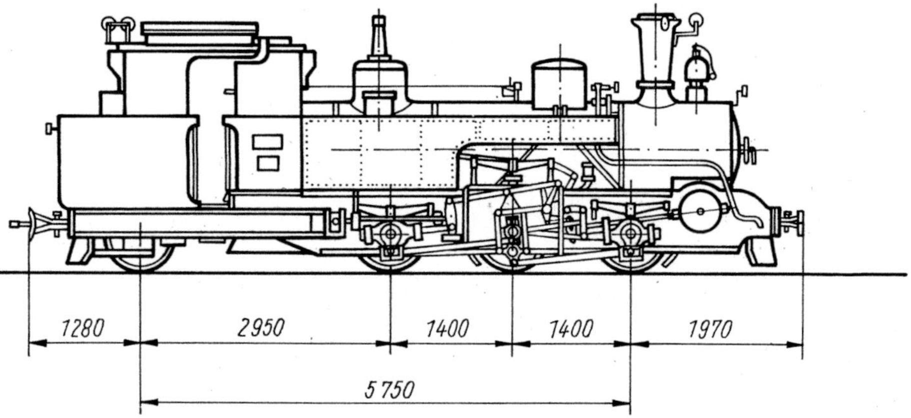

Gattung H Kl T K, Lokomotive Nr. 43.
Werkfoto, Repro Meyer

Gattung III K, Lokomotive Nr. 46 vor dem Heizhaus in Oberwiesenthal.
Foto Contius, Repro Meyer

Gattung III K, Lokomotive Nr. 45 auf Transportwagen im Ausbesserungswerk Hilbersdorf. *Foto Contius. Repro Meyer*

IV K

Spurweite 750 mm

Bauart: B'B'n4vt

Erstes Baujahr: 1892
Noch in Betriebseinsatz

Technische Daten: Seite 209

DRG-Baureihe $99^{5\text{-}6}$

Konstruktive Merkmale

Kessel: Stehkessel mit halbrunder Decke (Bauart Crampton). Zweischüssiger Langkessel mit 3,5 m Rohrlänge. Großer Dampfdom mit Flachregler auf dem hinteren Kesselschuß, kleiner Verteilerdom ganz vorn. Ramsbottom-Sicherheitsventil auf dem Hinterkessel, ab Lokomotive Nr. 138 (Baujahr 1904) zwei Pop-Ventile mit langen Abzugsröhren (äußerlich dem Ramsbottom-Ventil sehr ähnlich). Leicht geneigte Rostfläche 1 m^2, Gesamtheizfläche 50 m^2, Kesseldruck zunächst 12 bar, ab Lokomotive Nr. 141 14 bar, ab Lokomotive Nr. 170 15 bar. Speisung durch zwei Dampfstrahlpumpen Bauart Friedmann (je 40 l/min Förderleistung). Geräumige Rauchkammer mit runder Tür und Krempenschornstein (später durch einfacheren schwach konischen Schornstein ersetzt).
Ab 1962 Ausrüstung mit geschweißtem Neubaukessel gleicher Abmessungen, aber mit verändertem Dampfdom mit zwei Ackermann-Sicherheitsventilen und anstelle des Verteilerdoms zwei Kesselspeiseventile auf dem Kesselscheitel.
Rahmen: Brückenrahmen aus Blech genietet (bei Rekolokomotiven geschweißt). Drehgestelle mit Innenrahmen (vorn) bzw. Außenrahmen (hinten). Blechdicke 15 mm.
Triebwerk: Vierzylinder-Verbundtriebwerk mit waagerechten Außenzylindern. HD-Zylinder am hinteren, ND-Zylinder am vorderen Drehgestell in Lokmitte angeordnet. Antrieb der 1. und 4. Kuppelachse. Dampfzuführung vom Dampfdom nach hinten, durch den Sandkasten und auf der linken Kesselseite nach unten bis zum Drehzapfen des hinteren Triebgestells, von da durch bewegliche Verbinderleitung

Lieferfirma	Lieferjahr															Stück
	1892	93	94	96	98	99	1904	08	09	10	12	13	14	16	21	
Hartmann	7	7	2	7	6	6	3	10	6	7	12	6	13	3	1	96

zum vorderen Drehgestell und von dort zum Blasrohr.
Steuerung: Äußere Heusinger-Steuerung mit Hängeeisen an allen vier Triebwerken. Gemeinsame Verstellung durch Steuerschraube.
Laufwerk: Alle Achsen in den Drehgestellen starr gelagert. Achsabstand 1,4 m im Drehgestell, 6,2 m gesamt. 750 mm Kuppelraddurchmesser. Beide Drehgestelle durch Querkupplung verbunden. Obenliegende Achsfedern, im Drehgestell durch Ausgleichhebel verbunden. Abstützung des Rahmens in sechs Punkten (je zwei seitliche Gleitstücke und eine Wickelfeder an den äußeren Stirnseiten der Drehgestelle).
Bremse: Wurfhebelbremse wirkt von hinten auf beide Achsen des hinteren Drehgestells. Im vorderen Drehgestell Dampfbremse, von hinten auf beide Achsen wirkend. Ab Lokomotive Nr. 173 (Baujahr 1912) Körting-Saugluftbremse. Alle Lokomotiven mit Haspel zur Heberleinbremse. Nach 1949 Ausrüstung einiger Lokomotiven mit Knorr-Druckluftbremse für den Einsatz auf der Insel Rügen. Zwei Haupt- und ein Hilfsluftbehälter in Längsrichtung auf dem Kessel angeordnet.
Sonstige Einrichtungen: Wasservorrat (2 m^3) in seitlichen Behältern, 1,0 t Kohle an der Führerhausrückwand. Führerhaus anfangs mit flachgewölbter Decke und schmalen seitlichen Türausschnitten, ab Baujahr 1894 mit Lüftungsaufsatz und nach vorn verbreiterten Ausschnitten. Später wieder einzelne Lüftungsklappen oben auf dem Dach. Sandbehälter für das Sanden der Räder der 1. Achse (von vorn) an der Stirnseite der Wasserbehälter, für die Räder der 3. Achse (von vorn) auf dem Kessel hinter dem Dampfdom angeordnet. Bei Rekolokomotiven entfiel später der hintere Sandkasten, dafür Kästen im Führerhaus zur Sandung der Räder der 4. Achse von hinten.
Dampfläutewerk vor dem Schornstein angeordnet.
Petroleumbeleuchtung. Später Ausrüstung mit elektrischer Zugbeleuchtung durch Turbogenerator an der linken Seite des Schornsteins.

Liste der einzelnen Lokomotiven

2.4.5.1.
14 Lokomotiven, geliefert von Hartmann
für die Sächsische Staatsbahn, Gattung H M T K V (ab 1896 Gattung K IV, ab 1900 Gattung IV K)

Fabrik-nummer	Bau-jahr	Bahn-nummer	Betriebsnummer ab 1925	Betriebsnummer ab 1970	Bemerkungen	Ausmusterung
1774	1892	103	99 511	–		vor 1940
1775	1892	104	99 512	–		
1776	1892	105	99 513	–		1930
1777	1892	106	99 514	–		1930
1778	1892	107	99 515	–		vor 1940
1779	1892	108	99 516	99 1516-6	1)	1976 2)
1780	1892	109	99 517	–		1926
1870	1893	110	99 518	–	3)	
1871	1893	111	99 519	–		1933
1872	1893	112	99 520	–	4)	
1934	1893	113	99 521	–	3)	
1935	1893	114	99 522	–	4)	
1936	1893	115	99 523	–	4)	
1937	1893	116	99 524	–	4)	

1) Rekonstruktion 1963
2) Denkmallokomotive in Rothenkirchen
3) 1945/46 von SMAD beschlagnahmt, Verbleib in der UdSSR
4) Verlust im zweiten Weltkrieg, seit 1940 verschollen

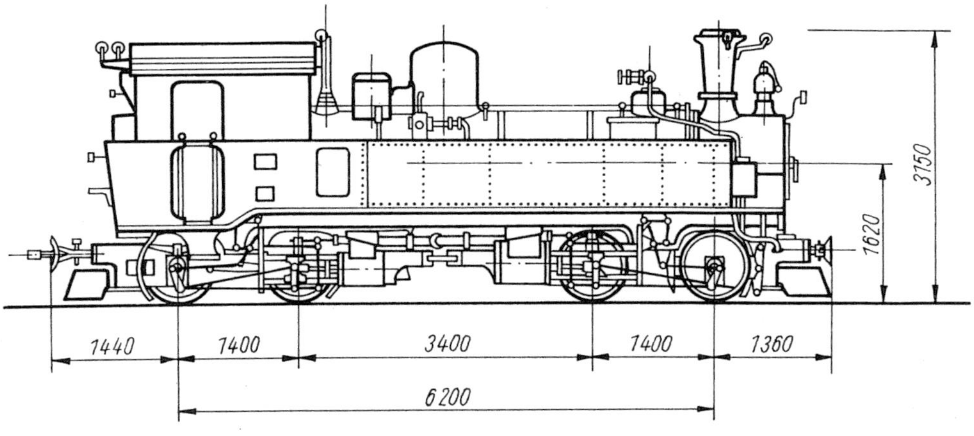

Gattung IV K, Lokomotiven Nr. 103 bis Nr. 116 (Baujahre 1892/93).

Gattung IV K, Lokomotive Nr. 107.
Werkfoto, Repro Meyer

2.4.5.2.
21 *Lokomotiven, geliefert von Hartmann*
für die Sächsische Staatsbahn, Gattung H M T K V (ab 1896 Gattung K IV, ab 1900 Gattung IV K)

Fabrik-nummer	Bau-jahr	Bahn-nummer	Betriebsnummer		Bemerkungen	Aus-musterung
			ab 1925	ab 1970		
2030	1894	117	99 525	–		1959
2031	1894	118	99 526	–	[1])	
2131	1896	119	99 527	–		1933
2132	1896	120	99 528	–		1930
2133	1896	121	99 529	–		1933
2134	1896	122	99 530	–		1969
2135	1896	123	–	–	PKP D 831[2])	
2136	1896	124	99 531	–	[3])	
2137	1896	125	99 532	–	[1])	
2274	1898	126	99 533	–	[1])	
2275	1898	127	99 534	99 1534-9	[4])	1976 [5])
2276	1898	128	99 535	–	[6])	1968 [6])
2277	1898	129	99 536	–		1933
2278	1898	130	99 537	–		1933
2279	1898	131	99 538	–		1933
2381	1899	132	99 539	99 1539-8	[7]) [8])	
2382	1899	133	99 540	–	[1])	
2383	1899	134	99 541			1934
2384	1899	135	99 542	99 1542-2	[7])	
2385	1899	136	99 543	–		1933
2386	1899	137	99 544	–	[1])	

[1]) Verlust im zweiten Weltkrieg, seit 1940 verschollen
[2]) Verlust im ersten Weltkrieg, ab 1940 bei ungarischer Industriebahn bis 1961 in Betrieb
[3]) Verlust im zweiten Weltkrieg, Verbleib bei SŽD
[4]) 1967 Rekonstruktion
[5]) Denkmallokomotive in Geyer/Erzgebirge
[6]) Verkehrsmuseum Dresden
[7]) 1963 Rekonstruktion
[8]) Einsatz auf Traditionsbahn Radebeul-Ost–Radeburg

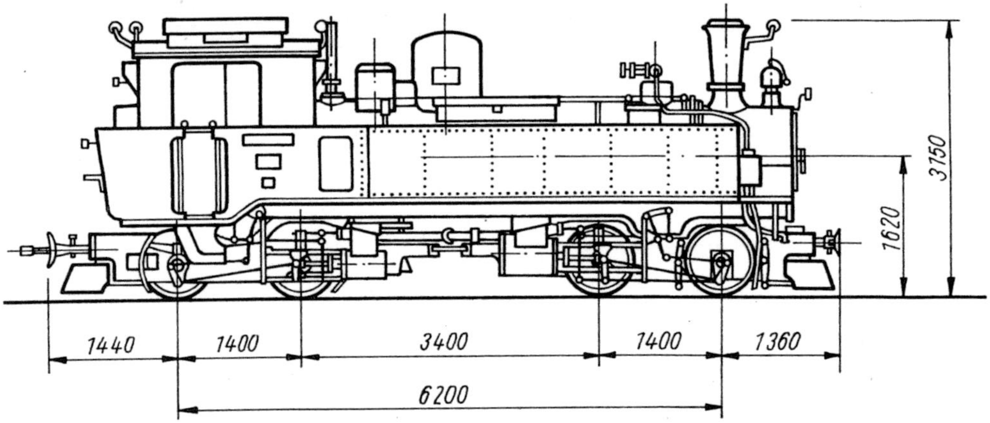

Gattung IV K, Lokomotiven Nr. 117 bis Nr. 137 (Baujahre 1894 bis 1899).

Gattung IV K, Lokomotive Nr. 120 auf Transportwagen im Ausbesserungswerk Hilbersdorf.
Foto Contius, Repro Meyer

2.4.5.3
61 *Lokomotiven, geliefert von Hartmann* für die Sächsische Staatsbahn, Gattung IV K

Fabrik-nummer	Bau-jahr	Bahn-nummer	Betriebsnummer ab 1925	Betriebsnummer ab 1970	Bemerkungen	Aus-musterung
2847	1904	138	99 545	–	[1]	1967
2848	1904	139	–	–	[2] PKP D ... [18]	
2849	1904	140	99 546	–	[3]	
3204	1908	141	99 551	–		1968
3205	1908	142	99 552	–		1967
3206	1908	143	99 553	–	[1] [10]	1968
3207	1908	144	99 554	–	[4] ČSD U 99.554	1954
3208	1908	145	99 555	99 1555-4	[5] [6]	1973/77 verk.
3209	1908	146	99 556	–	[1]	1968
3210	1908	147	–	–	[2] PKP D ...	
3211	1908	148	–	–	[2] PKP D ... [7]	
3212	1908	149	99 557	99 1557-0	[8]	1976
3213	1908	150	99 558	–	[4]	1947
3214	1909	151	99 561	99 1561-2	[9]	
3215	1909	152	99 562	99 1562-0	[10]	
3216	1909	153	99 563	99 1563-8	[10]	1978 verk. [16]
3217	1909	154	99 564	99 1564-6	[10]	
3319	1909	155	99 565	–		1933
3320	1909	156	99 566	99 1566-1	[8]	
3449	1910	157	99 567	–		1967
3450	1910	158	99 568	99 1568-7	[8]	
3419	1910	159	99 569	99 1569-5	[5]	1977
3420	1910	160	99 570	–		1967
3421	1910	161	99 571	–	[3]	
3422	1910	162	99 572	–		1968
3423	1910	163	99 573	99 1573-7		1975
3556	1912	164	99 574	99 1574-5	[10]	
3557	1912	165	99 575	–		1968
3558	1912	166	99 576	–	[5]	1969
3559	1912	167	99 577	–		1970
3560	1912	168	99 578	–		1967
3561	1912	169	99 579	99 1579-4	[11]	1972
3592	1912	170	99 581	99 1581-0	[12]	1974
3593	1912	171	99 582	99 1582-8	[8]	
3594	1912	172	99 583	99 1583-6	[8]	1979
3595	1912	173	99 584	99 1584-4	[10]	
3596	1912	174	–	–	[2] PKP D ...	
3597	1912	175	99 585	99 1585-1	[10]	
3606	1913	176	99 586	99 1586-9	[8]	
3607	1913	177	99 587	99 1587-7	[1] [8]	1974
3608	1913	178	99 588	–		1968
3669	1913	179	99 589	–		1966
3670	1913	180	99 590	99 1590-1	[9]	1981 verk.
3671	1913	181	99 591	–		1967
3712	1914	182	99 592	99 1592-7	[8]	1975
3713	1914	183	99 593	99 1593-5	[9]	1976
3714	1914	184	99 594	99 1594-3	[10]	1977 [13]
3735	1914	185	99 595	–		1967
3736	1914	186	99 596	99 1596-8		1975

Fabrik-nummer	Bau-jahr	Bahn-nummer	Betriebsnummer		Bemerkungen	Aus-musterung
			ab 1925	ab 1970		
3737	1914	187	99 597	–		1969
3738	1914	188	99 598	–	14)	
3787	1914	189	99 599	99 1599-2		1975
3788	1914	190	99 600	99 1600-8		1972verk.17)
3789	1914	191	99 601	99 1601-6	9)	1974/verk.
3790	1914	192	99 602	–		1934
3791	1914	193	99 603	–		1967
3792	1914	194	99 604	–	15)	1968
3906	1916	195	99 605	–		1968
3907	1916	196	99 606	99 1606-5	8)	
3908	1916	197	99 607	–		1967
4521	1921	198	99 608	99 1608-1	10)	

1) nach 1955 Ausrüstung mit Knorr-Druckluftbremse für Einsatz auf der Insel Rügen. Haupt- und Hilfsluftbehälter auf dem Langkessel.
2) Verlust im ersten Weltkrieg
3) 1945/46 von SMAD beschlagnahmt, Verbleib in der UdSSR
4) nach dem zweiten Weltkrieg Verbleib bei ČSD
5) 1963 Rekonstruktion
6) Denkmallokomotive in Söllmnitz
7) Verbleib vermutlich in Rumänien
8) 1965 Rekonstruktion
9) 1967 Rekonstruktion
10) 1964 Rekonstruktion
11) Schmalspurmuseum Oberrittersgrün
12) Denkmallokomotive in Kirchberg/Sachsen, 1983 verschrottet
13) Verkauf nach Norwegen
14) Verlust im zweiten Weltkrieg, 1940 verschollen
15) Museumslokomotive in Viernheim (BRD), Eigentümer DGEG
16) Investbau Plauen (Vogtl.)
17) Chemiewerk Dresden
18) später JŽ 13 005 bzw. JDŽ 90-008

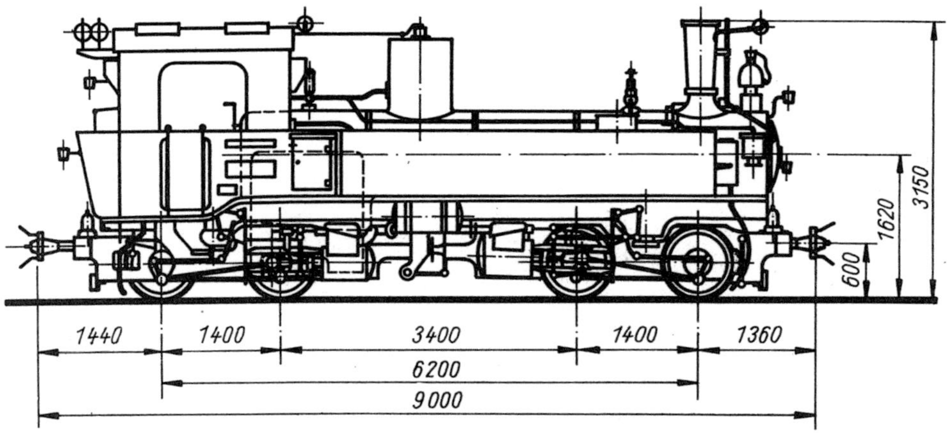

Gattung IV K, Aussehen nach Rekonstruktion

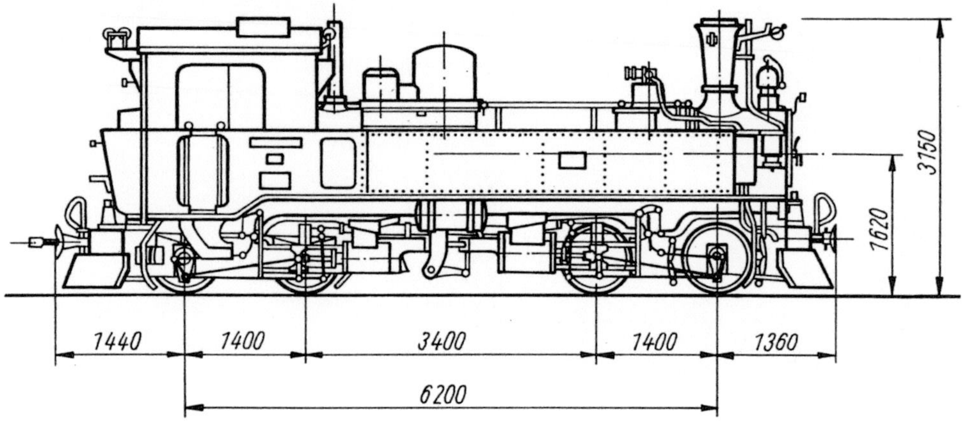

Gattung IV K, Lokomotiven Nr. 138 bis Nr. 198 (Baujahre 1904 bis 1921), Ursprungszustand mit Körting-Luftsaugebremse (ab Lokomotive Nr. 173).

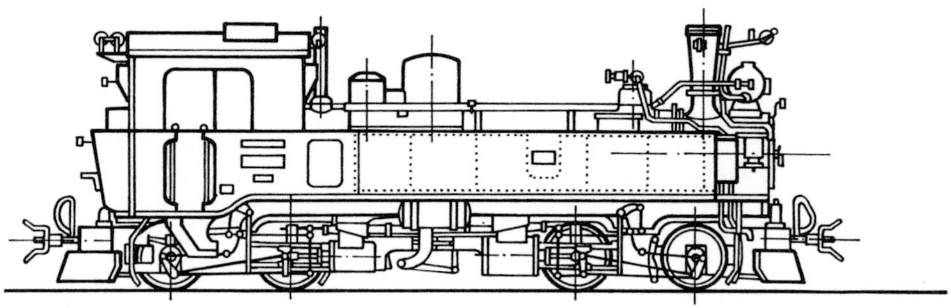

Gattung IV K, Lokomotiven Nr. 138 bis Nr. 198, späteres Aussehen mit elektrischer Zugbeleuchtung.

Gattung IV K, Lokomotive Nr. 192 auf der Verladerampe im Ausbesserungswerk Friedrichstadt. Aufnahme 1919.
Foto Reinstein, Repro Meyer

V K

Spurweite 750 mm

Bauart: Dn2vt

Erstes Baujahr: 1901
Ausmusterung: bis 1942

Technische Daten: Seite 210

DRG-Baureihe 99^6

Konstruktive Merkmale

Kessel: Abmessungen wie bei Gattung IV K. Dampfdom mit Flachregler auf dem zweiten Kesselschuß. Auf dem Dampfdom bei Lokomotiven Nr. 201 und Nr. 203 zwei Pop-Sicherheitsventile mit rohrförmigen Verkleidungen. Ab Lokomotive Nr. 204 querstehendes Ramsbottom-Ventil etwa über der Feuerbüchsrohrwand. Rost (1,0 m^2) waagerecht in Höhe der Rahmenoberkante. Kesseldruck 14 bar. Speisung durch zwei Friedmann-Injektoren mit je 40 l/min Förderleistung. Rauchkammer mit runder Tür, zweiteiliger Krempenschornstein.
Rahmen: Außenrahmen aus 15-mm-Blechen genietet.
Triebwerk: Zweizylinder-Verbundtriebwerk mit leicht geneigten Außenzylindern. Antrieb der 2. Kuppelachse. HD-Zylinder rechts, ND-Zylinder links angeordnet. Verbinderleitung verläuft durch den oberen Teil der Rauchkammer. Stangenlager durch Keile nachstellbar.
Steuerung: Äußere Heusinger-Steuerung mit Hängeeisen. Umstellung durch Steuerschraube. Flachschieber und Lindner-Anfahrvorrichtung.
Laufwerk: 2. und 3. Kuppelachse mit 1,5 m Achsabstand starr im Rahmen gelagert. 1. und 4. Kuppelachse (Gesamtachsabstand 3,9 m) als Klien-Lindner-Hohlachsen ausgebildet, d. h. in Außenlagern starr gelagerte Achsen mit Treibkurbeln übertragen das Antriebsmoment über ein mittiges Kugelgelenk auf die schwenkbare und um 10 mm seitenbewegliche Hohlachse mit den Kuppelrädern. Beide Hohlachsen sind durch gekreuzte Stangen so verbunden, daß sie gegenläufig ausschwenken. Kleinster befahrbarer Kurvenhalbmesser 40 m. Tragfedern obenliegend und zwischen 1. und 2. sowie 3. und 4. Achse durch Ausgleichhebel verbunden (Vierpunktabstützung). Offenbar nachträglich Ausgleichhebel auch zwischen 2. und 3. Achse eingebaut (bei Lokomotiven Nr. 201, 204, 208 durch Foto belegt).
Bremse: Dampfbremse (Bremszylinder senkrecht unter dem Führerhaus) und Wurfhebelbremse wirken zweiseitig auf die 2. und 3. Kuppelachse. Später (nach 1920) Umbau auf Körting-Luftsaugebremse. Schalldämpfer des Luftsaugers rechts neben der Rauchkammer, Abdampfrohr vor dem Schornstein. Haspel zur Heberleinbremse.
Sonstige Einrichtungen: Wasserbehälter für 2,4 m^3, seitliche etwa bis Mitte Langkessel reichend. Kohlekasten für 1,0 t hinter der Führerhausrückwand. Zwei viereckige Sandkästen auf dem Kesselscheitel über der 1. Achse und in Höhe der Führerhausvorderwand. Mechanisch betätigter Sandstreuer sandet die Räder der 1. Achse von vorn und die der 4. Achse von hinten.
Dampfläutewerk vor dem Schornstein. Führerhaus ab Lokomotive Nr. 207 mit korbbogenförmigem Dach ohne Lüftungsaufsatz.

Lieferfirma	Lieferjahr				Stück
	1901	05	06	07	
Hartmann	3	2	1	3	9

Liste der einzelnen Lokomotiven

2.4.6.1
3 *Lokomotiven, geliefert von Hartmann*
für die Sächsische Staatsbahn, Gattung V K

Fabriknummer	Baujahr	Bahnnummer	Betriebsnummer 1925	Bemerkungen	Ausmusterung
2644	1901	201	99 611		1934
2645	1901	202	99 612		1942
2646	1901	203	99 613		1934

Gattung V K, Lokomotive Nr. 201, Aufnahme 1920. *Foto Reinstein, Repro Meyer*

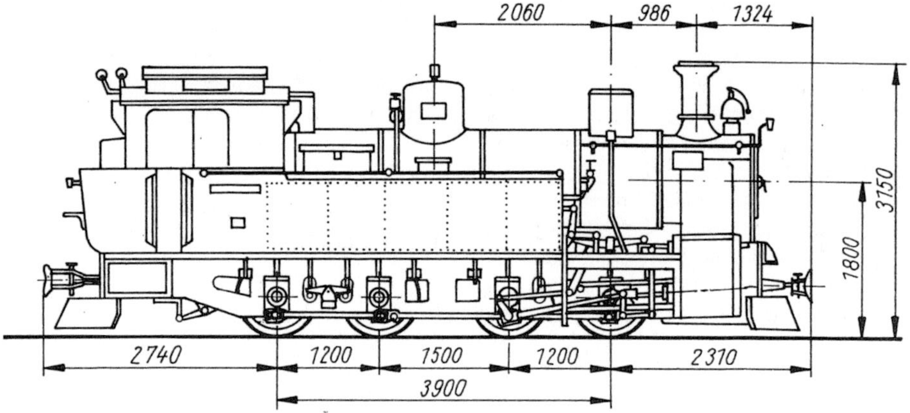

Gattung V K, Baujahr 1901.

2.4.6.2
6 Lokomotiven, geliefert von Hartmann
für die Sächsische Staatsbahn, Gattung V K

Fabrik-nummer	Bau-jahr	Bahn-nummer	Betriebsnummer 1925	Bemerkungen	Ausmusterung
2915	1905	204	99 614		1942
2916	1905	205	99 615		1942
2917	1906	206	99 616		1942
3156	1907	207	99 617		1934
3157	1907	208	99 618		1942
3158	1907	209	99 619		1934

Gattung V K (Baujahre 1905 bis 1907) mit nachträglich angebauter Körting-Luftsaugebremse. Lokomotiven Nr. 204 bis Nr. 206 hatten Lüftungsaufsatz wie Lokomotiven des Baujahres 1901.

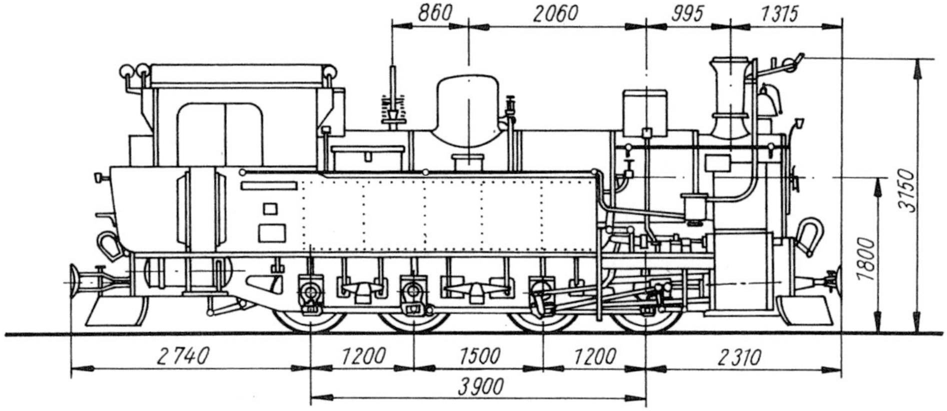

Gattung V K, Lokomotive Nr. 206.
Foto Reinstein, Repro Meyer

Lokomotive 99 618 (ehemalige Gattung V K, Lokomotive Nr. 208) mit Körting-Luftsaugebremse
Foto Bellingrodt, Repro Meyer

VI K

Spurweite 750 mm

Bauart: Eh2t

Erstes Baujahr: 1918
Ausmusterung: bis 1975

Technische Daten: Seite 210

DRG-Baureihe 99^{6-7}

Konstruktive Merkmale

Kessel: Rauchrohrkessel mit 3,24 m Rohrlänge, Stehkessel mit halbrunder Decke, geneigter Rückwand und geneigtem Rost (1,6 m²). Langkessel aus zwei Schüssen genietet, Dampfdom mit Regler auf dem vorderen Kesselschuß. Domhaube bei Lieferung der Lokomotiven des Baujahres 1918 halbkugelförmig, später flach gewölbt. Gesamtheizfläche 64 m², Kesseldruck 14 bar. Ramsbottom-Sicherheitsventil auf dem Stehkessel. Zwei nichtsaugende Dampfstrahlpumpen mit je 125 l/min Förderleistung. Schmidt-Rauchrohrüberhitzer.
Rahmen: Genieteter Blech-Innenrahmen.
Triebwerk: Zweizylinder-Heißdampf-Triebwerk mit leicht geneigten Außenzylindern, einschienige Kreuzkopfführung, Antrieb der 4. Kuppelachse. Nachstellbare Stangenlager.
Steuerung: Äußere Heusinger-Steuerung mit Kuhnscher Schleife und Steuerschraube. Kolbenschieber.
Laufwerk: Seitenbewegliche Achsen Bauart Gölsdorf. 2. und 4. Kuppelachse starr gelagert, fester Achsabstand 1,86 m. 1. und 5. Achse um ± 30 mm, 3. Achse um ± 20 mm seitenbeweglich. Tragfedern der 1. bis 3. Achse oberhalb des Rahmens angeordnet, 4. Achse mit Schraubenfedern. Ausgleichhebel zwischen 1. und 2. Achse sowie zwischen 4. und 5. Achse (Sechspunktabstützung).
Bremse: Körting-Saugluftbremse, Wurfhebelbremse und Haspel zur Heberleinbremse. Einige Maschinen (Einsatz in Württemberg) später mit Knorr-Druckluftbremse. Luftpumpe links neben der Rauchkammer, Hauptluftbehälter quer auf der vorderen Pufferbohle. Abbremsung der 2. und 4. Achse beidseitig.
Sonstige Einrichtungen: 4,5 m³ Wasser in seitlichen, oben leicht abgeschrägten Behältern. 2,0 t Kohle hinter dem Führerhaus. Viereckiger Sandkasten in Kesselmitte. Sandung der 2. und 4. Kuppelachse beidseitig.
Dampfläutewerk zwischen Dampfdom und Schornstein. Nach Einführung der elektrischen Zugbeleuchtung Turbogenerator quer hinter dem Schornstein.

Ab 1965 Rekonstruktion einiger Lokomotiven. Wesentlichste Veränderungen: Geschweißter Kessel (mit gleichen Abmessungen, aber modernen Armaturen), geschweißter Rahmen mit vergrößertem Achsabstand (1 000 mm statt vorher 930 mm), waagerechte Zylinder und Antrieb der 3. Kuppelachse. Abbremsung aller Achsen einseitig von vorn, Ausrüstung mit Knorr-Druckluftbremse. Führerhaus in Einheitsbauform und Wasserbehälter (ohne Abschrägung) geschweißt. Runder Sanddom, Druckluftsandstreuer sandet die Räder der 2. Kuppelachse von vorn, die der Treibachse beidseitig und die der 4. Kuppelachse von hinten. Druckluftläutewerk.

Lieferfirma	Lieferdaten						Stück
	1918	1923	1924	1925	1926	1927	
Henschel	15	10	3				28
Hartmann				9	3	10	22
Karlsruhe				4	8		12
	15	10	3	13	11	10	62

Liste der einzelnen Lokomotiven

2.4.7.1
15 *Lokomotiven, geliefert von Henschel*
für die Sächsische Staatsbahn, Gattung VI K

Fabrik-nummer	Bau-jahr	Bahn-nummer	Betriebsnummer		Bemer-kungen	Aus-musterung
			ab 1925	ab 1970		
16 122	1918	210	99 641	–	[1]	
16 123	1918	211	99 642	–		1969 verk.
16 124	1918	212	99 643	–	[2]	
16 125	1918	213	99 644	–		1968
16 126	1918	214	99 645	–	[1]	
16 127	1918	215	99 646	–		1970
16 128	1918	216	99 647	–	[2]	
16 129	1918	217	99 648	99 1648-7	[3]	1975
16 130	1918	218	99 649	–	[6]	
16 131	1918	219	99 650	–	[4]	1967
16 132	1918	220	99 651	–	[4] [5]	1969
16 133	1918	221	99 652	–	[1]	
16 134	1918	222	99 653	99 1653-7	[3]	1974
16 135	1918	223	99 654	99 1654-5	[3]	1975
16 136	1918	224	99 655	99 1655-2		1971

[1]) 1945/46 von SMAD beschlagnahmt, Verbleib in der UdSSR
[2]) 1942 an Waldviertelbahn (Österreich), Umspurung auf 760 mm
[3]) 1965 Rekonstruktion
[4]) ab 1930 Einsatz in Württemberg
[5]) Denkmallokomotive in Steinheim a. d. Murr (BRD)
[6]) Verlust im zweiten Weltkrieg

Gattung VI K, Lokomotive Nr. 212.
Urheber unbekannt, Repro Meyer

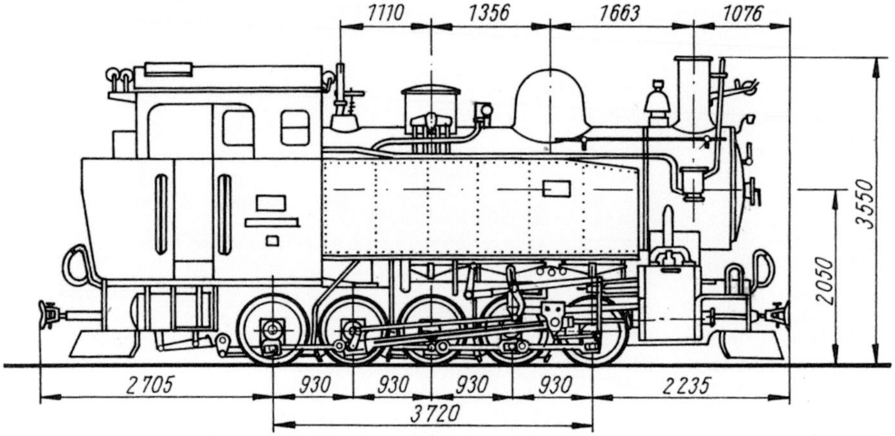

Gattung VI K, Baujahr 1918.

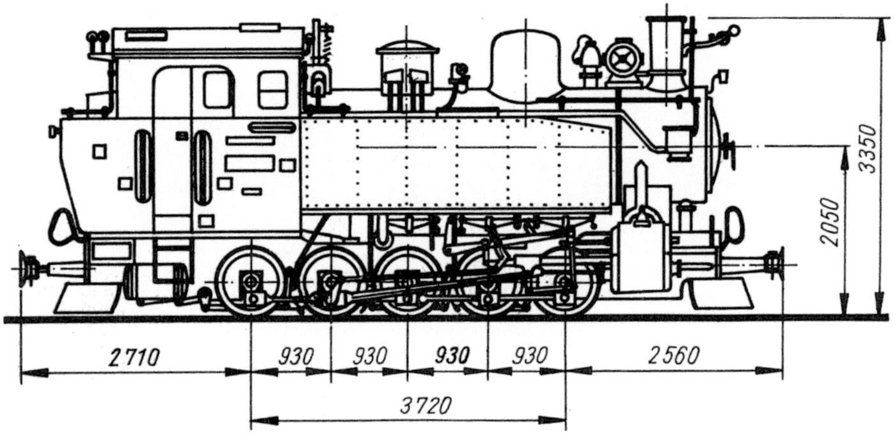

Gattung VI K (Baujahre 1923 bis 1927) mit nachträglich angebautem Turbogenerator.

Lokomotive 99 694 (VI K-Nachbau, Baujahr 1926). Aufnahme 1964 in Berbisdorf.
Foto Meyer

2.4.7.2
47 Lokomotiven,
geliefert von verschiedenen Herstellern
für die Deutsche Reichsbahn-Gesellschaft,
Baureihe $99^{6\text{-}7}$

Hersteller	Fabrik-nummer	Bau-jahr	Betriebsnummer		Bemerkungen	Aus-musterung
			ab 1923	ab 1970		
Henschel	19 749	1923	99 671	–	[1]	1965
	19 750	1923	99 672	–	[1]	1965
	19 751	1923	99 673	–		1970
	19 752	1923	99 674	–	[3]	1945[14]
	19 753	1923	99 675	–	[4]	
	19 754	1923	99 676	–	[3] [10]	1944
	19 755	1923	99 677	–	[3]	
	19 756	1923	99 678	–		1970
	19 757	1923	99 679	–	[5]	1956
	19 758	1923	99 680	–	[5]	1965
	20 224	1924	99 681	–	[3] [5]	1945
	20 225	1924	99 682	–	[5]	1964
	20 226	1924	99 683	–	[3] [5]	1945
Hartmann	4 646	1925	99 684	99 1684-2		1974
	4 647	1925	99 685	99 1685-9		1974
	4 648	1925	99 686	–		1951
	4 649	1925	99 687	99 1687-5	[2]	1975
	4 650	1925	99 688	–		1967
	4 651	1925	99 689	–		1968
	4 652	1925	99 690	–	[4]	
	4 653	1925	99 691	–	[4]	
	4 654	1925	99 692	99 1692-5	[6]	1974
	4 655	1926	99 693	–		1967
	4 656	1926	99 694	99 1694-1	[2]	1975
	4 657	1926	99 695	–	[3]	
Karlsruhe	2 323	1925	99 696	99 1696-6	[2]	1974
	2 324	1925	99 697	–		1968
	2 325	1925	99 698	–	[1]	1966
	2 326	1925	99 699	–	[2]	1971
	2 327	1926	99 700	–	[7]	1946
	2 328	1926	99 701	–	[1]	1965
	2 329	1926	99 702	–	[7] ČSD U 58.001	1963
	2 330	1926	99 703	99 1703-0	[2]	1975
	2 331	1926	99 704	–	[1]	1967
	2 332	1926	99 705	99 1705-5		1974
	2 333	1926	99 706	99 1706-3	[8]	1974
	2 334	1926	99 707	–	[4]	
Hartmann	4 665	1927	99 708	–	[3]	
	4 666	1927	99 709	–	[3]	
	4 667	1927	99 710	–	[4]	
	4 668	1927	99 711	–	[4]	
	4 669	1927	99 712	–	[9]	
	4 670	1927	99 713	99 1713-9	[6] [11]	
	4 671	1927	99 714	99 1714-7		1974
	4 672	1927	99 715	99 1715-4	[6] [12]	1973
	4 673	1927	99 716	–	[1] [13]	1965
	4 674	1927	99 717	–	[4]	

[1]) ab 1938 Einsatz in Württemberg
[2]) 1965 Rekonstruktion
[3]) Verlust im zweiten Weltkrieg
[4]) 1945/46 von SMAD beschlagnahmt, Verbleib in der UdSSR
[5]) Einsatz in Württemberg
[6]) 1963 Ersatzkessel
[7]) Verlust im zweiten Weltkrieg, Verbleib bei ČSD
[8]) 1966 Rekonstruktion
[9]) 1941 bei Kleinbahn Gozdow (Polen)
[10]) 1944 im Schwarzen Meer versenkt
[11]) Einsatz auf der Traditionsbahn Radebeul-Ost–Radeburg
[12]) Museumslokomotive in Radebeul-Ost
[13]) Denkmallokomotive in Güglingen (BRD)
[14]) Bombentreffer RAW Dresden

I M

Spurweite 1000 mm

Bauart: B'B'n4vt

Erstes Baujahr: 1902
Ausmusterung: bis 1963

Technische Daten: Seite 211

DRG-Baureihe 99^{1}

Konstruktive Merkmale

Kessel: Doppelkessel Bauart Fairly mit zwei Feuerbüchsen, zwei seitlichen Feuertüren auf der Heizerseite, zwei Schaulöchern auf der Führerseite und zwei Langkesseln mit je 2,4 m Rohrlänge, aber gemeinsamem Wasser- und Dampfraum. Gesamtheizfläche 79 m^2, Kesseldruck 14 bar. Beide Langkessel aus einem Schuß mit je einem großen Dampfdom mit verkleidetem Sicherheitsventil und Flachregler. Beide Regler vom Führerhaus und von den Stirnplattformen aus bedienbar. Zwei Friedmann-Dampfstrahlpumpen mit je 80 l/min Förderleistung. Zwei Prüsmann-Schornsteine mit Kobel-Funkenfängern.
Rahmen: Brückenrahmen aus Blech genietet und als Umlauf und Plattform ausgebildet.
Triebwerk: Zwei Zweizylinder-Verbundtriebwerke mit leicht geneigten Außenzylindern treiben die 1. und 4. Achse an. HD-Zylinder in Fahrtrichtung links. Dampfzufuhr über bewegliche Leitungen vom jeweils darüberliegenden Kessel. Aufklappbare Blechverkleidungen an den Triebwerken.
Steuerung: Alle Triebwerke mit Heusinger-Steuerung und Flachschieber. Gemeinsame Verstellung durch Händel.
Laufwerk: Zwei Drehgestelle mit nur 1,1 m Achsabstand und 6,5 m Drehzapfenabstand ermöglichen das Befahren von Bogen mit 15 m Radius.
Bremse: Dampfbremse und Wurfhebelbremse wirken zweiseitig auf je eine Treibachse. Haspel zur Heberleinbremse für den Wagenzug. Spätere Ausrüstung mit Druckluftbremse, Luftpumpe mit Auspuffschalldämpfer neben der Rauchkammer Führerseite vorn, Hauptluftbehälter auf beiden Umläufen (bei 99 161 je zwei kleinere, bei 99 162 je ein großer Luftbehälter).
Sonstige Einrichtungen: Gesamte Lokomotive mit durchgehendem Blechdach. Seitliche Umläufe mit Geländer und Stirnplattformen mit Blechverkleidung (mit Türen zwecks Zugang zur Rauchkammer). Vier seitliche Wasserbehälter für 3,2 m^3, unter dem Führerstand (nur auf der Führerseite) durch Überströmrohr verbunden. Umlauf außerhalb der Wasserbehälter. Kohlenräume für 1,4 t Kohle. Zwei viereckige Sandkästen jeweils zwischen Dom und Schornstein zur einseitigen Sandung der Räder der Treibachse von der Drehgestellinnenseite her. Zwei Läutewerke vor den Schornsteinen. Bedienungseinrichtungen (Regler und Bremse) an beiden Stirnseiten. Nach 1920 Umbau: Dach und Stirnführerstände entfernt, Sandkästen vor den Schornsteinen und Sandung der Räder der Treibachse von der Außenseite her, Läutewerk auf dem Langkessel, Ausrüstung mit Druckluftbremse und elektrischer Beleuchtung durch Turbogenerator (neben der Rauchkammer auf der Führerseite hinten).

Lieferfirma	Lieferjahr	Stück
Hartmann	1902	3

Liste der einzelnen Lokomotiven

2.4.8.1
3 *Lokomotiven, geliefert von Hartmann* für die Sächsische Staatsbahn, Gattung I M

Fabrik-nummer	Bau-jahr	Bahn-nummer	Betriebsnummer ab 1925	Bemerkungen	Ausmusterung
2647	1902	251	99 161		1963
2648	1902	252	99 162	[1])	1964
2649	1902	253	99 163	[2])	1942

[1]) 1970/71 in Ursprungszustand versetzt, Eigentum des Verkehrsmuseums Dresden
[2]) Verlust im zweiten Weltkrieg. Auf Seetransport im Schwarzen Meer versenkt.

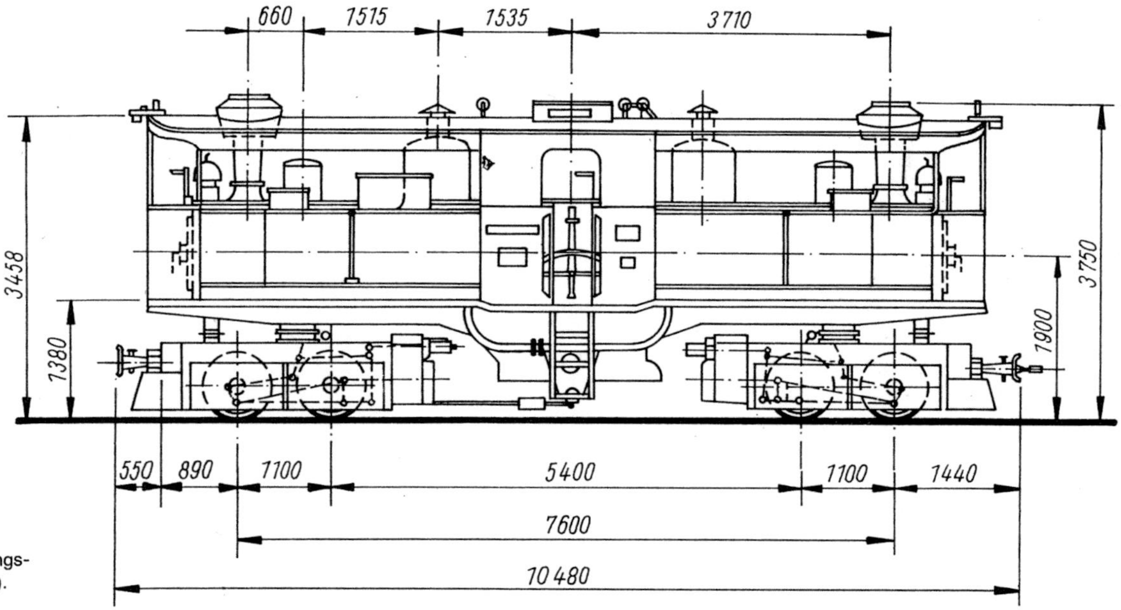

Gattung I M, Ursprungszustand (Führerseite).

Gattung I M, Lokomotive Nr. 251 (Heizerseite), Zustand vor 1920. *Foto Contius, Repro Meyer*

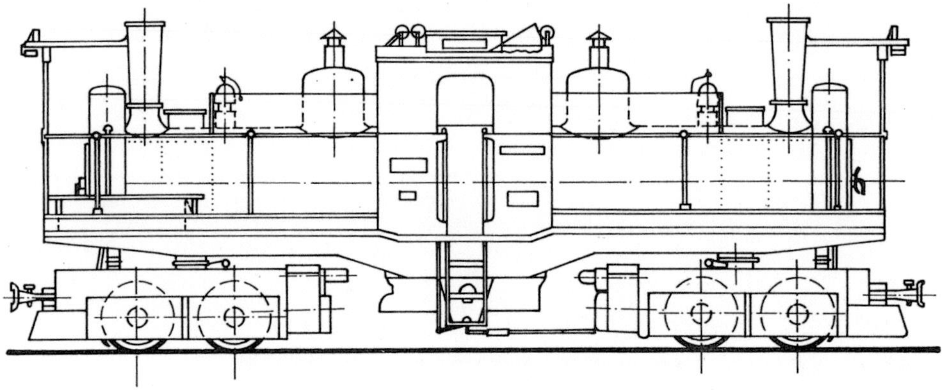

Gattung I M nach Umbau (Heizerseite).

Gattung I M, Lokomotive Nr. 251 auf Transportwagen (Führerseite), Zustand vor 1920.
Foto Contius, Repro Meyer

Lokomotive 99 161 (ehemalige Gattung I M, Lokomotive Nr. 251) Aufnahme 1957 in Oberheinsdorf.
Foto Meyer

Hz 0

Erstes Baujahr: 1883
Ausmusterung: um 1900

Technische Daten: Seite 211

Konstruktive Merkmale

Einachsiger Maschinenwagen (abnehmbare Stützachse nur zum Verfahren bei Reparaturen u. ä.), mit zweiachsigem Doppelstockwagen starr gekuppelt. Gesamtachsabstand 7,35 m. Querstehender Heizrohrkessel mit 0,5 m^2 Rostfläche und 26 m^2 Gesamtheizfläche. Kesseldruck 10 bar. Kurzer, schwach konischer Schornstein außerhalb der Kesselmitte. Zweizylinder-Naßdampftriebwerk mit Innenzylindern und Joy-Lenkersteuerung. Vorratsbehälter für 2,4 m^3 Wasser und 0,4 t Kohle. Dampfpfeife und Dampfläutewerk auf dem Dach des Maschinenwagens. Rauchkammer durch seitliche Türen zugänglich.

Liste der einzelnen Fahrzeuge
2.5.1 Dampftriebwagen Bauart Thomas
3 Triebwagen, geliefert von der Maschinenfabrik Hohenzollern
für die Sächsische Staatsbahn, Gattung Hz 0

Fabrik-nummer	Bau-jahr	Bahn-nummer	Bemerkungen	Ausmusterung
	1883	A		um 1900
	1883	B		um 1900
	1883	C		um 1895

Dampftriebwagen Bauart Thomas, Gattung Hz 0.

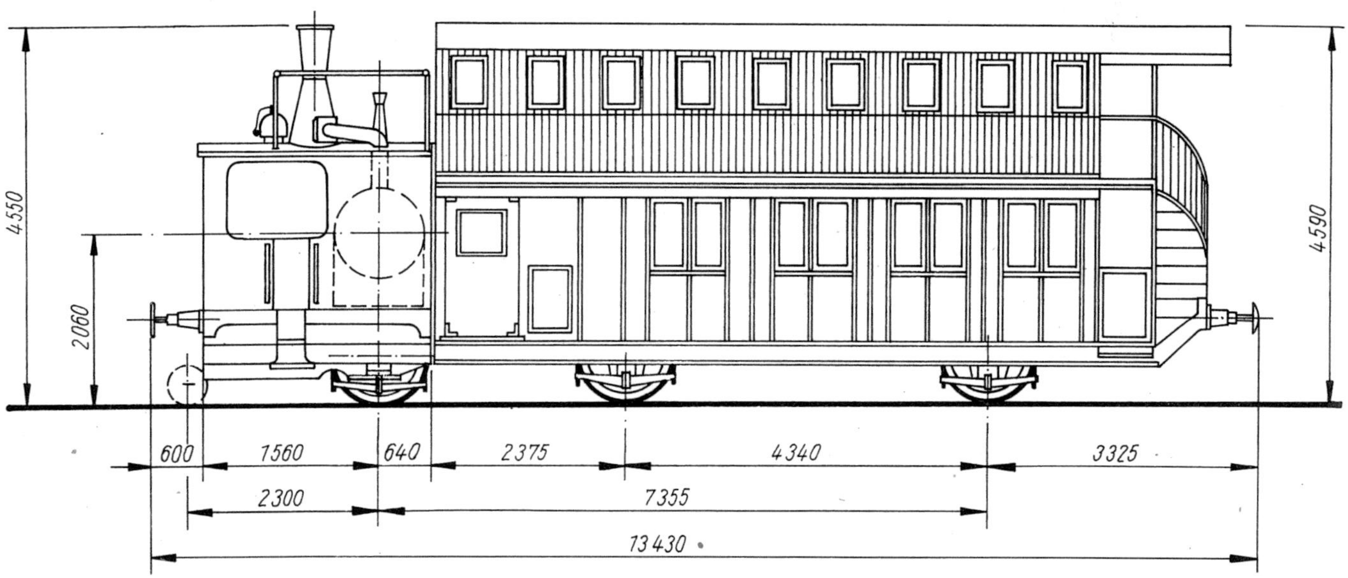

Ohne Gattungsbezeichnung

Erstes Baujahr: 1903
Ausmusterung:

Technische Daten: Seite 211

Konstruktive Merkmale

Zwangsdurchlauf-Dampferzeuger mit Kohlefeuerung. In einem feuerfest ausgekleideten Gehäuse befindet sich eine Rohrschlange mit geringem Querschnitt. Durch Einspritzen einer genau dosierten Wassermenge wird die jeweils für einen Kolbenhub erforderliche Dampfmenge erzeugt. Antrieb der Wasserpumpe von der Dampfmaschine. Trotz des hohen Dampfdruckes (bis 94 bar) ist die Anlage ungefährlich, da die Wassermenge jm Rohrsystem sehr gering ist.
Wagenuntergestell mit kurzem Außenrahmen zur Lagerung der Treibachse. Zweizylinder-Triebwerk mit waagerechten Außenzylindern und Heusinger-Steuerung. Beidseitig auf beide Achsen wirkende Wurfhebelbremse. Beleuchtung mit Petroleumlampen.
Leistung der Dampfmaschine etwa 20 kW bis 35 kW. Mängel in der Dampferzeugung (z. B. schnelles Zusetzen der Rohre) bedingten die baldige Abstellung des Fahrzeugs.

Liste der einzelnen Fahrzeuge
2.5.2 Dampftriebwagen Bauart Serpollet
1 Triebwagen, geliefert von der Maschinenfabrik Esslingen
für die Sächsische Staatsbahn

Fabrik-nummer	Bau-jahr	Bahn-nummer	Bemerkungen	Ausmusterung
	1903	S 1		

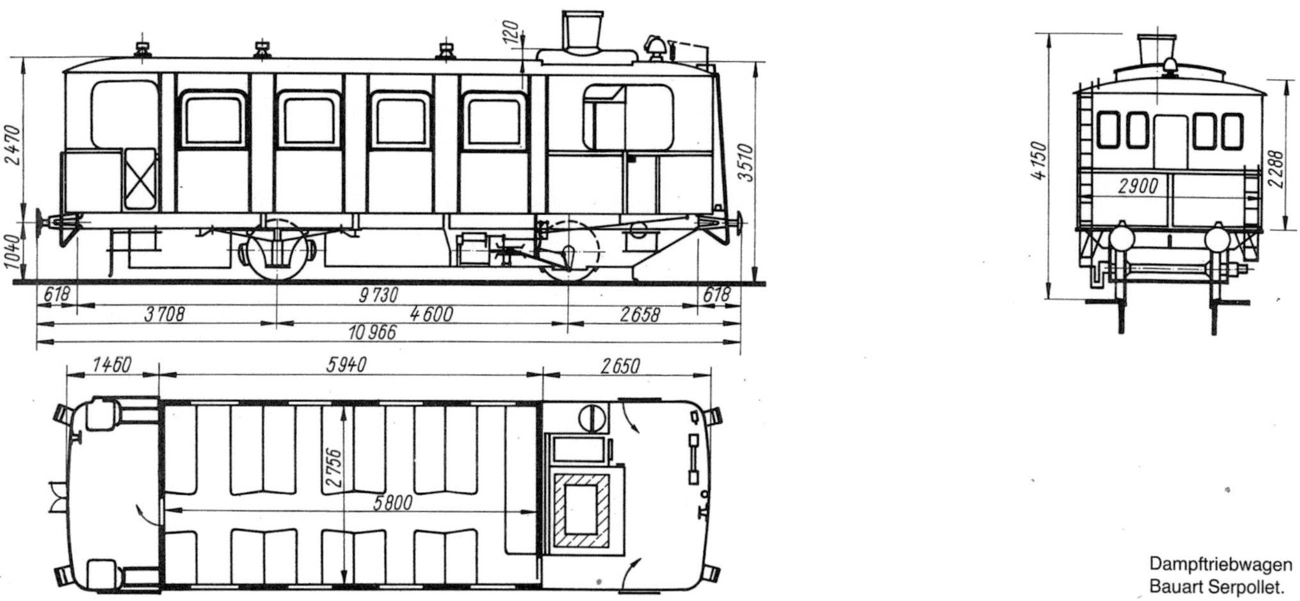

Dampftriebwagen Bauart Serpollet.

Serpollet-Dampftriebwagen Nr. S 1.
Foto Contius, Repro Meyer

I F

Erstes Baujahr: 1917
Ausmusterung:

Technische Daten: Seite 211

Konstruktive Merkmale

Isolierter Speicherkessel mit 6,5 m^3 Inhalt. Heißwasserfüllung maximal 5 m^3. Dampfdom mit Regler in Kesselmitte. Dampfdruck maximal 12 bar. Innenrahmen aus Blech genietet. Zweizylinder-Naßdampftriebwerk mit waagerechten Außenzylindern treibt die 1. Kuppelachse an. Heusinger-Steuerung mit Flachschiebern. Wurfhebelbremse wirkt beidseitig auf die Treibachse. Kleine seitliche Sandbehälter zur Sandung der Räder der 1. Achse von hinten und der Räder der 2. Achse von vorn. Dampfpfeife und Dampfläutewerk.

Liste der einzelnen Fahrzeuge
2.5.3 Dampfspeicherlokomotive
1 *Lokomotive, geliefert von Hartmann*
für die Sächsische Staatsbahn, Gattung I F

Fabriknummer	Baujahr	Bahnnummer	Bemerkungen	Ausmusterung
3 981	1917	1		

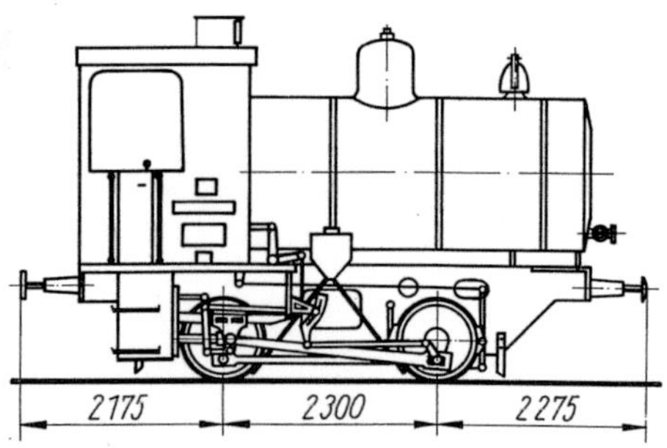

Dampfspeicherlokomotive Gattung I F.

Dampfspeicherlokomotive Gattung I F Nr. 1.
Werkfoto, Repro Meyer

Ohne Gattungsbezeichnung

Erstes Baujahr: 1904
Ausmusterung: um 1906

Technische Daten: Seite 212

Konstruktive Merkmale

Zwei zweiachsige Wagen mit Endeinstiegen durch eine Kurzkupplung so verbunden, daß eine gemeinsame Mittelplattform als Einstiegraum entsteht. Kupplung ermöglicht Drehbewegungen und Höhenversatz der Wagen gegeneinander, jedoch keine seitlichen Verschiebungen.
Gesamtachsabstand des so gekuppelten Zuges 12,7 m. Führerstände an beiden Enden. Jede Achse durch einen Gleichstrom-Reihenschluß-Tatzlagermotor von etwa 20 kW über ein Zahnradgetriebe angetrieben. Bleiakkumulatoren mit insgesamt 148 Zellen unter den in Wagenlängsrichtung angeordneten Sitzbänken. Kapazität der Akkumulatoren 430 Ah. Elektromagnetische Bremse wirkt beidseitig auf alle Räder des Zuges und wird vom Kurzschlußstrom der Fahrmotoren betätigt. Der Doppelwagen hatte zusammen 98 Sitzplätze.

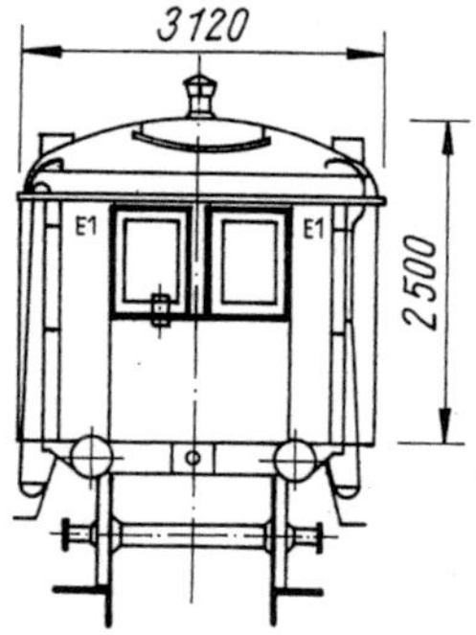

Elektrischer Speichertriebwagen E 1.

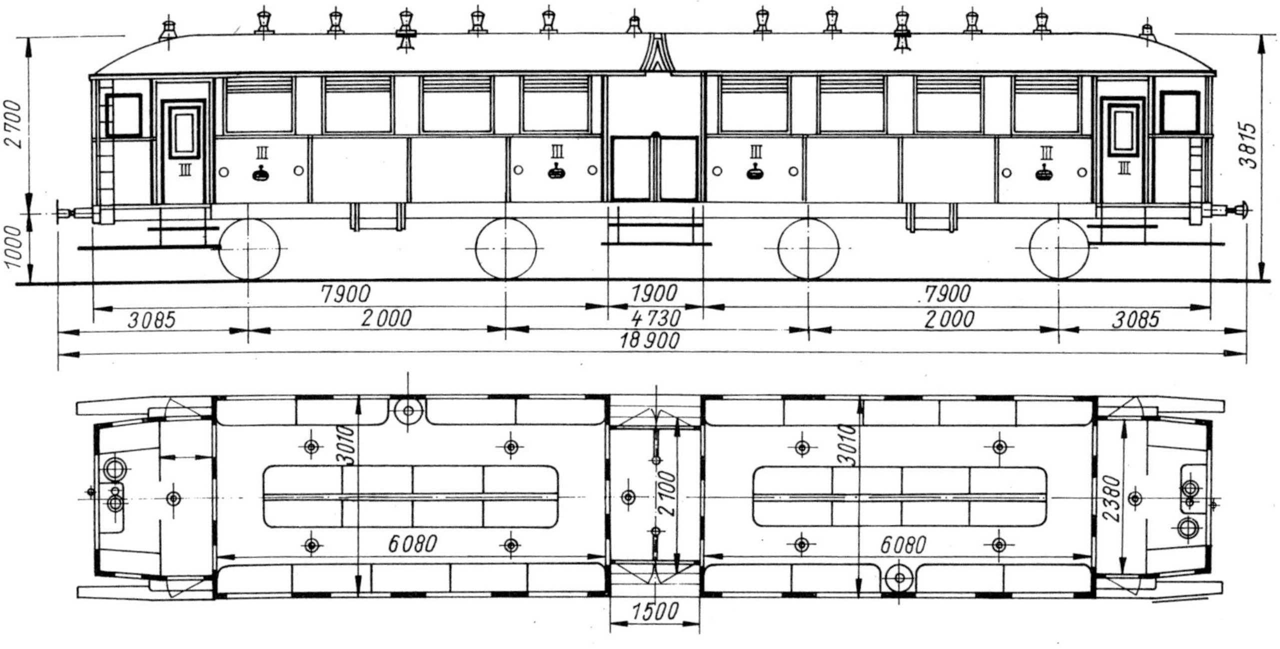

Liste der einzelnen Fahrzeuge

2.5.4 Elektrischer Speichertriebwagen

1 Triebwagen, geliefert für die Sächsische Staatsbahn

Fabrik-nummer	Bau-jahr	Bahnnummer	Bemerkungen	Ausmusterung
	1904	E 1	[1])	um 1906

[1]) Einsatz nur im Raum Dresden–Pirna, Stromversorgung am Dresdner Hauptbahnhof durch die Dresdner Straßenbahn.

Speichertriebwagen Nr. E 1 vor der historischen Kulisse der Dresdner Prager Straße.
Foto Hartmann, Repro Meyer

I ME

Spurweite 1000 mm

Erstes Baujahr: 1916
Ausmusterung: 1967

Technische Daten: Seite 212

Konstruktive Merkmale

Gleichstromlokomotive für 600 V Fahrdrahtspannung. Brückenrahmen aus versteiften Profilstählen auf zwei zweiachsigen Drehgestellen. Achsabstand der Drehgestelle 1,5 m, Gesamtachsabstand 6,2 m. Antrieb durch je einen Gleichstrom-Reihenschlußmotor von etwa 65 kW Dauerleistung über Zahnradgetriebe (Tatzlageranordnung) auf eine Drehgestellachse und über aufgesetzte Kurbeln (Außenlager!) und Kuppelstangen auf die zweite Achse. Mittelführerstand mit geneigten Vorbauten zur Aufnahme der elektrischen und Bremsausrüstung. Reihen- und Parallelschaltung beider Motoren über Schaltwalzen und Anfahrwiderstände. Zehn Anfahr- und zwei Dauerfahrstufen. Dachstromabnehmer mit drei Schleifstücken (später auf zwei reduziert). Druckluftbremse mit Kompressor und Hauptluftbehälter unter dem Vorbau. Druckluftpfeife und handbetätigte Glocke. Drehgestellstirnseiten als Schneepflug ausgebildet, Seiten später mit Schutzverkleidung.

Liste der einzelnen Fahrzeuge
2.5.5 Elektrische Schmalspurlokomotive für 1000 mm Spurweite
2 Lokomotiven, geliefert von Hartmann
für die Sächsische Staatsbahn, Gattung I ME

Fabrik-nummer	Bau-jahr	Bahn-nummer	Betriebs-nummer ab 1950	Bemerkungen	Ausmusterung
3759	1916	1	E 191 01	[1])	1967
3760	1916	2	E 191 02	[1])	1967

[1]) Indienststellung 1917

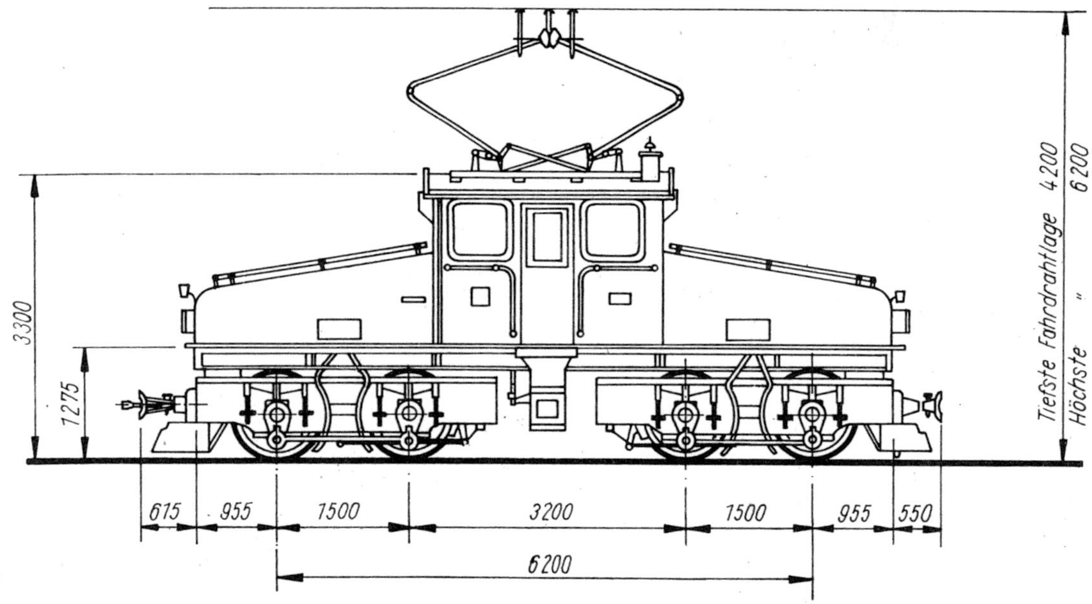

Schmalspur-Elektro-lokomotive Gattung I ME.

Schmalspurlokomotive Gattung I ME, Lokomotive Nr. 1.
Werkfoto, Repro Meyer

Lokomotive E 191 02 (ehemalige Gattung I ME, Lokomotive Nr. 2), Aufnahme 1960 in Klingenthal.
Foto Meyer

I MET

Spurweite 1 000 mm

Erstes Baujahr: 1917
Ausmusterung: 1958

Technische Daten: Seite 212

Konstruktive Merkmale

Zweiachsiger Wagen mit Einstiegsplattformen in straßenbahnüblicher Bauweise. Achsabstand 2,2 m, Raddurchmesser 800 mm. Drei Abteile mit Querbänken, Sitzanordnung 1 + 2. Zwei Tatzlagermotoren mit je 24 kW Dauerleistung und Serien-Parallel-Schaltung. Scherenstromabnehmer mit zwei Schleifstücken. Druckluftbremse (Hauptluftbehälter unter dem Führerstand) und Druckluftpfeife.

Schmalspurtriebwagen Gattung I MET Nr. 2 mit Beiwagen am Bahnhof Klingenthal.
Foto Hubert, Repro Meyer

Schmalspur-Triebwagen Gattung I MET.

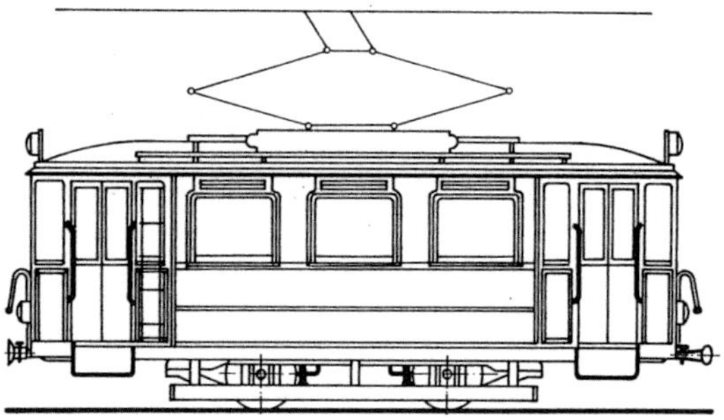

Liste der einzelnen Fahrzeuge
2.5.6 Elektrischer Schmalspurtriebwagen
2 Triebwagen, geliefert von der Waggonfabrik Bautzen
für die Sächsische Staatsbahn, Gattung I MET

Fabriknummer	Baujahr	Bahnnummer	Betriebsnummer ab 1950	Bemerkungen	Ausmusterung
	1917	1	ET 197 01		1958
	1917	2	ET 197 02		1958

Ohne Gattungsbezeichnung

Erstes Baujahr: 1904
Ausmusterung:

Technische Daten: Seite 213

Konstruktive Merkmale

Zweiachsiger Wagen mit Endeinstiegsplattformen. Achsabstand 4,8 m, Raddurchmesser 1,0 m. Antrieb durch Daimler-Verbrennungsmotor mit mechanischem Getriebe vermutlich auf eine Achse. Vier Abteile mit Querbänken, Sitzanordnung 2 + 3, etwa in Wagenmitte Motorgehäuse und zwei Längssitze. Nähere technische Angaben nicht bekannt.

Liste der einzelnen Fahrzeuge
2.5.7 Motortriebwagen
1 *Triebwagen, geliefert (vermutlich von Esslingen) für die Sächsische Staatsbahn*

Fabrik-nummer	Bau-jahr	Bahnnummer	Bemerkungen	Ausmusterung
	1904	Dai 1		

Verbrennungstriebwagen Dai 1.

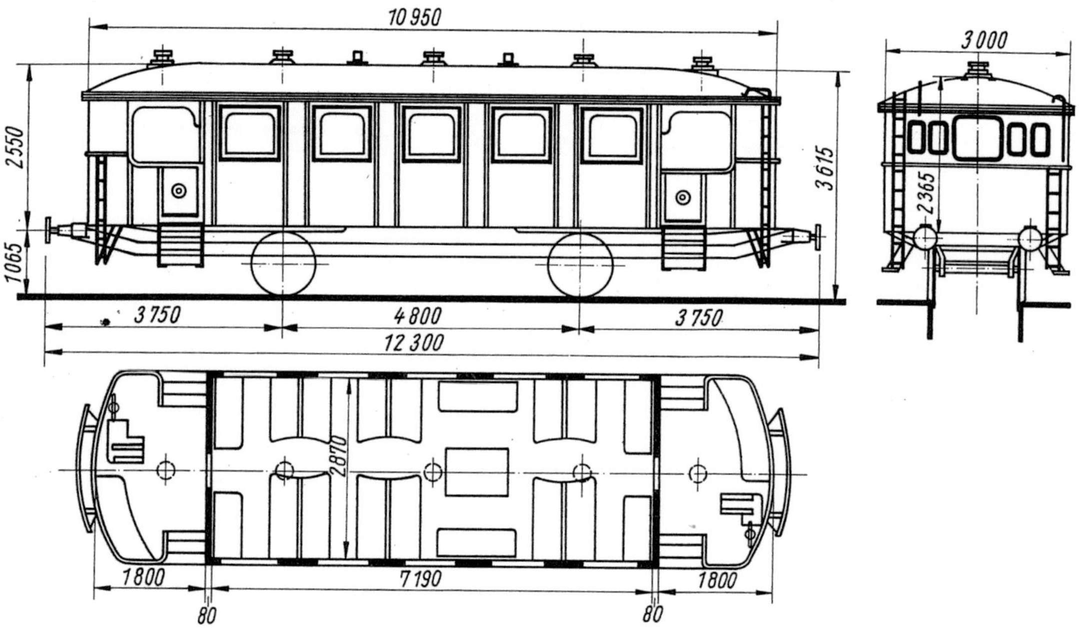

Ohne Gattungsbezeichnung

Erstes Baujahr: 1914
Ausmusterung: 1922

Technische Daten: Seite 213

Konstruktive Merkmale

Fünfachsiger Wagen mit acht Abteilen sowie zwei Einstiegräumen. Sulzer-Dieselmotor, Generator und Erregermaschine im dreiachsigen Laufgestell unter einem halbhohen, einseitigen Vorbau.
Der Wagen ähnelt den benzol-elektrischen Triebwagen der KPEV, unterscheidet sich aber von diesen in der Achsanordnung und in der Höhe des Vorbaus. Der Antrieb erfolgt durch zwei Elektromotoren über Blindwelle und Kuppelstangen auf die zwei Achsen des Triebgestelles. Führerstände an beiden Wagenenden, aber auch zum Betrieb mit Steuerwagen vorgesehen. Abgasleitung über das Wagendach zum Zugende.

Dieseltriebwagen DET 1 bzw. DET 2.

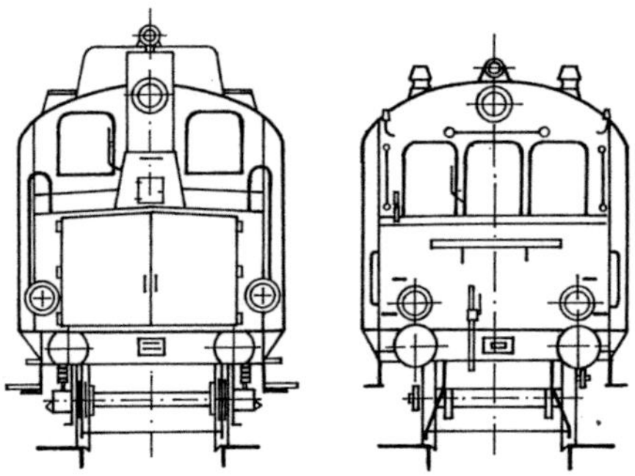

Liste der einzelnen Fahrzeuge
2.5.8 Dieselelektrischer Triebwagen
2 Triebwagen, geliefert von der Waggonfabrik Rastatt
für die Sächsische Staatsbahn

Fabriknummer	Baujahr	Bahnnummer	Bemerkungen	Ausmusterung
	1914	DET 1	[1])	1922
	1914	DET 2	[1])	1922

[1]) 1922 Verkauf an „Chemin de fer du Val Travers", Schweiz, dort modernisiert und ab 1924 wieder eingesetzt. Ein Wagen steht seit 1982 im Verkehrshaus Luzern.

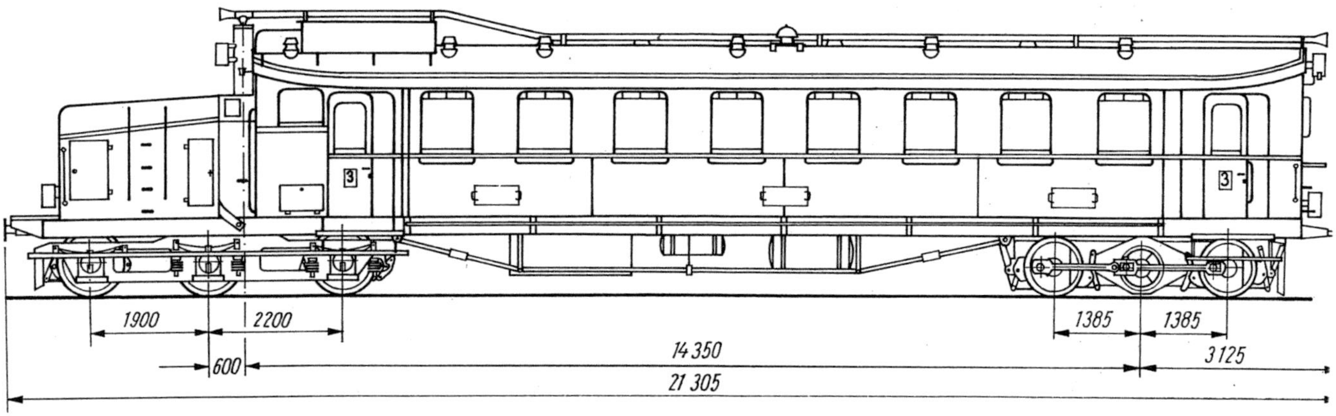

Dieselelektrischer Triebwagen DET 1 oder DET 2.
Sammlung Wohllebe, Repro Meyer

Ohne Gattungsbezeichnung

Erstes Baujahr:
Ausmusterung:

Technische Daten: Seite 213

Konstruktive Merkmale

Normaler Omnibus, dessen hartgummibereifte Räder zusätzlich mit einer Eisenbandage mit Spurkranz verschraubt wurden. Weitere zusätzliche Einrichtungen waren Druckluftpfeife, Warnglocke und Signaleinrichtungen.

Liste der einzelnen Fahrzeuge
2.5.9 Schienenomnibus
1 *Fahrzeug, ausgerüstet für die Sächsische Staatsbahn*

Fabriknummer	Baujahr	Bahnnummer	Bemerkungen	Ausmusterung
		9015		

Schienenomnibus der Sächsischen Staatsbahn, Bahnnummer 9015.
Urheber unbekannt, Repro Meyer

Quellenverzeichnis

Bauberichte, Geschäftsberichte, Generalversammlungsprotokolle der Leipzig-Dresdner Eisenbahn, 1834 bis 1875

Nachweisung der Betriebsergebnisse bei den Staats- und Privatbahnen im Königreich Sachsen, 1849 bis 1863

Statistischer Bericht über den Betrieb der unter königlich-sächsischer Staatsverwaltung stehenden Staats- und Privatbahnen, 1864 bis 1896, 1900, 1918/19

Neumann, L.; Ehrhardt, P.: Erinnerungen an den Bau und die ersten Betriebsjahre der Leipzig-Dresdner Eisenbahn.
Der Civil-Ingenieur 1889

Köhler, H.: Bericht über den Betrieb der Leipzig-Dresdner Eisenbahn während des ersten Jahres der Eröffnung von Leipzig bis Althen. Leipzig 1838 (unveröffentlicht, Original im Verkehrsmuseum Dresden)

Ulbricht: Die Geschichte der Entstehung und Entwicklung des sächsischen Eisenbahnnetzes. Dresden 1894

Wiedemann: Die sächsischen Eisenbahnen in historisch-statistischer Darstellung. Leipzig 1902

Amtliches Verzeichnis der Lokomotiven und Tender der K.Sächs.Sts.E.B. 1916

Plan für die Umzeichnung der ehemals sächsischen Lokomotiven. Eisenbahn-Zentralamt Berlin 1925

v. Helmholtz, R., Staby, W. und E. Metzeltin: Die Entwicklung der Lokomotive im Gebiete des Vereins deutscher Eisenbahnverwaltungen. Verlag von R. Oldenbourg, München und Berlin 1930

Töpelmann, J.: Die Lokomotiven der sächsischen Staats- und Privatbahnen 1835–1923. Unveröffentlichte Skizzen.

Pieper: Lokomotivverzeichnis der Deutschen Reichsbahn.
Herausgeber Gustav Röhr, Krefeld.

Griebl, H.; Schadow, F.: Verzeichnis der deutschen Lokomotiven 1923 bis 1963. transpress VEB Verlag für Verkehrswesen, Berlin 1965

Holzborn, K.-D.: Dampflokomotiven, Bd. 1–2.
transpress VEB Verlag für Verkehrswesen, Berlin 1968

Dühring, F.: Die Schnellzug-Dampflokomotiven der deutschen Länderbahnen 1907–1922. Franckh'sche Verlagshandlung Stuttgart

Ludwig, K.: Von der Maschinenbau-Werkstatt zur Maschinenfabrik..., Dissertation Bergakademie Freiberg 1980, S. 19ff.

Weisbrod, M.; Müller, H.; Petznick, W.: Dampflok-Archiv Band 1–4.
transpress VEB Verlag für Verkehrswesen, Berlin 1976–1981

Maedel, K.-E.: Die königlich sächsischen Staatseisenbahnen.
Franckh'sche Verlagshandlung Stuttgart 1977.

Kieper, K., Preuß, R.; Rehbein, E.: Schmalspurbahn-Archiv.
Transpress VEB Verlag für Verkehrswesen, Berlin 1980

Schuffenhauer, E.: Carl August Rabenstein, ein vergessener Lokomotivbauer. der modelleisenbahner 31 (1982) 1, S. 11

Tabellen

		2.2.1.1	2.2.1.2	2.2.2.1.1
Gattungsbezeichnung	-	H Vb[1)]	H Vb[1)]	H V[2)]
abgekürzte Bezeichnung	-	C n2	C n2	C n2
Name/Bahnnummer von	-	GLÜCKAUF	NEUE HOFFNUNG	REICHENBACH
bis	-	THARANDT	-	WÜRZBURG
spätere DRG-Baureihe	-	-	-	-
Herstellerfirma	-	Hartmann	Hartmann	Hartmann
Erstes Baujahr	-	1855	1863	1859
Höchstgeschwindigkeit	km/h	45	45	45
Steuerungsbauart	-	Stephenson	Stephenson	Gooch
Bremsbauart	-	-	-	Schlitten[3)]
Zylinderdurchmesser	mm	380	380	457
Kolbenhub	mm	610	610	610
Treibraddurchmesser	mm	1370	1370	1370
Laufraddurchmesser	mm	-	-	-
Kesselüberdruck	bar	7,4	7,0	7,0
Anzahl/Durchmesser				
der Heizrohre	-/mm	164/45	164/45	197/45
der Rauchrohre	-/mm	-	-	-
Rohrlänge zwischen den Rohrwänden	mm	4100	4100	4218
Rostfläche	m^2	1,2	1,2	1,4
Strahlungsheizfläche	m^2	7,3	7,1	7,9
Rohrheizfläche	m^2	84,8	84,8	102,7
Heizfläche gesamt	m^2	92,1	91,9	110,6
Überhitzerheizfläche	m^2	-	-	-
Masse der Lok ohne Tender				
leer	t	23,7	25,0	32,5
dienstbereit	t	26,2	27,8	36,3
Reibungsmasse	t	26,2	27,8	36,3
mittlere Kuppelachsfahrmasse	t	8,7	9,3	12,1
Wasserkasteninhalt	m^3	-	-	-
Kohlevorrat	t	-	-	-

1) ab 1871 Gattung H Va, ab 1896 Gattung Va
2) ab 1896 Gattung V
3) ab 1875 Umbau auf Dampfklotzbremse
4) ab 1871 Umbau auf Dampfklotzbremse
5) Dampfklotzbremse und Gegendampfbremse
6) ab Baujahr 1872 Allan-Steuerung

2.2.2.1.2	2.2.2.2	2.2.2.3	2.2.2.4	2.2.2.5
H V2)	H V2)	K V2)	H V2)	Schw V2)
C n2	C n2	C n2	C n2	C n2
GRANATEN FREUDENSTEIN	NEUMARK HETZDORF	MANNHEIM TRIEBISCH	MÖNCH SANDBERG	PILATUS MARTINSWAND
-	-	-	-	53 82
Hartmann	Hartmann	Esslingen	Hartmann	Schwartzkopff
1861	1865	1868	1870	1871
45	45	45	45	45
Stephenson Schlitten3)	Gooch Schlitten4)	Stephenson Schlitten	Gooch Dampf5)	Gooch6) Dampf5)
457	457	457	457	457
610	610	610	610	610
1370	1370	1370	1370	1370
-	-	-	-	-
7,0	7,0	7,5	8,4	8,4
197/45	197/45	197/45	199/45	195/45
-	-	-	-	-
4227	4225	4395	4227	4227
1,3	1,3	1,41	1,41	1,44
8,5	7,8	7,9	7,9	8,0
104,1	102,9	104,0	104,0	101,9
112,6	110,7	111,9	111,9	109,9
-	-	-	-	-
31,8	33,5	34,0	34,0	33,3
36,0	37,3	37,8	37,8	37,0
36,0	37,3	37,8	37,8	37,0
12,0	12,4	12,5	12,5	12,3
-	-	-	-	-
-	-	-	-	-

		2.2.2.6	2.2.2.7	2.2.2.8
Gattungsbezeichnung	-	K V1)	Sigl V1)	H V1)
abgekürzte Bezeichnung	-	C n2	C n2	C n2
Name/Bahnnummer von	-	STRASSBURG	ISCHL	BERLIN
bis	-	WEISSENBURG	LINZ	SONNENWALDE
spätere DRG-Baureihe	-	-	-	-
Herstellerfirma	-	Esslingen	Sigl	Hartmann
Erstes Baujahr	-	1872	1874	1874
Höchstgeschwindigkeit	km/h	45	45	45
Steuerungsbauart	-	Stephenson	Stephenson	Allan
Bremsbauart	-	Gegendampf	Dampf2)	Dampf3)
Zylinderdurchmesser	mm	457	457	457
Kolbenhub	mm	610	610	610
Treibraddurchmesser	mm	1370	1370	1370
Laufraddurchmesser	mm	-	-	-
Kesselüberdruck	bar	9,0	9,0	10,0
Anzahl/Durchmesser				
der Heizrohre	-/mm	213/45	206/45	197/45
der Rauchrohre	-/mm	-	-	-
Rohrlänge zwischen den Rohrwänden	mm	4397	4397	4217
Rostfläche	m^2	1,44	1,53	1,41
Strahlungsheizfläche	m^2	8,5	8,4	7,9
Rohrheizfläche	m^2	120,2	116,2	104,4
Heizfläche gesamt	m^2	128,6	124,6	112,3
Überhitzerheizfläche	m^2	-	-	-
Masse der Lok ohne Tender				
leer	t	33,5	34,8	33,7
dienstbereit	t	37,0	38,2	37,5
Reibungsmasse	t	37,0	38,2	37,5
mittlere Kuppelachsfahrmasse	t	12,3	12,7	12,5
Wasserkasteninhalt	m^3	-	-	-
Kohlevorrat	t	-	-	-

1) ab 1896 Gattung V
2) Dampfklotzbremse und Gegendampfbremse
3) Dampfklotzbremse
4) ab 1885 Gattung Hl V, ab 1896 Gattung V
5) Baujahr 1882 Dampfklotzbremse und Gegendampfbremse; Baujahr 1884 und 1885 Heberleinbremse; Baujahr 1887 Dampfklotzbremse
6) Nr. 737 mit 12,0 bar, ab Nr. 748 10,0 bar
7) Nr. 737 und ab Nr. 748 173/50

2.2.2.9	2.2.2.10	2.2.2.11	2.2.2.12	2.2.2.13
H V[1]	Hsch V[4]	Hsch V[4]	H V[1]	U V[1]
C n2	C n2	C n2	C n2	C n2
AETNA BALTENBERG	BADELWAND ODENWALD	FINSTERAARHORN DOLDENHORN	KEILBERG MALOJA	TELLKOPPE -
53^{82}	53^{82}	-	-	-
Hartmann	Henschel	Henschel	Hartmann	Union
1875	1876	1876	1882	1886
45	45	45	45	45
Allan Dampf[2]	Allan Dampf[2]	Stephenson Dampf[3]	Allan Dampf[5]	Allan -
457 610	457 610	457 610	457 610	450 630
1370 -	1370 -	1370 -	1390 -	1320 -
8,5	8,5	9,0	8,5[6]	10,0
195/45 -	195/45 -	206/45 -	159/45[7] -	186/50 -
4359 1,44 8,2 105,4 113,6 -	4377 1,4 8,4 105,4 113,8 -	4397 1,5 8,2 116,2 124,4 -	4359 1,4 8,0 106,9 114,9 -	4450 1,5 7,6 117,0 124,6 -
34,7 38,9 38,9 13,0	34,7 38,2 38,2 12,7	34,8 38,2 38,2 12,7	34,9 39,4 39,4 13,1	33,1 38,5 38,5 12,8
- -	- -	- -	- -	- -

		2.2.3.1 2.2.3.2	2.2.3.3 2.2.3.4	2.2.3.4, 2.2.3.5 2.2.3.6
Gattungsbezeichnung	-	H VC[1]	Sigl VV[3]	V V
abgekürzte Bezeichnung	-	C n2	C n2	C n2
Name/Bahnnummer von	-	KÄNZLI	ERZGEBIRGE	1104
bis	-	SCHWARZHORN	1103	1164
spätere DRG-Baureihe	-	53^{6}	53^{6}	53^{6-7}
Herstellerfirma	-	Hartmann	verschiedene[4]	Hartmann
Erstes Baujahr	-	1885	1890	1898
Höchstgeschwindigkeit	km/h	45	45	45
Steuerungsbauart	-	Allan	Allan	Allan
Bremsbauart	-	Dampf[2]	Dampf[5]	Dampf[5]
Zylinderdurchmesser	mm	460/650	480/700	500/700
Kolbenhub	mm	610	610	610
Treibraddurchmesser	mm	1390	1390	1400
Laufraddurchmesser	mm	-	-	-
Kesselüberdruck	bar	12,0	12,0	12,0
Anzahl/Durchmesser				
der Heizrohre	-/mm	173/50	173/50[6]	167/50
der Rauchrohre	-/mm	-	-	-
Rohrlänge zwischen den Rohrwänden	mm	4369	4369	4369
Rostfläche	m^2	1,4	1,4	1,4
Strahlungsheizfläche	m^2	8,2	8,2	8,2
Rohrheizfläche	m^2	106,9	106,9	103,2
Heizfläche gesamt	m^2	115,1	115,1	111,4
Überhitzerheizfläche	m^2	-	-	-
Masse der Lok ohne Tender				
leer	t	37,0	37,5	39,0
dienstbereit	t	41,6	42,0	43,7
Reibungsmasse	t	41,6	42,0	43,7
mittlere Kuppelachsfahrmasse	t	13,9	14,0	14,1
Wasserkasteninhalt	m^3	-	-	-
Kohlevorrat	t	-	-	-

1) ab 1889 Gattung H V V, ab 1898 Gattung VV
2) Dampfklotzbremse, Nr. 736 mit Heberleinbremse
3) auch Gattung H V V, ab 1896 Gattung V V
4) Sigl, Hartmann
5) Dampfklotzbremse
6) ab Nr. 1090 195/45
7) Klotzbremse doppelseitig auf 3. und 4. Achse wirkend
8) Antrieb der Schwinge durch Joy-Lenker von der Treibstange
9) doppelseitige Abbremsung der 1. und 3. Kuppelachse, später Druckluftbremse Bauart Westinghouse

2.2.3.7	2.2.4	2.2.5.1, 2.2.5.2 2.2.5.3	2.2.5.4	2.2.5.5
V V	I V	IX V	IX HV	IX V
C n2	B'B n4v	1'D n2v	1'D h2v	1'D n2v
1000	1251	751	771	1281
-	1280	770	800	1282
53^{7}	55^{60}	56^{5}	56^{6}	56^{33}
Hartmann	Hartmann	Hartmann	Hartmann	Krauss (Linz)
1920	1898	1902	1907	1919
45	45	50	50	60
Allan Westinghouse	Heusinger Dampf[7]	Heusinger[8] Dampf[9]	Heusinger[8] Dampf[9]	Heusinger Druckluft
500/700	420/650	530/770	530/770	540/800
610	600	630	630	632
1420	1240	1240	1240	1300
-	-	-	1065	950
12,0	12,0	14,0	15,0	13,0
204/50	205/50	259/50	156/50	
-	-	-	24/127	
4000	4500	4600	4600	5000
1,8	2,1	3,2	3,2	3,9
7,7	10,7	12,2	12,2	14,9
115,4	130,4	168,4	142,6	113,0
123,1	141,1	180,6	154,8	127,9
-	-	-	42,2	-
41,5	55,0	64,8	64,3	59,9
46,2	60,0	72,0	72,0	66,6
46,2	60,0	60,0	60,8	54,8
15,4	15,0	15,0	15,2	13,7
-	-	-	-	-
-	-	-	-	-

		2.2.6.1, 2.2.6.4 2.2.6.5, 2.2.6.6	2.2.6.2	2.2.6.3
Gattungsbezeichnung	-	XI V	XI HV	XI H
abgekürzte Bezeichnung	-	E n2v	E h2v	E h2
Name/Bahnnummer von	-	711	709	701
bis	-	868[1]	710	708
spätere DRG-Baureihe	-	57^0	57^2	57^1
Herstellerfirma	-	Hartmann	Hartmann	Hartmann
Erstes Baujahr	-	1905	1905	1905
Höchstgeschwindigkeit	km/h	50	50	50
Steuerungsbauart	-	Heusinger	Heusinger	Heusinger
Bremsbauart	-	Dampf	Dampf	Dampf
Zylinderdurchmesser	mm	590/860	590/860	620
Kolbenhub	mm	630	630	630
Treibraddurchmesser	mm	1260	1260	1260
Laufraddurchmesser	mm	-	-	-
Kesselüberdruck	bar	13,0	13,0	12,0
Anzahl/Durchmesser				
der Heizrohre	-/mm	282/50	95/50	95/50
der Rauchrohre	-/mm	-	96/70	96/70
Rohrlänge zwischen den Rohrwänden	mm	4500[2]	4500	4500
Rostfläche	m^2	3,3	3,3	3,3
Strahlungsheizfläche	m^2	13,2	13,1	13,1
Rohrheizfläche	m^2	187,4	147,2	147,2
Heizfläche gesamt	m^2	200,6	160,3	160,3
Überhitzerheizfläche	m^2	(20,0)[3]	44,0[4]	44,0[4]
Masse der Lok ohne Tender				
leer	t	61,9...65,8	66,4	61,8
dienstbereit	t	69,8...74,2	70,4	69,6
Reibungsmasse	t	69,8...74,2	70,4	69,6
mittlere Kuppelachsfahrmasse	t	13,9...14,8	14,1	13,9
Wasserkasteninhalt	m^3	-	-	-
Kohlevorrat	t	-	-	-

1) Nr. 711 bis Nr. 750 und Nr. 801 bis Nr. 868
2) ab Baujahr 1909 4700 mm
3) Verbinder-Dampftrockner Bauart Klien
4) Schmidt-Rauchkammerüberhitzer
5) Schmidt-Rauchrohrüberhitzer
6) außerdem 58 443 bis 58 462

2.2.6.7	2.2.6.8	2.2.7.1
XI HV	XI HV	XIII H
E h2v	E h2v	1'E h3
869	874	1165
873	897	1184
57^2	57^2	58^1
Hartmann	Hartmann	Hartmann
1915	1916	1917
50	50	60
Heusinger Westinghouse	Heusinger Westinghouse	Heusinger Westinghouse
590/860	590/860	560
630	630	660
1260	1260	1400
-	-	1000
13,0	13,0	14,0
	172/50	206/45
160/70	24/127	32/133
4700	4700	5000
3,3	3,3	3,3
13,2	13,3	18,8
151,2	156,5	191,7
164,4	169,7	210,5
98,9[5)]	49,0[5)]	81,3[5)]
66,4	63,8...65,5	90,8
74,5	71,8...73,4	101,1
74,5	71,8...73,4	86,0
14,9	14,4...14,7	17,2
-	-	-
-	-	-

		2.3.1.1	2.3.1.2	2.3.1.3
Gattungsbezeichnung	-	H IV 1)	H IV 1)	-
abgekürzte Bezeichnung	-	1'B n2t	1'B n2t	1'B n2t
Name/Bahnnummer von	-	SCHWARZENBERG	SCHNEEBERG	SCHEDEWITZ
bis	-	-	SCHAFF 21)	-
spätere DRG-Baureihe	-	-	-	-
Herstellerfirma	-	Hartmann	Hartmann	Hartmann
Erstes Baujahr	-	1856	1859	1874
Höchstgeschwindigkeit	km/h			
Steuerungsbauart	-	Stephenson	Stephenson	Allan
Bremsbauart	-	Schraube	Schraube 2)	Dampf 3)
Zylinderdurchmesser	mm	381	381	381
Kolbenhub	mm	560	560	560
Treibraddurchmesser	mm	1370	1370	1390
Laufraddurchmesser	mm	765	765	805
Kesselüberdruck	bar	7,0	7,0	8,5
Anzahl/Durchmesser				
der Heizrohre	-/mm	148/45	148/45	147/45
der Rauchrohre	-/mm	-	-	-
Rohrlänge zwischen den Rohrwänden	mm	3950	3950	3920
Rostfläche	m^2	0,8	1,1	1,1
Strahlungsheizfläche	m^2	5,3	6,1	5,9
Rohrheizfläche	m^2	72,3	72,3	72,5
Heizfläche gesamt	m^2	77,6	78,3	78,4
Überhitzerheizfläche	m^2	-	-	-
Masse der Lok				
leer	t	27,8	29,3	30,0
dienstbereit	t	32,5	34,0	37,4
Reibungsmasse	t	26,7	26,9	29,4
mittlere Kuppelachsfahrmasse	t	13,4	13,5	14,7
Wasserkasteninhalt	m^3	1,9	2,2	3,2
Kohlevorrat	t	1,0	1,0	1,3

1) ab 1876 Gattung H IV T, ab 1885 Gattung H IVbT, ab 1896 Gattung IVbT, ab 1900 Gattung IIbT
2) ab 1880 Dampfschlitten- und Wurfhebelbremse
3) Dampfklotz- und Wurfhebelbremse
4) ab 1876 Gattung H I T, ab 1896 Gattung I T
5) Nr. 637 und Nr. 638 ab 1875 zusätzlich Dampfschlittenbremse
6) Nr. 637 und Nr. 638 Kesseldruck 7,0 bar
7) Nr. 637 und Nr. 638 1,2 t Kohle
8) ab 1876 Gattung H VIII T, ab 1885 Gattung H VIIIb T
9) nach Umbau 1883/85 1'B n2t
10) Dampfklotzbremse, später Schraubenbremse
11) Klammerwerte gelten für umgebaute Lokomotive nach 1878
12) ab 1876 Gattung H V T, ab 1896 Gattung V T

2.3.2	2.3.3	2.3.4.1, 2.3.4.2 2.3.4.3, 2.3.4.4	2.3.4.5	2.3.4.6 2.3.4.7
H I[4]	H VIII[8]	H T[12]	H V T[17]	H V T[17]
1B n2t	2'B n2t[9]	C n2t	C n2t	C n2t
WÜRSCHNITZ BRUNN	ELBE BURGK	KNAPPE MOLBITZ	FRIEDRICH FLÖTZ[18]	1592 1674
-	89 82	89 82	89 82	89 82,2
Hartmann	Hartmann	Hartmann	Hartmann	Hartmann
1857	1857	1872	1888	1895
		40	40	40
Stephenson Schraube[5]	Stephenson Dampf[10]	Allan Gegendampf[13]	Allan Gegendampf[19]	Allan Gegendampf[19]
381	324	406[14]	457	400[20]
560	457	610	610	600
1525	965	1390	1390	1240
990	610	-	-	-
6,3[6]	6,3 (8,5)[11]	8,5	10,0	12,0
150/45	113/45	186/45	186/45	158/45
-	-	-	-	-
3958	2826	4080	4080	3730
1,0	0,7	1,4	1,4	1,3
5,7	3,9	6,8	6,8	7,0
73,5	39,8	95,4	95,4	74,1
79,2	43,7	102,2	102,2	81,1
-	-	-	-	-
25,4	18,5 (21,0)[11]	31,7...35,1	34,7	33,1
30,5	21,4 (26,8)[11]	40,6...45,0	43,0	42,0
23,8	16,3 (20,0)[11]	40,6...45,0	43,0	42,0
11,9	8,2 (10,0)[11]	13,5...15,0	14,3	14,0
2,2	1,9 (3,7)[11]	3,4...3,5[15]	3,5	3,8
1,0[7]	0,5 (0,9)[11]	1,8[16]	1,0	1,5

13) außerdem Schraubenbremse. Lokomotive Nr. 747 DIE HARTH mit Heberleinbremse, Lokomotive Nr. 1610 MOLBITZ mit Wurfhebelbremse

14) ab Baujahr 1883 457 mm

15) Nr. 747 4,2 m^3, Nr. 1610 3,6 m^3

16) Nr. 746 1,5 t, Nr. 747 0,9 t, Nr. 1610 1,0 t

17) ab 1896 Gattung V T

18) außerdem Nr. 1584 bis Nr. 1591 (Baujahr 1892)

19) außerdem Wurfhebelbremse, später Umrüstung auf Druckluftbremse; Lokomotive PLANITZ und Lokomotive Nr. 1611 FRIEDRICH nur Wurfhebelbremse

20) ab Baujahr 1898 430 mm

21) Westliche Staatsbahn: Nr. 58 SCHNEEBERG, 59 NEUSTÄDTEL, 108 HERCULES
Oberhohndorf-Reinsdorfer Bahn: Nr. 1 OBERHOHNDORF, 2 REINSDORF, 3 SCHAFF
Bockwa-Oberhohndorfer Bahn: BOCKWA und MULDENTHAL

		2.3.4.8 2.3.4.9	2.3.4.10	2.3.5.1
Gattungsbezeichnung	-	V T	V T	Crlsr VII T3)
abgekürzte Bezeichnung	-	C n2t	C n2t	B n2t
Name/Bahnnummer von	-	1675	1691	SAUGER
bis	-	1690	-	KLAPPE
spätere DRG-Baureihe	-	89^2	89^2	98^{70}
Herstellerfirma	-	Hartmann	Hartmann	Karlsruhe
Erstes Baujahr	-	1914	1920	1873
Höchstgeschwindigkeit	km/h	50	50	
Steuerungsbauart	-	Allan	Allan	Stephenson
Bremsbauart	-	Gegendampf1)	Westinghouse	Schraube
Zylinderdurchmesser	mm	430	430	279
Kolbenhub	mm	600	600	533
Treibraddurchmesser	mm	1260	1260	1100
Laufraddurchmesser	mm	-	-	-
Kesselüberdruck	bar	12,0	12,0	10,0
Anzahl/Durchmesser				
der Heizrohre	-/mm	235/45	187/45	105/45
der Rauchrohre	-/mm	-	-	-
Rohrlänge zwischen den Rohrwänden	mm	3170	2900	3220
Rostfläche	m^2	1,5	1,2	0,8
Strahlungsheizfläche	m^2	8,6	8,0	4,7
Rohrheizfläche	m^2	93,6	69,0	42,0
Heizfläche gesamt	m^2	102,2	77,0	46,7
Überhitzerheizfläche	m^2	-	-	-
Masse der Lok				
leer	t	38,2 (38,3)2)	37,4	22,8
dienstbereit	t	48,0 (48,8)	47,3	26,7
Reibungsmasse	t	48,0 (48,8)	47,3	26,7
mittlere Kuppelachsfahrmasse	t	16,0 (16,3)	15,8	13,4
Wasserkasteninhalt	m^3	4,0	4,0	2,0
Kohlevorrat	t	2,0	2,0	0,5

1) außerdem Wurfhebelbremse, später Umrüstung auf Druckluftbremse
2) Klammerwerte gelten für Nr. 1681 bis Nr. 1690 (Baujahr 1919)
3) ab 1896 Gattung VII T
4) ab 1876 Gattung Sch VII T, ab 1896 Gattung VII T
5) bis 1877 außerdem Dampfschlittenbremse
6) außerdem Gegendampfbremse

2.3.5.2	2.3.5.3	2.3.5.4, 2.3.5.6	2.3.5.5	2.3.5.7
		2.3.5.8		
Sch VII[4)]	W VII T[3)]	H VII T[3)]	E VII T[3)]	H VII T[3)]
B n2t	B n2t	B n2t	B n2t	B n2t
ZWENKAU	GRUBE	DANTE	BISMARCK	EHRENSTEIN
GASCHWITZ	CURVE	GUSTAV ZEUNER	BORSIG	-
98^{70}	-	98^{70}	-	98^{70}
Schichau	Wöhlert	Hartmann	Hanomag	Hartmann
1873	1874	1882	1884	1889
45	45		45	
Allan	Allan	Allan	Allan	Allan
Schraube[5)]	Wurfhebel	Wurfhebel[6)]	Wurfhebel	Wurfhebel
340	355	300	270	270
575	530	533	550	550
1350	1220	1100	1070	1190
-	-	-	-	-
10,0	10,0	12,0	12,0	12,0
120/45	139/45	98/45	101/45	101/45
-	-	-	-	-
3560	3487	3170	2900	2900
1,0	1,0	0,9	0,8	0,8
4,3	5,8	4,5	3,4	3,4
53,2	62,0	39,0	36,8	36,8
57,5	67,8	43,5	40,2	40,2
-	-	-	-	-
24,0	21,2	19,0...20,7	17,4	16,6
28,5	27,1	24,6...26,7	21,7	21,8
28,5	27,1	24,6...26,7	21,7	21,8
14,3	13,6	12,3...13,4	10,9	10,9
2,7	3,5	2,9	2,2	2,7
0,8	0,9	0,9	0,9	0,9

		2.3.6.1	2.3.6.2	2.3.6.3 2.3.6.4
Gattungsbezeichnung	-	Schw IIIb T[1]	H III T[3]	H IIIb T[1]
abgekürzte Bezeichnung	-	B1'n2t	B1'n2t	B1'n2t
Name/Bahnnummer von	-	ALABASTER	STAHL	BERYLL
bis	-	JASPIS	KORUND	BURGK
spätere DRG-Baureihe	-	-	98^{72}	98^{72}
Herstellerfirma	-	Schwartzkopff	Hartmann	Hartmann
Erstes Baujahr	-	1874	1875	1889
Höchstgeschwindigkeit	km/h	50	50	50
Steuerungsbauart	-	Allan	Allan	Allan
Bremsbauart	-	Schraube[2]	Schraube[4]	Wurfhebel[5]
Zylinderdurchmesser	mm	420	415	415
Kolbenhub	mm	559	559	559
Treibraddurchmesser	mm	1390	1390	1420
Laufraddurchmesser	mm	925	925	1035
Kesselüberdruck	bar	9,0	9,0	10,0
Anzahl/Durchmesser				
der Heizrohre	-/mm	156/50	176/45	176/45
der Rauchrohre	-/mm	-	-	-
Rohrlänge zwischen den Rohrwänden	mm	3190	3190	3165
Rostfläche	m^2	1,3	1,3	1,3
Strahlungsheizfläche	m^2	6,3	5,7	6,5
Rohrheizfläche	m^2	68,2	69,1	70,0
Heizfläche gesamt	m^2	74,5	74,8	76,5
Überhitzerheizfläche	m^2	-	-	-
Masse der Lok				
leer	t	29,0	30,7	32,1
dienstbereit	t	34,9	37,1	39,6
Reibungsmasse	t	26,9	27,8	29,8
mittlere Kuppelachsfahrmasse	t	13,5	13,9	14,8
Wasserkasteninhalt	m^3	3,6	3,5	3,6
Kohlevorrat	t	1,1	1,1	1,1

1) ab 1896 Gattung IIIb T
2) ab 1889 Umbau auf Wurfhebelbremse
3) ab 1876 Gattung H IIIb T, ab 1896 Gattung IIIb T
4) Nr. 1313 bis Nr. 1322 später mit Druckluftbremse; Schraubenbremse später auf Wurfhebelbremse umgebaut
5) außerdem Gegendampfbremse, später Druckluftbremse
6) ab 1884 Gattung H VII TS, ab 1896 Gattung VII TS
7) außerdem Gegendampfbremse bei Nr. 706, Nr. 707, Nr. 714 (nach 1889), KRIEBITZSCH und MUMSDORF
8) Nr. 714 im Jahre 1889 Umbau in Verbundlokomotive Gattung H VII TSV mit 260 mm/406 mm Zylinderdurchmesser
9) Klammerwert gilt für Baujahr 1883
10) ab 1896 Gattung VII TS
11) nach 1889 zusätzlich Gegendampfbremse bei Nr. 762 und Nr. 763
12) Nr. 762 im Jahre 1889 Umbau in Verbundlokomotive Gattung H VII TSV mit 260 mm/415 mm Zylinderdurchmesser
13) ab 1891 Gattung H VII TOV, ab 1896 Gattung VII TOV

2.3.7.1 2.3.7.2	2.3.7.3	2.3.8.1 2.3.8.2	2.3.9.1	2.3.9.2 2.3.9.3
H VII T 6)	H VII TS 10)	H VII TO 13)	H M I TV 16)	I TV
B n2t	B n2t	B n2t 14)	B'B'n4v	B'B'n4v
BERGGIESSHÜBEL MUMSDORF	SCHÖNBERG WEIGSDORF	MÜLSEN CULTEN	RASCHAU CROTTENDORF	1381 1398 19)
-	98^{70}	-	-	98^{0}
Hartmann	Hartmann	Hartmann	Hartmann	Hartmann
1880	1887	1885	1890	1910
30	30	45		50
Allan Wurfhebel 7)	Allan Wurfhebel 11)	Allan Wurfhebel	Heusinger Dampf 17)	Heusinger Westinghouse
260 8) 400	260 12) 400	270 15) 400	300/460 18) 533	360/570 20) 630
810 -	855 -	1230 -	1100 -	1260 -
12,0	12,0	12,0	12,0	13,0
110/45 -	110/45 -	86/45 -	174/45 -	199/45 -
2350	2350	2250	3700	3700
0,6	0,6	0,4	1,4	1,6
3,2	3,2	2,2	5,5	6,8
32,5	32,5	24,3	80,9	92,5
35,7	35,7	26,5	86,4	99,3
-	-	-	-	-
13,3 (15,3) 9)	15,9	14,5	40,5	50,4
18,8 (20,1) 9)	20,7	19,2	51,1	61,5
18,8 (20,1) 9)	20,7	19,2	51,1	61,5
9,4 (10,1) 9)	10,4	9,6	12,8	15,4
2,15	2,15	2,2	4,5	5,0
0,9	0,9	0,7	2,1	2,1

14) ab 1891 B n2vt
15) nach Umbau in Verbundlokomotive 270/415 mm (Baujahr 1885) bzw. 270/406 mm (Baujahr 1887)
16) ab 1896 Gattung M I TV (auch als Gattung M T V bezeichnet), ab 1910 Gattung I TV
17) Dampfbremse wirkt auf die Treibachse des vorderen Drehgestells, außerdem Wurfhebelbremse auf die Treibachse des hinteren Drehgestells
18) Hochdruckzylinder am hinteren Drehgestell
19) außerdem Oberhohndorf-Reinsdorf Nr. 6
20) Hochdruckzylinder am vorderen Drehgestell

		2.3.10.1, 2.3.10.2 2.3.10.3	2.3.11.1	2.3.11.2
Gattungsbezeichnung	-	VIIIbb T 1)	XI HT	XI HT
abgekürzte Bezeichnung	-	1'B1' n2t	E h2t	E h2t
Name/Bahnnummer von	-	1701	1521	2019
bis	-	1791	1538	2028
spätere DRG-Baureihe	-	71^3	94^{20}	94^{19}
Herstellerfirma	-	Hartmann	Hartmann	Hartmann
Erstes Baujahr	-	1897	1908	1910
Höchstgeschwindigkeit	km/h	75	45	45
Steuerungsbauart	-	Heusinger	Heusinger	Heusinger
Bremsbauart	-	Westinghouse	Dampf 5)	Dampf 5)
Zylinderdurchmesser	mm	430	620	590
Kolbenhub	mm	600	630	630
Treibraddurchmesser	mm	1570	1240	1240
Laufraddurchmesser	mm	1065	-	-
Kesselüberdruck	bar	12,0	12,0	12,0
Anzahl/Durchmesser				
der Heizrohre	-/mm	171/45	132/50	132/50
der Rauchrohre	-/mm	-	24/127	24/127
Rohrlänge zwischen den Rohrwänden	mm	4000	4500	4120
Rostfläche	m^2	1,6	2,3	2,0
Strahlungsheizfläche	m^2	8,1	12,1	10,9
Rohrheizfläche	m^2	85,9	124,2	113,8
Heizfläche gesamt	m^2	94,0	136,3	124,7
Überhitzerheizfläche	m^2	-	41,4	36,7
Masse der Lok				
leer	t	44,9 (46,1) 2)	60,4	58,1
dienstbereit	t	56,3 (60,1) 2)	77,0	74,1
Reibungsmasse	t	29,9 (30,6) 2)	77,0	74,1
mittlere Kuppelachsfahrmasse	t	14,9 (15,3) 2)	15,4	14,8
Wasserkasteninhalt	m^3	5,6 (7,5) 3)	7,5	8,5
Kohlevorrat	t	1,6 (2,0) 4)	2,2	2,5

1) ab 1900 Gattung IV T
2) Klammerwert ab Baujahr 1902
3) Klammerwert gilt für Lokomotiven mit seitlichen Wasserkästen
4) Klammerwert gilt für Lokomotiven mit Kohlenkastenaufbau
5) außerdem Wurfhebelbremse, ab 1921 Lieferung mit Druckluftbremse Bauart Westinghouse bzw. Umrüstung der älteren Maschinen, einzelne Lokomotiven zusätzlich Riggenbach-Gegendruckbremse
6) Nr. 1343 bis Nr. 1350 und Nr. 1809 bis Nr. 1855
7) Klammerwert gilt für Nr. 1851 bis Nr. 1855

2.3.11.3, 2.3.11.4	2.3.12.1, 2.3.12.2	2.3.12.4	2.3.13
2.3.11.5	2.3.12.3		
XI HT	XIV HT	XIV HT	XV HTV
E h2t	1'C1'h2t	1'C1'h2t	CC h4vt
2029	1343	1856	1351
94 2139	1855[6]	1906	1352
94^{20-21}	75^{5}	75^{5}	79^{0}
Hartmann	Hartmann	Hartmann	Hartmann
1913	1911	1917	1916
60	75	75	70
Heusinger	Heusinger	Heusinger	Heusinger
Dampf[5]	Westinghouse	Westinghouse	Westinghouse
620	550	550	440/680
630	600	600	630
1260	1590	1590	1400
-	1065	1065	-
12,0	12,0	12,0	15,0
132/50	132/50	132/50	124/50
24/127	24/127	24/127	22/127
4500	4000	4000	4500
2,3	2,3	2,3	2,5
12,3	11,8	11,8	11,3
124,3	110,5 (119,8)[7]	110,5	115,9
136,6	122,3 (131,6)[7]	122,3	127,2
41,4	36,2 (65,0)[7]	36,2	40,9
61,7	60,1 (62,7)[7]	64,2	74,6
79,4	76,7 (79,4)[7]	82,2	92,2
79,4	47,7 (48,8)[7]	49,5	92,2
15,9	15,9 (16,3)[7]	16,5	15,4
8,5	8,0	9,0	8,5
2,2	2,5	2,8	2,2

		2.4.1	2.4.2	2.4.3
Gattungsbezeichnung	-	Hg VII TK	H V TK[1)]	Hth F TK
abgekürzte Bezeichnung	-	B n2t	C n2t	B'B'n4t
Name/Bahnnummer von	-	ZITTAU	1	18
bis	-	-	53[2)]	19
spätere DRG-Baureihe	-	-	99^{75}	-
Herstellerfirma	-	Hagans	Hartmann	Hawthorn
Erstes Baujahr	-	1873	1881	1885
Höchstgeschwindigkeit	km/h	30	30	30
Steuerungsbauart	-	Allan	Allan	Heusinger
Bremsbauart	-	Spindel	Gegendampf[3)]	Spindel
Zylinderdurchmesser	mm	200	240	215
Kolbenhub	mm	300	380	355
Treibraddurchmesser	mm	650	750	813
Laufraddurchmesser	mm	-	-	-
Kesselüberdruck	bar	12,0	12,0	10,0
Anzahl/Durchmesser				
der Heizrohre	-/mm	91/40	108/45	194/40
der Rauchrohre	-/mm	-	-	-
Rohrlänge zwischen den Rohrwänden	mm	2210	1960	2394
Rostfläche	m^2	0,3	0,7	2 x 0,6
Strahlungsheizfläche	m^2	2,0	3,1	2 x 3,0
Rohrheizfläche	m^2	22,1	26,6	2 x 25,9
Heizfläche gesamt	m^2	24,1	29,7	2 x 28,9
Überhitzerheizfläche	m^2	-	-	-
Masse der Lok				
leer	t	8,1	11,9...13,3	22,3
dienstbereit	t	10,3	15,3...16,8	28,9
Reibungsmasse	t	10,3	15,3...16,8	28,9
mittlere Kuppelachsfahrmasse	t	5,2	5,1...5,6	7,2
Wasserkasteninhalt	m^3	1,2	1,5	2,9
Kohlevorrat	t	0,5	0,5	0,9

1) ab 1896 Gattung K I A bzw. Gattung K I B, ab 1900 Gattung I K bzw. Gattung Ib K
2) Nr. 1 bis Nr. 4, Nr. 16 bis Nr. 17, Nr. 20 bis Nr. 34, Nr. 37 bis Nr. 42, Nr. 47 bis Nr. 53
3) außerdem Wurfhebelbremse und Haspel zur Heberleinbremse
4) ab 1896 Gattung K III, ab 1900 Gattung III K
5) ab 1896 Gattung K IV, ab 1900 Gattung IV K
6) Dampfbremse für vorderes Drehgestell, Wurfhebelbremse für hinteres Drehgestell, außerdem Haspel zur Heberleinbremse
7) ab Nr. 173 mit Körting-Luftsaugebremse
8) ab Nr. 151 (Baujahr 1909) Niederdruckzylinder mit 400 mm Durchmesser
9) Kesseldruck ab Nr. 141 (Baujahr 1908) 14 bar, ab Nr. 170 (Baujahr 1912) 15 bar

2.4.4.1	2.4.4.2	2.4.5.1	2.4.5.2	2.4.5.3
Kr Kl TK4)	H Kl TK4)	H M TKV5)	H M TKV5)	IV K
C1'n2t	C1'n2t	B'B'n4vt	B'B'n4vt	B'B'n4vt
35	43	103	117	138
36	46	116	137	198
99 75	99 75	99 5	99 5	99 5-6
Krauss	Hartmann	Hartmann	Hartmann	Hartmann
1889	1891	1892	1894	1904
30	30	30	30	30
Stephenson Gegendampf3)	Stephenson Gegendampf3)	Heusinger Dampf6)	Heusinger Dampf6)	Heusinger Dampf6) 7)
324	324	240/370	240/370	240/370 8)
400	400	380	380	380
855	855	760	760	760
760	760	-	-	-
10,0	10,0	12,0	12,0	12,0 9)
97/45	97/45	104/45	104/45	104/45
-	-	-	-	-
3500	3500	3500	3500	3500
0,9	0,9	1,0	1,0	1,0
3,8	3,9	4,1	4,1	4,1
42,4	42,4	45,7	45,7	45,7
46,2	46,3	49,8	49,8	49,8
-	-	-	-	-
19,3	20,4	21,7	21,6	22,4...23,6
24,7	26,3	26,7	27,4	28,5...29,6
18,6	19,2	26,7	27,4	28,5...29,6
6,2	6,4	6,7	6,9	7,1...7,4
2,0	2,0	2,4	2,4	2,4
1,7	1,7	0,9	1,0	1,0

		2.4.6	2.4.7.1	2.4.7.2
Gattungsbezeichnung	-	V K	VI K	VI K-Nachbau
abgekürzte Bezeichnung	-	D n2vt	E h2t	E h2t
Name/Bahnnummer von	-	201	210	99 671
bis	-	209	224	99 717
spätere DRG-Baureihe	-	99^6	99^6	99^{6-7}
Herstellerfirma	-	Hartmann	Henschel	Henschel[3]
Erstes Baujahr	-	1901	1918	1923
Höchstgeschwindigkeit	km/h	30	30	30
Steuerungsbauart	-	Heusinger	Heusinger	Heusinger
Bremsbauart	-	Dampf[1]	Körting[2]	Körting[2]
Zylinderdurchmesser	mm	340/530	430	430
Kolbenhub	mm	430	400	400
Treibraddurchmesser	mm	855	800	800
Laufraddurchmesser	mm	-	-	-
Kesselüberdruck	bar	14,0	14,0	14,0
Anzahl/Durchmesser				
der Heizrohre	-/mm	104/45	85/45	85/45
der Rauchrohre	-/mm	-	-	-
Rohrlänge zwischen den Rohrwänden	mm	3500	3240	3240
Rostfläche	m^2	1,0	1,6	1,6
Strahlungsheizfläche	m^2	4,2	6,1	6,1
Rohrheizfläche	m^2	45,7	58,2	58,2
Heizfläche gesamt	m^2	49,9	64,3	64,3
Überhitzerheizfläche	m^2	-	24,5	24,5
Masse der Lok				
leer	t	22,8	30,4	32,5
dienstbereit	t	28,8	40,4	42,3
Reibungsmasse	t	28,8	40,4	42,3
mittlere Kuppelachsfahrmasse	t	7,2	8,1	8,5
Wasserkasteninhalt	m^3	2,4	4,5	4,5
Kohlevorrat	t	1,0	2,0	2,0

1) außerdem Wurfhebelbremse und Haspel zur Heberleinbremse, später Körting-Luftsaugebremse
2) außerdem Wurfhebelbremse und Haspel zur Heberleinbremse, Rekolokomotive mit Knorr-Zusatzbremse
3) außerdem Hartmann und MBG Karlsruhe
4) außerdem Spindelbremse für den Wagenteil

2.4.8	2.5.1	2.5.2	2.5.3
I M	Hz O	-	I F
B'B'n4vt	A2 n2	A1 h2	B n2
251	A	S 1	1
253	C	-	-
99[1]	-	-	-
Hartmann	Hohenzollern	Esslingen	Hartmann
1902	1883	1903	1917
30	50	50	
Heusinger	Joy	Heusinger	Heusinger
Dampf[2)]	Wurfhebel[4)]	Wurfhebel	Wurfhebel
280/430	220	200	430
380	360	260	400
760	1100	1000	860
-	980	1000	-
14,0	10,0	max. 90	12,0
2 x 135/40	110/45	-	-
-	-	-	-
2400	1720	-	-
2 x 0,9	0,5		-
2 x 3,9	2,5	-	-
71,3	23,8		-
79,1	26,3		-
-	-	-	-
33,1	25,0		16,0
41,8	29,6		21,0
41,8	11,8		21,0
10,5	11,8		10,5
3,2	3,0		-
1,4	0,4		-

		2.5.4.	2.5.5.	2.5.6.
Gattungsbezeichnung	-	-	I ME	I MET
Achsfolge	-	Bo+Bo	B'B'	Bo
Bahnnummer von	-	E 1	1	1
bis	-	-	2	2
spätere DRG-Baureihe	-	-	E 191	ET 197
Herstellerfirma				
Fahrzeugteil	-		Hartmann	Bautzen
Elektrischer Teil	-		SSW	SSW
Baujahr	-	1904	1916	1917
Motorleistung	kW	2 x 20	2 x 65	2 x 24
Höchstgeschwindigkeit	km/h		20	30
Stromart	-	GS (Akku)	Gleichstrom	Gleichstrom
Fahrdrahtspannung	V	-	600	600
Bremsbauart	-	Elektromagnet	Druckluft	Druckluft
Treibraddurchmesser	mm	1000	1000	800
Laufraddurchmesser	mm	-	-	-
Dienstmasse	t	44,4	30	12,5
mittlere Achsfahrmasse	t	11,1	7,5	6,3

		2.5.7.	2.5.8.	2.5.9.
Gattungsbezeichnung	-	-	-	-
Achsfolge	-	A 1	3'B'	1 A
Bahnnummer von	-	Dai 1	DET 1	9015
bis	-	-	DET 2	-
spätere DRG-Baureihe	-	-	-	-
Herstellerfirma	-	Werdau	Rastatt[1)]	
Baujahr	-	1904	1914	
Motorleistung	kW		125...184	22
Höchstgeschwindigkeit	km/h	40	60...75	
Bremsbauart	-	Handbremse	Druckluft	Druckluft
Treibraddurchmesser	mm	1000	1000	
Laufraddurchmesser	mm	1000	1000	
Dienstmasse	t	16,4	64	
mittlere Achsfahrmasse	t	8,2	12.8	
Sitzplätze	-	44	80	18

1) Waggonfabrik Rastatt; Motoranlage von Gebr. Sulzer, Mannheim; elektrische Anlage von Brown, Boveri & Co.

Fritz Näbrich und Günter Meyer

Die Tender der sächsischen Eisenbahnen

Zum Inhalt

Zum Geleit

1984 erschienen im Rahmen des Eisenbahn-Fahrzeug-Archivs beim Transpress-Verlag-Lizenzausgabe Alba Düsseldorf von Näbrich/Preuß/Meyer 2 Bände „Lokomotiven sächsischer Eisenbahnen".
Im ersten Band wurden die Schnellzug- und Personenzuglokomotiven behandelt. Im zweiten Band über Güterzug- und Tenderlokomotiven sowie Triebwagen fanden die sächsischen Tender nur in wenigen Zeilen Erwähnung.

Im April 1995 erschien die 2. bearbeitete und erweiterte Auflage des ersten Bandes über die Schnellzug- und Personenzuglokomotiven bei transpress Berlin.
Der zweite Band sollte 1996 erscheinen, wurde aber wegen Absatzbedenken zurückgestellt und nie gedruckt.

Dr. Fritz Näbrich hatte viel Arbeit und Rechercheaufwand in den Text gesteckt . Vor allem das neue Kapitel über die sächsischen Tender möchte er der interessierten Nachwelt erhalten. Für Bildbeschaffung und Bildauswahl war mein Vater Günter Meyer zuständig.

Alle Bilder sind aus der Sammlung Günter Meyer.

Tenderzeichnungen mit Bemaßungen findet der Modellbauer im „EJ Sachsen-Report 4" bei der Verlagsgruppe Bahn als Download.

Die Geschichte der sächsischen Lokomotiven und Tender von den ersten Privatbahnen über die Königlich Sächsischen Staatseisenbahnen und die Sächsischen Staatseisenbahnen ging vor rund 100 Jahren in der Deutschen Reichsbahn auf. Dieser Artikel soll dem meist wenig beachteten „Kohlen- und Wasserkasten auf Rädern" hinter den sächsischen Lokomotiven ein Denkmal setzen.

Herausgeber: Dr. Manfred Meyer, März 2023

Titelbild: Sächsischer 3 T 21 mit einlösiger Bremse (Kbr), gebaut von SFM 1924 für Gattung XIII H (BR 58^4), hier hinter 58 1703 in Wilkau-Haßlau, Foto: Günter Meyer, August 1958

1 Zweck und Aufbau

Eines der ersten und dauerhaftesten Probleme aller Lokomotivbauer war es, die schweren Lasten von Kessel und Dampfmaschine sicher auf die anfänglich noch schwache Schiene zu bringen. Da war jedes Kilogramm Masse willkommen, das nicht auf den Rädern der Lokomotive lastete. Zum Transport der Betriebsmittel, Wasser und Kohle, wurden deshalb von Anfang an gesonderte Fahrzeuge verwendet. Dies waren zunächst einfache, zweiachsige hölzerne Plattformwagen, auf denen die Kohle in Körben und das Wasser in einem Faß befördert wurden. Doch schon bald erwies sich der Bau von speziellen Vorratswagen, Tender genannt, als zweckmäßig. Für ein Fuhrwerk mit schweren Lasten war eine gute Bremse unerläßlich und wie beim Pferdefuhrwerk bestand sie aus Hartholzklötzen, die durch Drehen einer Spindel gegen die Radreifen gedrückt wurden. Die Lokomotiven ersetzten ja nur das Pferd und hatten lange Zeit keine Bremsen.
Der Tender war zunächst grundsätzlich ein von der Lokomotive unabhängiges Fahrzeug. Beim Wenden der Lokomotive auf den damaligen kleinen Drehscheiben wurde er abgekuppelt. Da man auch bei den sächsischen Eisenbahnen wirtschaftlich rechnen mußte, gab es Tender nur für etwa 90% der Schlepptenderlokomotiven. Diese Zahl ergab sich aus den längeren Reparaturaufenthalten der Lokomotiven in den Werkstätten, während denen sie ja keine Tender brauchten.

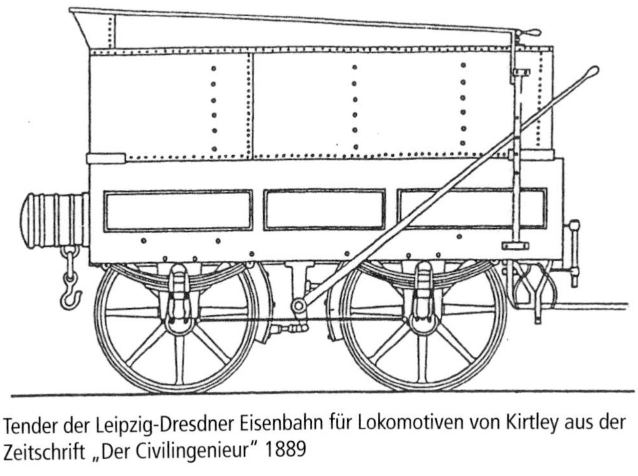

Tender der Leipzig-Dresdner Eisenbahn für Lokomotiven von Kirtley aus der Zeitschrift „Der Civilingenieur" 1889

Die ältesten Tender waren zweiachsig, doch aus Angst vor Achsbrüchen ging man bald zum dreiachsigen Tender über.

Lok Nr. 486, eine sächsische IIIb von Hartmann 1883 für die Zittau-Reichenberger Eisenbahngesellschaft geliefert mit dreiachsigem Tender

Erst später, mit zunehmender Sicherheit der Bauteile, kam aus Kostengründen der zweiachsige Tender wieder in Gebrauch, soweit die Radsatzlast und die gefahrenen Geschwindigkeiten dies zuließen.
Die Untergestelle bestanden zunächst aus Holz und glichen im Prinzip den Untergestellen der Güterwagen. Wegen der starken Stöße und der aufzunehmenden Zugkräfte mußte eine kräftige Bauart gewählt werden. Trotz der hohen Beanspruchungen und der zusätzlichen Beeinträchtigung durch überlaufendes oder durchsickerndes Wasser haben sich Tender mit hölzernen Untergestellen recht lange gehalten, die letzten wurden erst kurz vor der Jahrhundertwende, also nach rund 40 Betriebsjahren, ausgemustert.
Eines der grundlegenden Probleme war die gleichmäßige Belastung aller Radsätze auch bei abnehmenden Vorräten. Dies gelang am besten mit der hufeisenförmigen „Zisterne", wie

Lokomotive der Gattung V, Tender Nr 213 mit flacher Zisterne und eisernem Unter-Gestell (ursprünglich für Gattung VII von Schwartzkoppff 1869, s.a. Bild 4) Foto Bach, Februar 1905 zwischen Königswalde und Cranzahl

der Wasserbehälter genannt wurde. Die Kohlen lagerten bei dieser Bauform innerhalb des „Hufeisens" auf dem flachen Tenderbodenblech, teilweise noch tiefer als der Boden des Führerstandes. Dies war lange Zeit die Standardausführung. Zur Erleichterung der Arbeit des Heizers ging man später zu flachen Wasserkästen mit nach vorn geneigter Decke über, auf der die Kohle durch die Erschütterungen der Fahrt nach vorn rutschen sollte.

Auch zylindrische und ovale Wasserbehälter wurden vereinzelt verwendet, besonders von der Maschinenfabrik in Zorge. Durchgesetzt hat sich dann eine Kombination aus flachem und hufeisenförmigem Wasserbehälter und Kohlenraum in der Mitte.

2 Bezeichnung der Tenderbauart

Sie erfolgt im allgemeinen durch eine Kurzformel der Form: Anzahl der Achsen T und Wasserinhalt in m³. Diese Bezeichnung reicht in der Regel nicht aus, um eine Tenderbauart eindeutig zu identifizieren, denn weder der Achsabstand noch der Kohlenvorrat werden darin berücksichtigt. Es kann also durchaus mehrere Bauarten unter der gleichen Kurzformel geben.
Der Wasserinhalt betrug anfangs etwa 3,5...4 m³. Da der Wasservorrat die entscheidende Größe für die Reichweite der Lokomotiven bildet, stieg er im Laufe der Entwicklung fast auf das zehnfache: 31 m³. Die Wassereinfüllöffnung der sächsischen Tender befand sich in der Mitte der Tenderrückseite und war von einem hohen Blechrand umgeben, damit keine Kohlen hineinfallen sollten. Der Füllungsstand konnte anfangs mit Probierhähnen bestimmt werden, später setzten sich Schwimmer mit Wasserstandszeiger durch. Um Reparaturen am Wasserbehälter zu erleichtern, waren diese meist vom Untergestell abnehmbar.
Der Kohlenvorrat wurde später durch zusätzliche erhöhte Wände vergrößert und stieg von anfangs etwa 2 t auf zuletzt 10 t.

Lokomotive „Haus Wettin" der Gattung VII mit Tender 2 T 5,65 Werkfoto Schwartzkopff 1869

3 Laufwerk

Das Laufwerk der Tender mußte vor allem eine gleichmäßige Lastverteilung gewährleisten, was meist durch Ausgleichhebel zwischen den Federn des 2. und 3. Radsatzes geschah. Die Bogenlaufeigenschaften erlangten mit zunehmender Größe des Tenders und damit größerem Achsabstand Bedeutung.
Die Regelausführung bestand lange Zeit aus folgender Kombination: 1. Radsatz steif gelagert, 2. Radsatz seitenverschieblich, 3. Radsatz als freie Lenkachse. Ein Rückwärtsfahren mit Tender voran wurde offensichtlich in den ersten Jahrzehnten überhaupt nicht in Betracht gezogen. Ältere Aufnahmen lassen an der Tenderrückwand nur Halter für Zugschlußsignale, aber keine Spitzenlaternen erkennen.
Ab der Jahrhundertwende wurden durch die höheren Lokomotivleistungen die mitzuführenden Vorräte so groß, daß vierachsige Tender notwendig wurden, die auch bei höheren Geschwindigkeiten bessere Laufeigenschaften zeigten.
Die ursprüngliche Spindelbremse der Tender wurde etwa ab 1880 durch die wesentlich schneller wirkende Extersche Wurfhebelbremse abgelöst, die sich im Prinzip bis heute erhalten hat. Die Bewegungsrichtung des Wurfhebels lag in Fahrtrichtung. Ab 1886 tauchen die ersten druckluftgebremsten Tender auf, wobei die Bremssysteme von Schleifer, Carpenter und Westinghouse nebeneinander benutzt wurden, bis sich die Westinghousebremse allgemein durchsetzte. Einige Tender waren auch mit der Heberleinbremse ausgerüstet. Um 1876 begann die Ausrüstung der Tender mit Heizleitungen für die Dampfheizung der Züge. Dieser Prozeß zog sich über einen längeren Zeitraum hin.

4 Technische Ausrüstung

Die folgende Tabelle zeigt ausschnittartig, wie sich die technische Ausrüstung der Tender veränderte:

Bremsbauart		1889	1890	1891	1892	1893	1894	1895	1896
Schleifer	Stck.		55	71	96	96	96	96	70
Carpenter	Stck.		9	9	9	8	8	8	8
Westinghouse	Stck.		1	1	1	106	143	156	198
Heberlein	Stck.		14	15	15	16	16	16	16
Druckluft gesamt	%	9,0	10,3	12,1	15,6	29,2	33,7	34,4	34,4
Heberlein	%		2,2	2,2	2,2	2,2	2,2	2,1	2,1
Dampfheizleitung	%	54	56	60	64	67	69	69	70

Alle Tender waren frei tauschbar und konnten, von Ausnahmen abgesehen, mit mehreren Lokomotivgattungen gekuppelt werden. Eine dieser Ausnahmen waren die von Borsig ab 1860 gelieferten Tender mit Kirchweger-Kondensation, bei denen von der Lokomotive her ein Teil des Abdampfes über ein Rohr zum Tender und durch das Wasser strömte. Der Dampf kondensierte dabei und das Wasser erwärmte sich fast bis zum Siedepunkt. Der Restdampf verließ den Tender durch einen zusätzlichen „Schlot" am hinteren Ende des Tenders. Das so vorgewärmte Kesselwasser führte zu einer Brennstoffersparnis von 10-20 %, brachte aber auch Nachteile mit sich, wie die Verschmutzung und chemische Veränderungen des Wassers etwa durch Schmieröl. Mit der Einführung der Dampfstrahlpumpe (Injektor) zur Kesselspeisung wurde die Kirchweger-Kondensation obsolet, da der Injektor physikalisch bedingt nur kaltes Wasser in den Kessel pumpen kann.

Tender 3 T 6,5 mit Kirchwegerscher Kondensation hinter der Eilzuglokomotive „Posen", die von der Leipzig-Dresdner Eisenbahn übernommen wurde

Nachdem ab 1876 die Lokomotiven und Tender der Leipzig-Dresdner Eisenbahn (LDE) zum Bestand der Sächsischen Staatsbahn kamen, wurde die Kirchweger-Kondensation bis etwa 1880 aufgegeben und die Tender wieder frei tauschbar, was indirekt aus den bis 1896 herausgegebenen statistischen Berichten der K.Sächs.Sts.E.B. herauszulesen ist. Dabei mussten die betreffenden Lokomotiven und Tender nach und nach umgebaut und an die sächsischen Konstruktionsprinzipien angepasst werden, was ungefähr 5 bis 7 Jahre dauerte.

5 Tendernummern

Die Nummern der Tender waren in den oberen Ecken der Tenderrückwand angebracht.Ebenso wie bei den Lokomotiven wurde zunächst ohne Rücksicht auf die Bauart fortlaufend numeriert und freiwerdende Nummern an neue Tender vergeben. Dabei war es üblich, daß eigentlich ausgemusterte Tender mit ihrer alten Nummer, die manchmal durch ein „a" ergänzt war, weiterhin für Bauzüge verwendet wurden. Aus der Tendernummer kann im allgemeinen nicht auf die Bauart geschlossen werden. In den Jahren 1892 und 1911 erfolgten Umnumerierungen aller Tender, wobei man jeweils versuchte, eine gewisse Ordnung in das Numerierungssystem zu bringen, was aber nicht gelang. Um Überschneidungen zu vermeiden, wurden einzelne Gruppen von Tendern zwischendurch nochmals umgezeichnet. Die letzte dieser Aktionen erfolgte im Jahre 1918, wo die Nummern einer größeren Zahl von Tendern um 2000 erhöht wurden. So ergab es sich, daß einige Tender nacheinander bis zu 5 verschiedene Nummern trugen.

Lok sä. IX V Nr. 755 mit Tender 3 T 9 (EW 1891) mit Tendernummer 44, später erhielt der Tender die Nr. 765

Ein Grundprinzip läßt sich jedoch erkennen: je höher die Tendernummer, desto älter ist der Tender und umgekehrt: je niedriger die Tendernummer, desto hochwertiger der Einsatz.

Tender 3 T 9 (EW 1901) mit Tendernummer 669 im Bahnhof Schwarzenberg
Foto F.A. Schulz, Leipzig-Gohlis

Wenn also grundsätzlich Lok- und Tendernummer nicht übereinstimmten, so gab es vorübergehend doch einige Ausnahmen:

Lokomotiven Gattung X V Nr.181-189 mit Tender Nr.181-189 (1900)
Lokomotiven Gattung X V Nr.190-195 mit Tender Nr.190-195 (1903)
Lokomotiven Gattung XII H Nr.1-6 mit Tender Nr.1-6 (1906)
Lokomotiven Gattung XII HV Nr. 7-14 mit Tender Nr. 7-14 (1908)
Lokomotiven Gattung XII H1 Nr.15-21 mit Tender Nr.15-21 (1911)

Bei der technischen Ausrüstung der sächsischen Tender ist die charakteristische Anordnung der Kupplung mit Hauptkuppeleisen und darunterliegendem Notkuppeleisen zu erwähnen. Eine Reihe von Güterzugtendern, die mit den Lokomotiven der Gattungen IX V und IX HV gekuppelt werden sollten, konnten außerdem noch eine Deichsel zur Führung der hinteren Klien-Lindner-Lenkachse der Lokomotive aufnehmen. Die Aufstiegsstufen waren anfangs geteilt und je zur Hälfte am Tender und an der Lok angebracht. Später befanden sich die Stufen nur noch am Tender. Charakteristisch für die sächsischen Tender sind die großen Werkzeugkästen mit gewölbtem Deckel, die ihren Platz auf den seitlichen Wasserbehältern hatten. Auch die Winde zum Aufgleisen bei einer gelegentlichen Entgleisung durfte nicht fehlen. Außerdem gab es noch eine Halterung zur Führung der Zugleine, mit der der Zugführer Notsignale mit der Dampfpfeife geben konnte. Noch 1968 konnte man in Weißenfels diesen Veteranen (EW 1894) mit seinen beiden sächsischen Tendernummern sehen:

Tender 3 T 12 mit Tendernummer 162 (alt 134) als Wasserwagen, Foto Günter Meyer

6 Tenderbauarten, die bis zuletzt im Einsatz waren

Auf Selbstverständlichkeiten, wie Kohlenbretter, Haken für Schürgeräte, Wasserstandsanzeiger, Absperrventile, Saugkörbe usw. wird nicht besonders eingegangen. Alle diese Tender waren genietet, hatten die Extersche Bremse und die Radsätze liefen in Gleitlagern. Als Brennstoff für die Beleuchtung wurden anfangs Gas oder Petroleum verwendet, später wurde die elektrische Beleuchtung eingeführt.

6.1 Sächs. 3 T 21 siehe Titelbild

Er war gekuppelt mit Lokomotiven der Gattung XIII H (58^4): Der Blechrahmen hatte große Ausschnitte und entsprechende Versteifungen. Der Kuppelkasten nach der üblichen Reichsbahn-Bauart wies prismatische Stoßpuffer auf, hatte Hauptkuppel- und zwei Notkuppeleisen, auf jeder Seite zwei Ersatzteil- und Werkzeugkästen, drei mit Blattfedern abgefederte Radsätze, wobei die beiden hinteren durch Längsausgleichshebel verbunden waren (Vierpunktabstützung). Der Vorratsbehälter üblicher Bauart war aufgesetzt und vorn links und rechts mit Kästen für Ölkannen, Werkzeug und die Taschen des Personals versehen. Dazwischen lag der Zugang zum Kohlenraum. An diesen anschließend folgte ein großer Werkzeugkasten. Dahinter war früher der Gasbehälter angeordnet Auf jeder Seite war eine ziemlich lange Einfüllöffnung vorhanden, die das Wassernehmen sehr erleichterte. Der Hebel der Handbremse schwang entgegen sächsischem Brauch quer zur Fahrtrichtung. Die Kunze-Knorr-Bremse war unbefriedigend und daher „planmäßig" ausgeschaltet, sie hatte nicht einmal eine Stellung für Personenzug, obwohl die Maschinen bis zuletzt auch im Schnellzugdienst eingesetzt waren. Einige Tender erhielten nachträglich die normale einlösige Bremse. Die für eine so kräftige Lokomotive etwas beschränkten Vorräte resultierten aus der Forderung, die Maschine auch auf 16m-Drehscheiben wenden zu können - man mutete damals dem Personal das Rückwärtsfahren nicht zu.

6.2 Sächs. 2'2' T 21

Dieser Tender wurde mit Lokomotiven der Gattung XII H2 gekuppelt. Das Untergestell bestand aus Profilen mit Versteifungen. Zwischen Lokomotive und Tender war die sächsische Kupplung angeordnet.
Die Treppe zum Besteigen des Führerstandes befand sich am Tender. Der Tender hatte zwei Blechrahmendrehgestelle ohne Wiege mit Blattfedern für jeden Radsatz, Drehzapfen und je zwei seitliche Gleitstücke (Vierpunktabstützung). Der Vorratsbehälter war aufgesetzt; charakteristisch waren der hintere runde Abschluss des Kohlenkastens, dahinter querliegend die Einfüllöffnung.
Hinten am Wasserkasten lag bei Lokomotiven mit Gasbeleuchtung der Gasbehälter, er entfiel mit Einführung der elektrischen Beleuchtung. Dieser freie Platz auf der Was-

serkastendecke wurde zumeist als Lagerplatz für allerlei Ersatzteile, besonders Bremsklötze benutzt. Weitere Kästen befanden sich seitlich und vorn. Anfangs gab es hinten rechts am Tender eine Stange mit Führungsöse, um die Zugleine bis ans Führerhaus führen zu können.

2'2' T 21 an 38 259, Foto G. Meyer August 1958 in Wilkau-Haßlau

Der Handbremshebel schwang in Fahrtrichtung, dadurch konnte der Heizer beim Bedienen den Fahrweg beobachten (die Zusatzbremse wurde erst später eingebaut). Der Kolbenhub der auf alle Räder doppelseitig wirkenden Westinghouse-Bremse wurde durch Gestänge auf einen Zeiger mit Gradbogen außen am Langträger übertragen (wie bei den sächsischen Schmalspurwagen).

2'2' T 21 von ETAT 230-966 (ex XII H2 Nr. 3687 Hartmann 1916) nach Rückkehr aus Frankreich abgestellt, Foto G. Meyer 1960 im Bw Karl-Marx-Stadt Hbf

6.3 Sächs. 2'2 T 31, gekuppelt mit Lokomotiven der Gattungen XVIII H (58^4) und XX HV (19^0)

Das Untergestell war in Gemischtbauweise ausgeführt, teils Blechrahmen, teils Profile, weil die beiden hinteren Radsätze im Tenderrahmen gelagert waren, die vorderen in einem Blechrahmendrehgestell ohne Wiege mit Drehzapfen und seitlichen Gleitstücken (Sechspunktabstützung), da jeder Radsatz einzeln durch Blattfedern abgefedert war. Später wurden die hinteren Federn auf jeder Seite durch Längsausgleichshebel verbunden (Vierpunktabstützung).
Durch die gewählte Achsanordnung war es möglich, Lokomotive und Tender auf 20m-Drehscheiben zu wenden, z.B. auch in Aue (Sachs). Die Treppe zum Führerhaus war am Tender angebracht.
Der Kohlenvorrat betrug lt. Technischen Unterlagen 7 t, wurde aber später durch Aufsatzbretter auf 10 t erhöht.
Werkzeug- und andere Kästen befanden sich vorn und seitlich, der hintere große Werkzeugkasten war oben hinter dem Kohlenkasten, dahinter anfangs ein Gasbehälter für die Beleuchtung.
Die Einfüllöffnung für das Wasser lag hinten quer. Der Handbremshebel schwang in Längsrichtung.
Die Luftdruckbremse Westinghouse (später Knorr mit selbsttätiger Lastabbremsung und Zusatzbremse) mit zwei Bremszylindern wirkte doppelseitig auf alle Räder. Der Kolbenhub wurde auf einem Zeiger mit Gradbogen außen am Rahmen übertragen. Die Kupplung zwischen Lokomotive und Tender war sächsischer Bauart.

Lok und Tender 2'2 T 31 werden für die Lokschau in Zwönitz zum Streckenjubiläum 100 Jahre CA geputzt, Foto G. Meyer 18.9.1975 im Bw Aue

2'2 T 31 an 19 001, am Tender von oben nach unten: Aschenkratze, Schlackenspieß und Rohrwandkratze. Aus dem Führerhausfenster hängt der Kohlenspritzschlauch. Foto G. Meyer 1.10.1953 in Leipzig Hbf

7 Tabelle Tender der sächsischen Eisenbahnen

Die folgende Tabelle versucht, einen Überblick über alle ab 1869 vorhandenen Tender und ihre Hersteller zu geben.

Abk.	Hersteller	Abk.	Hersteller
Essl	Maschinenfabrik Esslingen (vorm. Kessler)	Kessler	Kessler Esslingen
EW	Eigene Werkstatt	LDW	Leipzig-Dresdner Wagenbauanstalt
EWD	Eigene Werkstatt Dresden	SMF	Sächs. Maschinenfabrik, vorm. Hartmann
EWL	Eigene Werkstatt Leipzig	Union	Uniongießerei Königsberg
Hartm.	Hartmann Chemnitz	Wöhlert	Wöhlert Berlin
Hensch.	Henschel Kassel		

Bei den Bauarten wurde in E Eilzugtender, S Schnellzugtender, G Güterzugtender, PG Personen- und Güterzugtender sowie SP Schnell- und Personenzugtender unterschieden.
Die Einteilung der Tender in „Eilzugtender", „Personenzugtender" und „Güterzugtender" wechselte in den statistischen Unterlagen mehrmals, so hieß später eine Gruppe „Personen- und Güterzugtender", nach 1900 gab es „Schnell- und Personenzugtender". Man sollte diese Bezeichnungen nicht überbewerten, denn oft unterschieden sich die verschiedenen Gruppen praktisch nicht voneinander. Außerdem wanderten die Tender wie die Lokomotiven mit zunehmendem Alter in untergeordnete Dienste, unabhängig von ihrer Bezeichnung. Nur in wenigen Fällen finden wir ursprüngliche „Güterzugtender" später im Schnellzugdienst.

Bezeichng.	Hersteller	Baujahr	Bauart	Achsabst.	Wasser	Kohle	Stück	gekuppelt m. Gattung	Ausmust.
Zweiachsige Tender			m	t	t				
2 T 5,5	EWD	1868	G2	2,44	5,45	2,5	2	H VII, V V	
2 T 5,65	Schwartzkopff	1869	G2	2,44	5,65	2,6	10	Schw VII, V	vor 1911
2 T 6,5	EWD	1869	G2	2,44	6,5	2,5	4	H VII	vor 1911
2 T 5,65	EWL	1869	G2	2,59	5,65	2,5	2	H VII	vor 1911
2 T 7,75	Borsig	1872	G2/PG2	2,51	7,75	2,5	5	B II	
2 T 8	SMF	1874	PG2	2,80	8,0	3,0	25	II, VII, V, V V	
2 T 8,25	Schichau	1875	PG2	3,03	8,25	4,0	8	Schi II	
2 T 8	SMF	1883	PG2	2,80	8,0	3,5	1	IIIb REHMSDORF	
Dreiachsige Tender									
3 T 4,95	Zorge	1846	G3	3,05	4,95	2,5	5	unbek.	1871-81
3 T 4,25	Zorge	1846-48	G3	2,67	4,25	2,0	8	St II	1875-86
	LDW,Hartm.	1847-49	G3	2,54-3,05	5,25-;25	2,5	3	C I, H II	1880-81
	LDW	1848-53	G3	2,69	4,35-5,9	2,5	7	unbek.	1872-81
3 T 5,9	Hensch.,Hartm.	1850-63	G3/E3	3,05	5,9	2,5	17	unbek.	vor 1911
3 T 3,95	EWL	1851-52	G3	2,52	3,95	2,0	4	engl. Lok, IIa	1870-74
3 T 4,55	EWL	1852-55	G3	2,67	4,55	2,0	7	unbek.	1874-78
3 T 6,5	Borsig	1852-59	PG3	2,84	6,5	2,5	18	LDE B IIa	vor 1911
3 T 6,5	Borsig, Hartm.	1857-65	E3	2,84	6,5	2,5	21	LDE B VIa	vor 1911
3 T 5,65	Zorge	1854	G3	2,86	5,65	2,5	1	unbek.	1888
3 T 4,5	Beyer Dresden	1855	G3	2,69	4,5	2,5	1	(II) 230 FR. AUGUST	1870
3 T 5,65	Hartmann	1855-56	G3	2,84	5,65	2,5	9	unbek.	1888-94
3 T 5,65	versch.	1855-76	E3/PG3/G3	2,74	5,65	2,5	252	II, IIb, VII, IIIb	1872-
3 T 5,1	EWL	1857	G3	2,67	5,1	2,5	6	IIIa	1877-88
3 T 5,65	EWL	1857-59	E3/G3	2,67	5,65	2,5	11	II, IIIa, IIIb, V	1882-94
3 T 5,9	Hartm.,Wöhlert	1857-59	G3	3,02	5,8-5,95	2,5	6	H II, H IIIb	1895-1911
3 T 6,5	Hartmann	1859-65	E3/G3	2,82	6,5	2,5	13	II, IIIa, IIIb, V, V V	vor 1911
3 T 6,2	EWD	1865-67	G3	3,05	6,2	2,5	16	II, V, V V	
3 T 7,5	Kessler Essl.	1866-68	PG3	3,18	7,5	3,0	20	LDE K II, K V	vor 1911
3 T 6,5	Hartmann	1868	E3	2,84	6,5	2,5	7	LDE H VIa	vor 1911
3 T 8	Kessler Essl.	1868-73	PG3	3,18	8,0	3,0	16	LDE K II, K V, V V	
3 T 9,3	BMAG	1874	E3	3,30	9,3	3,7	6	Schw VI, I V, V V	
3 T 8	Sigl Wien	1874	PG3	3,18	8,0	4,0	8	LDE Sigl V, V V	
3 T 7	Esslingen	1874-75	PG3	3,18	7,0	3,5	9	VIII1	vor 1911
3 T 9,5	SMF	1874-76	PG3	3,46	9,3-9,5	3,5-3,7	10	VII, V, V V	
3 T 9,5	Henschel	1875-76	PG3	3,18	9,5	3,75	18	LDE Hsch VI, V V	
3 T 8,75	BMAG	1875-76	PG3	3,30	8,75	2,8	10	II, VII, V, V V	

3 T 7	EW	1875-81	PG3	2,74	7,1	2,6	60	II, VII, V, V V	
3 T 7,5	EW	1884-86	E3	3,55	7,5	3,5	16	VI, IIIb, IIIb V, VIII V2	vor 1911
3 T 10	Union	1886	PG3	3,30	10,0	3,6	1	V 778 TELLKOPPE	
3 T 7,5	EW	1886-90	E3/PG3	3,0	7,5	3,5	75	II, VII, III, IIIb, IIIb V, VIb V, VIII V2, V, V V	
3 T 9	EW, SMF	1890-1901	S3/PG3/G3	3,0	9,0	3,0-4,0	345	IIIb, VIb V, VIII V1, VIII V2,	
IX V, IX HV, V V									
3 T 12	EW, SMF	1891-1913	S3/PG3/G3	3,55	12,0	3,4-6,0	178	IIIb, VIb V, IIIbV, VIII2, VIII V1,	
I V, IX V, IX HV, XI V, XI HV									
3 T 15	EW	1901	G3	3,55	15,0	5,0	10	VIb V, VIII V1	
3 T 12	EW, SMF	1907	G3	3,0	12,0	5,0	30	I V,IX V, IX HV,XI V,XI,V	
3 T 13	SMF	1914-18	G3	3,55	13,0	6,0	37	XI V, XI HV	
3 T 21	SMF	1918-27	G3	3,9	21,0	6,0	ca. 62	XIII H	
Vierachsige Tender									
2'2' T 18	SMF	1900-02	SP2'2'	4,7	18,0	5,0	9	X V,X H1,XII H,XII HV, XII H1	
2'2' T 19,5	SMF	1903	SP2'2'	4,7	19,5	5,0	6	X V,X H1,XII H,XII HV,XII H1	
2'2' T 16	EW	1904-11	SP2'2'	4,75	16,0	5,0	40	IIIb, IIIbV, VIII V2, XII H2	
2'2' T 21	SMF	1905	SP2'2'	5,2	21,0	5,0	6	VIII2, VIII V1	
2'2' T 21	SMF	1906-13	SP2'2'	5,1	21,0	5,0	58	XII H,XII HV,XII H1,X H1	
2'2' T 28	SMF	1913-14	SP2'2'	5,1	28,0	5,0	15	XII HV	
2'2' T 21	EW, SMF	1913-27	SP2'2'	5,1	21,0	7,0	ca. 188	XII H2	
2'2 T 31	SMF	1917-23	SP2'2	4,7	31,0	7,0	ca. 33	XVIII H, XX HV	
				Tender	gesamt	cirka	1735		

8 Literaturverzeichnis

alles Sächsische Landes-, Staats- und Universitätsbibliothek Dresden (SLUB)

- Nachweisung der Betriebsergebnisse bei den Staats- und Privatbahnen im Königreich Sachsen, 1849 bis 1863
- Statistischer Bericht über den Betrieb der unter königlich-sächsischer Staatsverwaltung stehenden Staats- und Privatbahnen, 1864 bis 1919
- Nachweisung der bei den unter Königl. Sächs. Staatsverwaltung stehenden Eisenbahnen vorhandenen Transportmittel, 1880-1892
- Amtliches Verzeichnis der Lokomotiven und Tender der K.Sächs.Sts.E.B. 1916
- v.Helmholtz, R.; Staby, W. und Metzelthin, E.: Die Entwicklung der Lokomotive im Gebiete des Vereins deutscher Eisenbahnverwaltungen. Verlag von G. Oldenbourg, München und Berlin 1930

Dr.-Ing. Fritz Näbrich und Dr.-Ing. Manfred Meyer

WEITERE INTERESSANTE BÜCHER ZUM THEMA

Band 1 des Dampflokarchivs beschreibt alle Schnellzug- und Personenzuglokomotiven mit Schlepptender (Baureihen 01 bis 39), die die Deutsche Reichsbahn-Gesellschaft, die Deutsche Reichsbahn der DDR und die Deutschen Bundesbahn einsetzten.
280 Seiten, 228 Abb., 195 x 215 mm
ISBN 978-3-613-71651-3
€ 39,90 | **€** (A) 41,10

Alle Dampf- und Verbrennungstriebwagen der Deutschen Reichsbahn-Gesellschaft, der Deutschen Reichsbahn und der Deutschen Bundesbahn. Ihre jeweilige Entwicklungsgeschichte und Baureihenbeschreibung mit Fotos, Maßskizzen und mit allen technischen Daten.
364 Seiten, 179 Abb., 195 x 215 mm
ISBN 978-3-613-71713-8
€ 49,90 | **€** (A) 51,30

Dieser Band bietet neben der allgemeinen Entwicklung eine detaillierte Beschreibung aller in Deutschland gebauten Elloktypen. In chronologischer Reihenfolge werden Einzelgänger wie Einheitslokomotiven ausführlich in ihren konstruktiven Merkmalen vorgestellt.
415 Seiten, 361 Abbildungen, 195 x 215 mm
ISBN 978-3-613-71695-7
€ 59,– | **€** (A) 60,70

Dieser Band dokumentiert 60 verschiedene Diesellok-Baureihen der Reichsbahn-Gesellschaft, der Deutschen Reichsbahn und der Deutschen Bundesbahn sowie 16 Baureihen von Kleinlokomotiven (unter 110 kW Leistung) seit 1920 in Wort und Bild und mit allen technischen Daten.
314 Seiten, 246 Abbildungen, 195 x 215 mm
ISBN 978-3-613-71696-4
€ 49,90 | **€** (A) 51,30

Stand November 2024
Änderung in Preis
und Lieferfähigkeit vorbehalten.

Überall, wo es Bücher gibt, oder unter
WWW.MOTORBUCH-VERSAND.DE
Service-Hotline: 0711/78 99 21 51

trans press